染色植物、染色技法，一目了然

# 草木染大全

3500 多种染色样本，实时对照染色成果

〔日〕箕轮直子　著

伊帆　译

河南科学技术出版社

·郑州·

## 用香料植物染色



## 用花和果实等染色



## 用花瓣等染色



## Part 3 各种各样的染色方法



## Part 4 别出心裁的染色方法



## Part 5 相关知识篇

# 前言

我住在一条再普通不过的远离大自然的住宅街上。我没有专门的染坊，而是利用自家的厨房进行草木染的工作。作为一个普通人，只能为共同喜爱草木染的朋友们写下一些简单的文字。

虽然我身边没有便于草木染工作的环境，但是我自有一套独特的进行草木染工作的方法。

如何能在现有环境下做自己喜欢的事，追求自己的爱好呢？我想正是因为认真思考了这个问题，人们才会充分发挥自己的想象力和创造力吧。

我在本书中毫无保留地介绍了如何在家中享受充满大自然魅力的草木染工作的实践方法。

可是现在身边的花花草草还在冬眠。我介绍的最简单的小物草木染无需使用火，也不需要另外准备相关的工具和设备。

如果您想染制稍微大一点的布料，或者想染出理想中的颜色，又或者还想了解更多的关于草木染的知识，就请翻开后半部分关于染色方法的篇章吧！

# Part1
# 基本染色法

# Basic plant dyes 

# 花瓣染

## 山茶花染真丝围巾

### 食用醋可以简单提取出色素

有很多手工艺品都是用花瓣制作而成的，花瓣染让我感觉非常好的一点就是能够充分利用落花等材料。如果用山茶花对一条围巾染色，大概需要一捧花瓣的量。将盛开的山茶花花瓣装入塑料袋后放入冰箱冷冻室冷冻保存即可。

花瓣染只需要花瓣和食用醋。因为无需用火，所以用塑料桶就可以进行染色的工作。我们的目的是染出比花瓣颜色还要浅的颜色，所以在挑选花瓣时要尽可能地选择颜色深的花瓣，果实类的蓝莓以及蔬菜类的紫薯也可以使用这个方法。花青素溶于酸性溶液中会呈现出粉红色。在洗涤时请避免使用碱性肥皂，而是使用中性洗涤剂。多次洗涤之后颜色会逐渐变浅，之后请用其他花瓣再次进行染色。

p.172 往后会介绍更多关于花瓣染的有趣方法。

### 染色过程

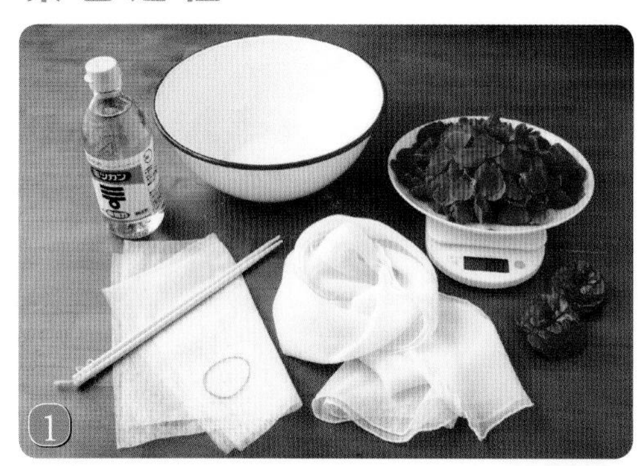

所需物品：围巾 15g、山茶花花瓣 50g、食用醋 500mL、大碗、无纺布 2 块、橡皮圈、长筷子。

将 2 块无纺布叠放，缝制成袋子，并将花瓣放入袋子。

用橡皮圈将袋子口束紧，把袋子放入大碗中，并向大碗中倒入 500mL 食用醋。

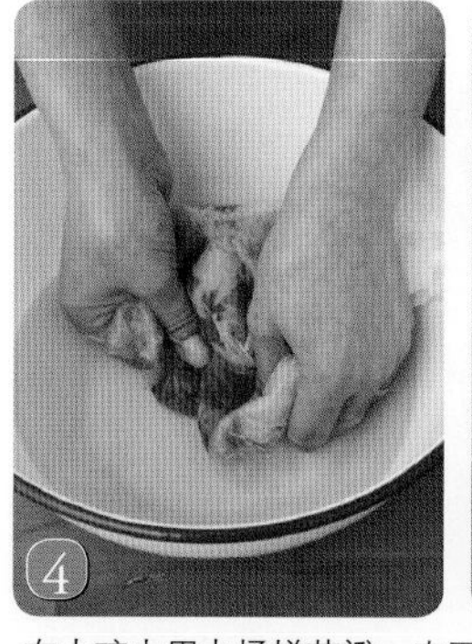

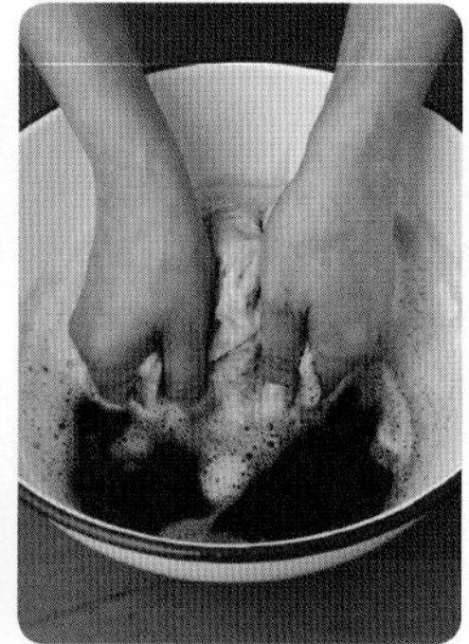

在大碗中用力揉搓花瓣，直至将花瓣揉碎揉烂。肌肤敏感的人在操作时请戴上手套。

## 成品

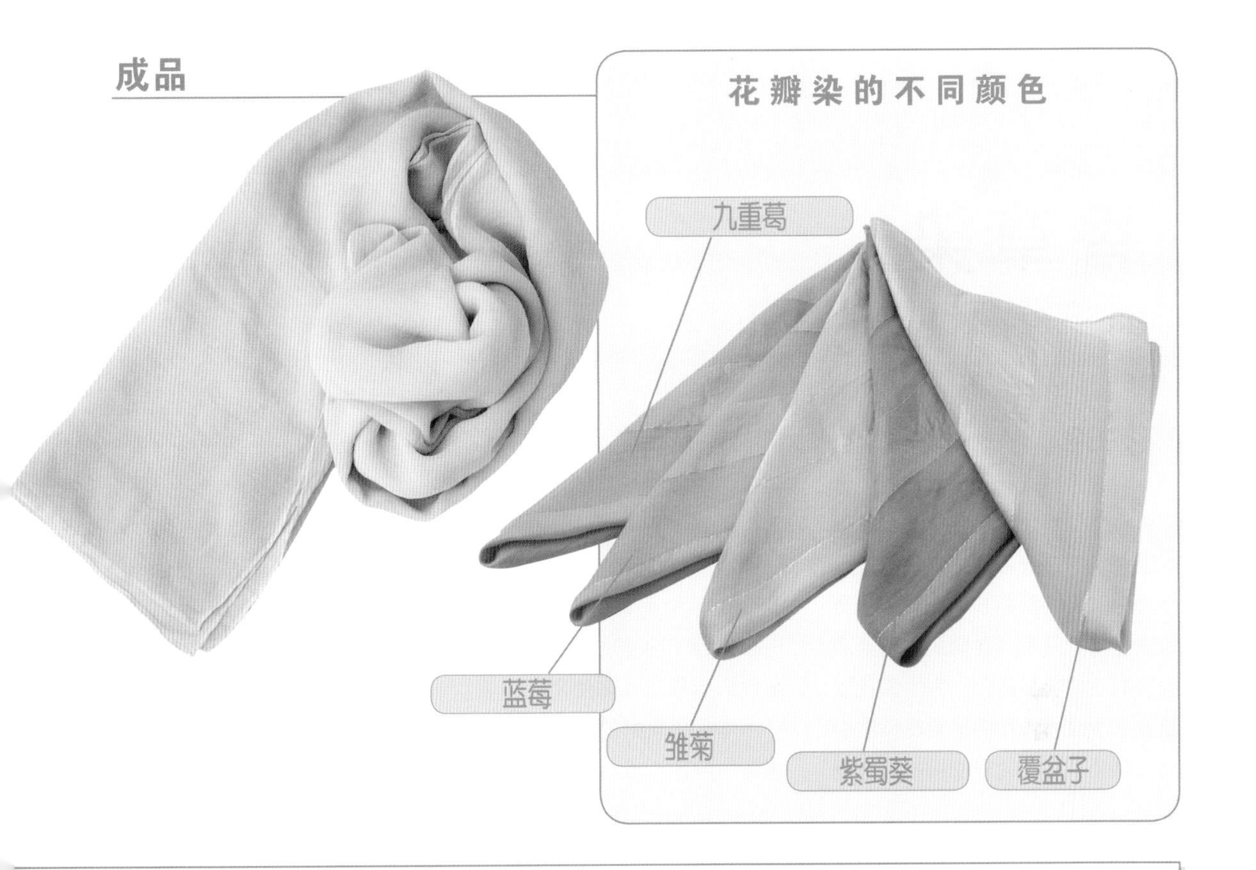

将花瓣连同袋子一同取出，向大碗中倒 3L 水。

将事先浸湿并拧干水的围巾一边展开一边放入染液。

浸泡 1 小时左右。浸泡期间时常用筷子压出围巾里的空气。

将上染后的围巾在水桶中反复认真清洗，直到漂洗的水没有颜色为止，然后将围巾展开置于阴凉处晾干。

# Basic plant dyes

# 香草染

## 洋甘菊染棉手帕

### 最初的草木染要从小物开始

对棉手帕进行染色时，可以选择单手柄汤锅作为染色容器。可以放进茶包的洋甘菊分量太小，所以在染色时大概需要 5 ~ 6 袋茶包量的洋甘菊。只用洋甘菊的黄色染液染色的手帕容易褪色，为了固色以及更易于显色，我们需要在染液中加入媒染剂。在这里使用的媒染剂就是平时腌制咸菜时必不可少的明矾。在染色时为防止手帕上染后颜色不均匀，需要经常用长筷子按压，使手帕浸在染液中。单手柄汤锅和长筷子在平时也可继续作为料理工具来使用。

洋甘菊染出的颜色是一种令人喜爱的黄色。虽然上染后的手帕没有了洋甘菊的香味，但是在染色过程中能充分享受到房间内花香四溢的芳香疗法一般的气息。

大部分植物染料都可以用与洋甘菊一样的煮染方式进行染色。例如咖啡、红茶、咖喱粉、洋葱皮等，我们身边有着许许多多可供染色的植物。

### 染色过程

所需物品：5 袋装有洋甘菊的茶包、棉手帕 10g、明矾、单手柄汤锅、长筷子、计量匙、容器杯。

在单手柄汤锅中加入半锅水和装有洋甘菊的茶包，开火加热。煮沸后用小火煮大约 10 分钟即可。

关火后取出茶包，加水至单手柄汤锅的 4/5 处。将事先浸湿的手帕展开放入锅中，开火，水开后再煮约 10 分钟。

在煮手帕的时候准备好明矾（媒染剂）。

## 成品

### 香草染的不同颜色

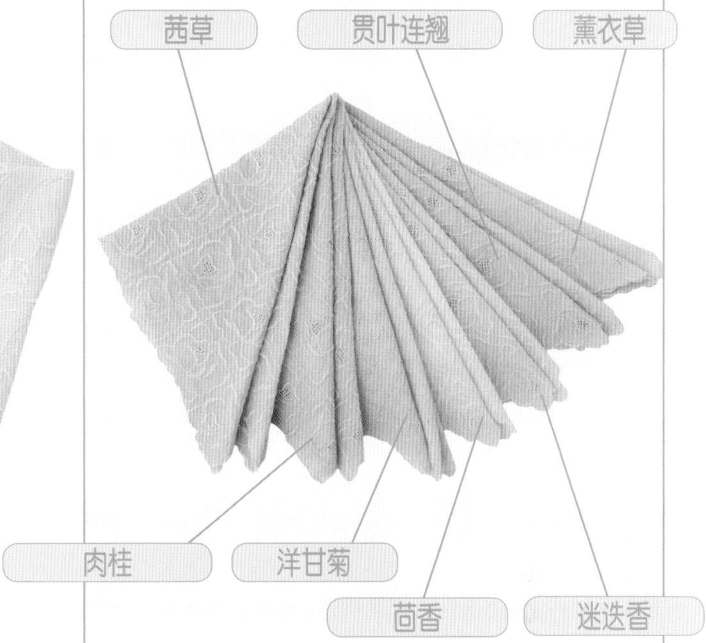

茜草
贯叶连翘
薰衣草
肉桂
洋甘菊
茴香
迷迭香

将明矾（约 1g）放入容器杯中，并加入热水使其充分溶解。

将手帕取出，在锅中加入明矾水。

将手帕重新放回染液中。为防止染出的颜色不均匀，慢慢搅拌染液中的手帕，直至染液冷却下来。

用流水冲洗后，放在阴凉通风处晾干。

# Basic plant dyes 

# 蓼蓝鲜叶染

## 用新鲜的蓼蓝叶染真丝围巾、毛线

### 无需火和化学试剂的简单蓝染

这里用于染色的蓝草，就是蓼科一年生草本植物蓼蓝。在吹过立春后的第一次强南风后播下蓼蓝的种子，每日细心浇水，即使在花盆中蓼蓝也可以茁壮成长。严格意义上的蓝染过程复杂，但是鲜叶染却是一种无需火和化学试剂的极为简单的草木染方法。只需要充分揉搓新鲜的蓼蓝绿叶，将绿色叶片搓出汁液，然后将围巾放到汁液中浸泡30分钟，这样便可以轻轻松松地上染出如同夏日晴空般清澈明朗的蓝色。

自然界中有许多含有蓝靛的植物，例如蓼蓝、豆科的木蓝、十字花科的菘蓝等，这些在染色时都需要以氧气做媒染剂。将浸在揉搓出的汁液中的绿色围巾取出、拧干、展开，与空气中的氧气接触，以及在反复漂洗的过程中同水中的氧气接触都会使围巾变成蓝色。由于叶片汁液放置时间过长不易上色，因此在揉搓绿叶后要尽快对织物进行染色，这一点很重要。

p.12 有关于蓼蓝种植方法的详细介绍，关于蓼蓝染色的颜色层次请参照 p.216 以后的相关内容。

### 染色过程

所需物品：新鲜蓼蓝叶 100g、真丝围巾 10g、毛线 50g、大碗、无纺布、手套、橡皮圈。

将新鲜的蓼蓝叶撕成小片放入无纺布袋中，并用橡皮圈束紧袋口。

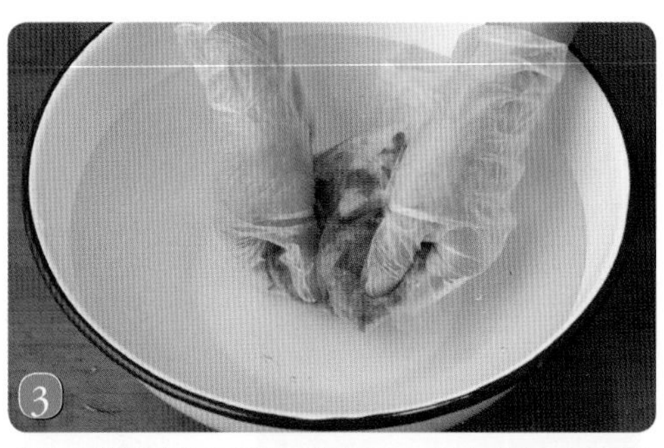

将装有蓼蓝叶的布袋放入装有 5L 水的大碗中，用力揉搓布袋。（在水中用力揉搓是染色过程中的要点。）

直至将蓼蓝叶揉碎揉烂，才会形成黏稠的浓绿色的染液。然后从大碗中取出布袋。

## 成品

蓼蓝叶用量不同，所染蓝色的深浅也会有所不同。上染深色毛线使用 200g 蓼蓝叶。上染浅色毛线使用 100g 蓼蓝叶。

### 加入双氧水后会使织物更加蓝

**虽然蓼蓝叶在只有水和空气的环境下就可以进行染色，但是在大碗中用 3L 水和 10mL 双氧水（过氧化氢，化学式为 $H_2O_2$）混合，将织物放入其中浸泡 5 分钟左右，便可达到使蓝色更加明显以及固色的效果。最后把在双氧水中浸泡过的围巾反复用清水清洗，然后晾干即可。**

将事先浸湿并拧干水的围巾展开放入蓝染液中。

同样将事先浸湿并拧干水的毛线放入蓝染液中，浸泡 30 分钟左右。

将围巾和毛线从大碗中取出并拧干，展开并晾 15 分钟后，围巾和毛线便会呈现出蓝色。

在流水下反复冲洗围巾和毛线，直至漂洗的水没有颜色为止。这样蓝色会更加鲜亮。

拧干后展开挂在通风良好的阴凉处晾干即可。

# 蓼蓝的种植

蓼蓝是一年生蓼科草本植物，在国内随处都可种植。在吹过立春后的第一次强南风后播下蓼蓝的种子，到了夏季便可将长成的蓼蓝用于染色。夏天开出像假长尾蓼一样的白色和红色小花后，到了秋天便可以收获蓼蓝的种子了。

蓼蓝的种子。

栽培蓼蓝所需的培养土。

3 月 5 日播下蓼蓝种子。一开始先让种子在少量的土中发芽。

3 月 20 日有种子开始发芽了。

4 月 5 日，几乎所有的种子都发芽了，于是开始换盆。

将根上的土抖掉。

每个新花盆中移入适当数量的新芽即可。换盆结束。

4 月 23 日 长出了少量叶子。

虽然五一时气温还不是很稳定，但是蓼蓝仍在一点一点地生长。

到了 7 月，蓼蓝在花盆中长成了这般模样。

这是叶子圆圆的蓼蓝。到了夏天，蓼蓝会开出美丽的花朵，然后结出新的种子。

# Part 2

# 草木染图鉴

●图鉴中植物的科名、属名均以 D.J. Mabberly 的分类为基础进行编写。（注：为方便对照，原产于中国的植物，其科名、属名以《中国植物志》为准。）另外，根据大场秀章的《植物分类表》［（株）Aboc 公司，2009］，部分植物的科名、属名有所变更，但原有名称会写在（ ）中。

●图鉴表的植物名称并不是按照五十音图的顺序进行排列的。

●日晒色牢度的标准请参照 p.229。

●图鉴染色样本中均标明媒染剂和线的材质。

# 用常见食材染色

## 姜黄

- 别称：郁金、宝鼎香、毫命、黄姜
- 分类：姜科姜黄属
- 条件：市场有售
- 部位：干燥根茎
- 染色日：3月10日
- 染色地：千叶县
- 浓度：染料50g/线100g

**植物记录 · 染色要点**

姜黄对于咖喱、栗金团、泽庵（腌黄萝卜）等食材来说，都是必不可少的着色料。

可用来染色的是姜黄的根茎部。姜黄的根茎有健胃的药效，市场上也售有用姜黄制成的药片以及塑料瓶装的姜黄茶，但是作染料时建议选择薄片状或粉末状的姜黄。咖喱粉中也含有大量姜黄，所以用咖喱粉染出的颜色同用姜黄染出的一样。

使用粉末状姜黄制成的染液时，为防止未完全溶解的粉末沾在线上，要用咖啡过滤袋将染液过滤之后再将线放入其中。日晒色牢度为 -3，需注意的是明矾媒染后会褪色。

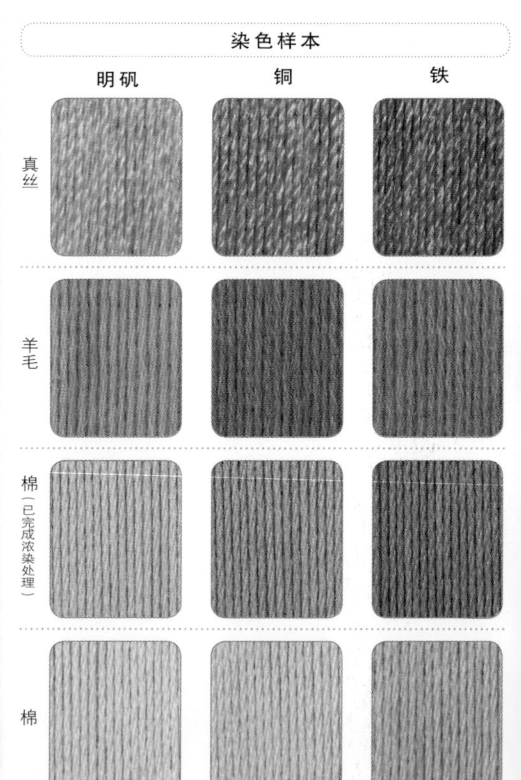

# 独活

- 别称：土当归
- 分类：五加科楤木属
- 条件：野生
- 部位：新鲜地上部分
- 采集·染色日：6月22日
- 采集·染色地：爱知县
- 浓度：染料200g/线100g

**植物记录·染色要点**

作为春天的山菜，独活的嫩叶和花蕾可以用来烹饪天妇罗和炸蔬菜。就像“大而无用”说的一样，到了夏季独活会长到2～3米，倾斜至地面。

超市中常见到的“白独活”是在无光照条件下种植而成的，不适于染色。野生的独活如果长得过大就不适合采集食用，因此6～8月是最适合采集、染色的时期。越新鲜的叶子越容易上色，因此请在采集后尽快进行染色。独活的日晒色牢度较好。

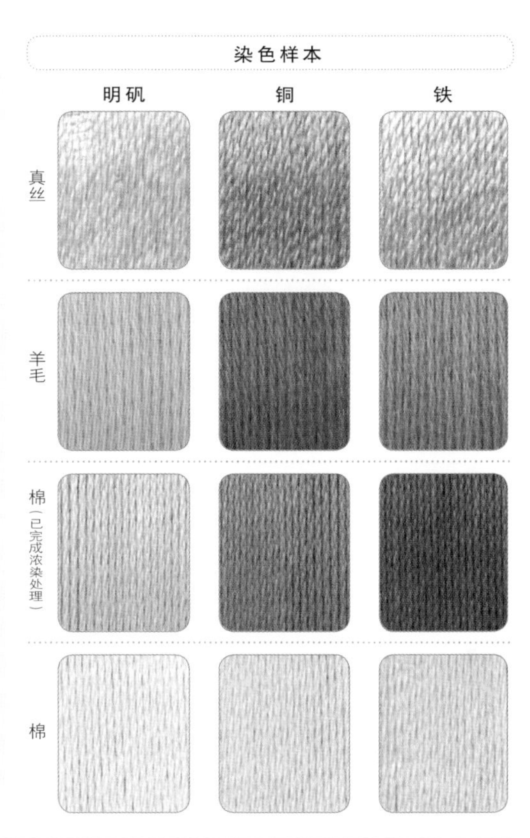


# 玉米

- 别称：玉蜀黍、包谷、苞米、南蛮黍
- 分类：禾本科玉蜀黍属
- 条件：市场有售
- 部位：新鲜果实和外皮
- 染色日：6月18日
- 染色地：埼玉县
- 浓度：染料200g/线100g

**植物记录·染色要点**

玉米外皮可用于制作手工艺品，有时我也会在夏季前往超市的玉米卖场捡拾一些顾客挑玉米时扔掉的玉米外皮。不过要注意的是，制作手工艺品时一定要将玉米外皮晒干晒透，因为玉米外皮没有完全干透的话容易滋生霉菌。在染色时，新鲜的外皮更容易染色。只用水煎煮玉米外皮不容易提取出色素，要在水中加入小苏打。玉米外皮自身也会吸收一部分色素，所以织物上染后颜色较淡。棉染色后的日晒色牢度为 -1。关于玉米手工艺品的具体内容见 p.197。

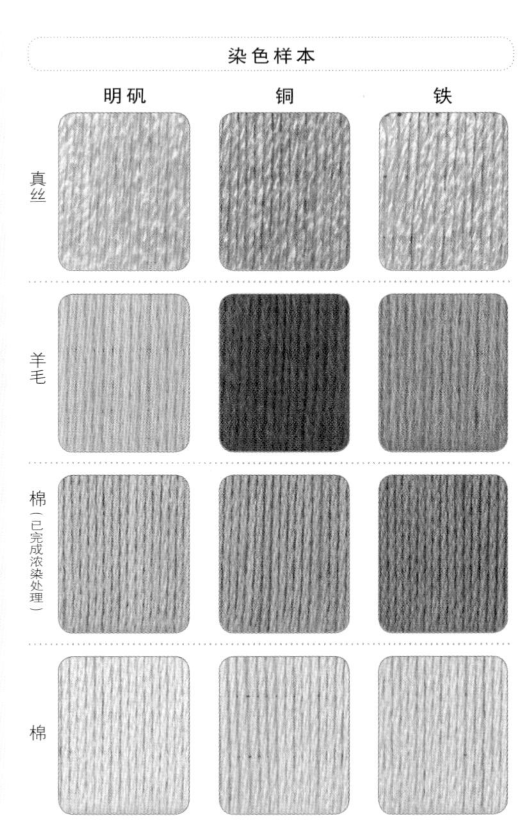

# 红茶

- 分类：山茶科山茶属
- 条件：市场有售
- 方法①：第一遍提取液
  方法②：第二遍提取液
- 部位：干燥叶
- 染色日：7月1日
- 染色地：埼玉县
- 浓度：染料50g/线100g

**植物记录·染色要点**

自然界中没有叫作红茶的植物，简单来说红茶是茶树叶片经过完全发酵后的产物。红茶的品种有很多，这里使用的是大吉岭红茶。虽然在染色时染出的颜色大致相同，但是不同品种的红茶，染出的红色也会深浅不一。所以在染色前请参照样本上的颜色。

染色样本对红茶的第一遍提取液和第二遍提取液进行了染色对比。也可以收集平时冲泡完红茶后剩下的茶叶来作染色的材料。湿润的茶叶容易滋生霉菌，因此保存之前请将喝剩下的茶叶铺在报纸上完全晾干。使用这两种方法上染出的颜色的日晒色牢度都不错。

可以用茶包。

①第一遍提取液　染色样本

| | 明矾 | 铜 | 铁 |
|---|---|---|---|
| 真丝 | | | |
| 羊毛 | | | |
| 棉（已完成浓染处理） | | | |
| 棉 | | | |

②第二遍提取液　染色样本

| | 明矾 | 铜 | 铁 |
|---|---|---|---|
| 真丝 | | | |
| 羊毛 | | | |
| 棉（已完成浓染处理） | | | |
| 棉 | | | |

# 红紫苏

- 别称：赤苏、紫苏
- 分类：唇形科紫苏属
- 条件：栽种
- 方法①：使用25g柠檬酸
  方法②：使用50g柠檬酸
- 部位：新鲜叶
- 采集·染色日：6月26日
- 采集·染色地：埼玉县
- 浓度：染料200g/线100g

**植物记录·染色要点**

日本关东地区的超市里只有在6月中旬至7月上旬的这段时间里才会有红紫苏。红紫苏是制作咸梅干的必备之物。用新鲜红紫苏制成紫苏汁的要领就是放入柠檬酸来染色。也有人会在紫苏汁中放入各种材料，但是我们是以染色为目的，所以不要放其他材料。

方法①的样本使用将200g红紫苏，25g柠檬酸放入5L水中煮30分钟制成的染液染色而成。染液呈漂亮的红紫色，染出的线会稍微带有一些红色，但是经过水洗之后红色消失，最终会呈现出更为素雅的颜色。方法②则放入了50g柠檬酸。日晒色牢度为–2。羊毛几乎不会变色，但真丝染色之后红色消失，颜色变成深灰色。

红紫苏染色。

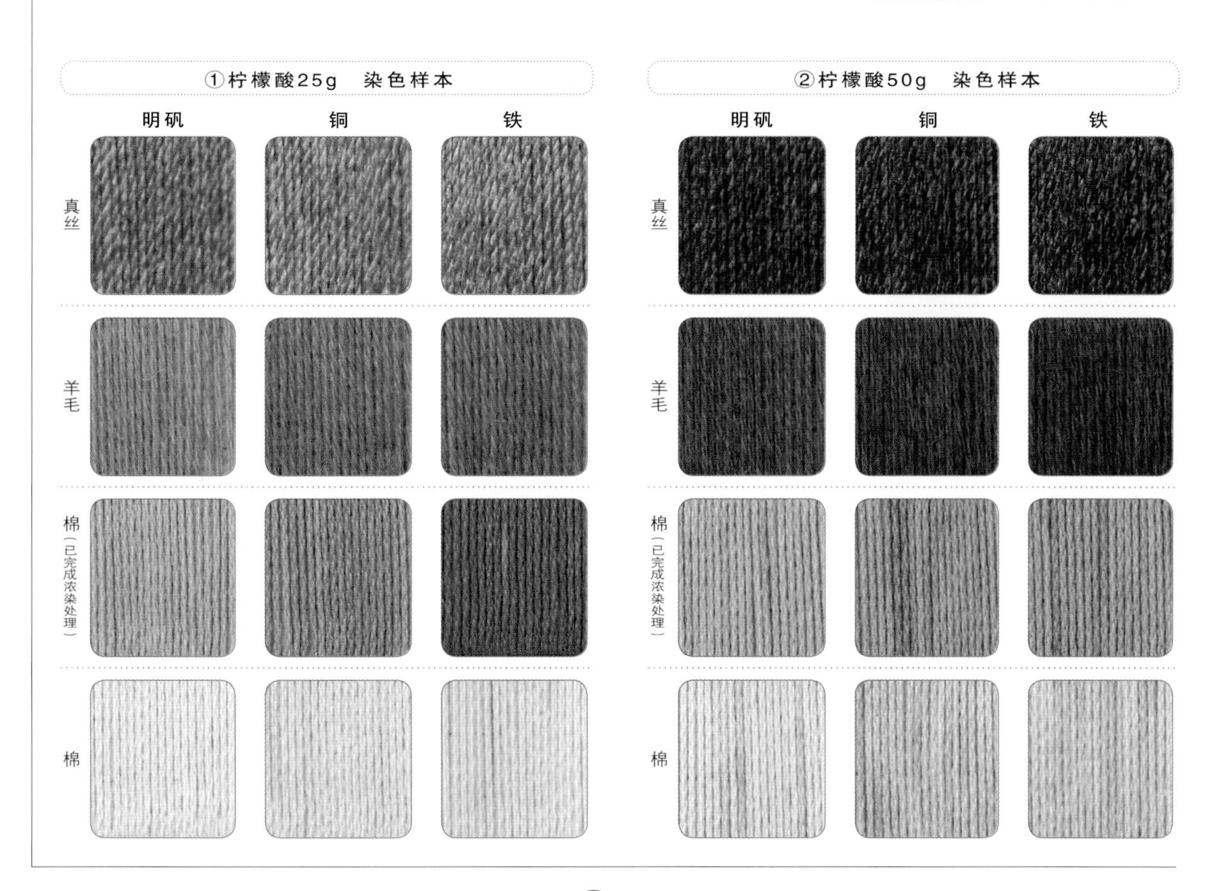

# 黄皮洋葱

- 别称：玉葱、葱头、元葱
- 分类：百合科葱属
- 条件：栽种
- 部位：干燥外皮
- 染色日：6月26日
- 染色地：埼玉县
- 浓度：染料20g/线100g

**植物记录 · 染色要点**

洋葱皮可以说是身边的染料植物之王。我们一般食用的部分是被称之为鳞茎的洋葱根部。洋葱用于染色的部分是其褐色的干燥外皮。由于洋葱非常容易上色，所以染制 100g 线只需要少量的黄色洋葱外皮（20g，5~6 个洋葱）。

有时想大量收集洋葱皮时会向主妇朋友们发出“我想用洋葱皮染色，请帮我留下一些好吗？”的求助，之后一般都会收到很多洋葱皮。染色后棉的日晒色牢度为 –1，毛线、真丝的日晒色牢度良好。

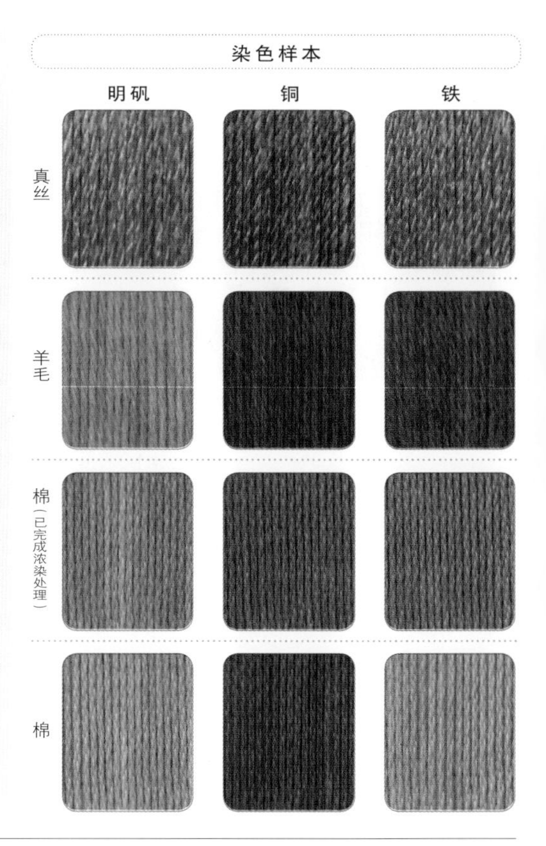


# 紫皮洋葱

- 别称：赤玉葱、荷兰葱
- 分类：百合科葱属
- 条件：市场有售
- 部位：干燥外皮
- 染色日：5月12日
- 染色地：埼玉县
- 浓度：染料20g/线100g

**植物记录 · 染色要点**

市场上有出售作为染料使用的紫色洋葱外皮。在染色过程中同黄色洋葱一样，100g 线只需要少量的紫色洋葱外皮（20g，5~6 个洋葱）。棉质材料很容易上色。之前收到成箱的紫色洋葱时收集了许多洋葱外皮，但是在染色时染出了与用黄色洋葱外皮染色差不多的颜色，这一次染出的黄色更浓。

据说英文的 onion 是从拉丁语的 union(集合体)演变而来的，确实，洋葱是一层一层皮的集合体。日晒色牢度非常好。

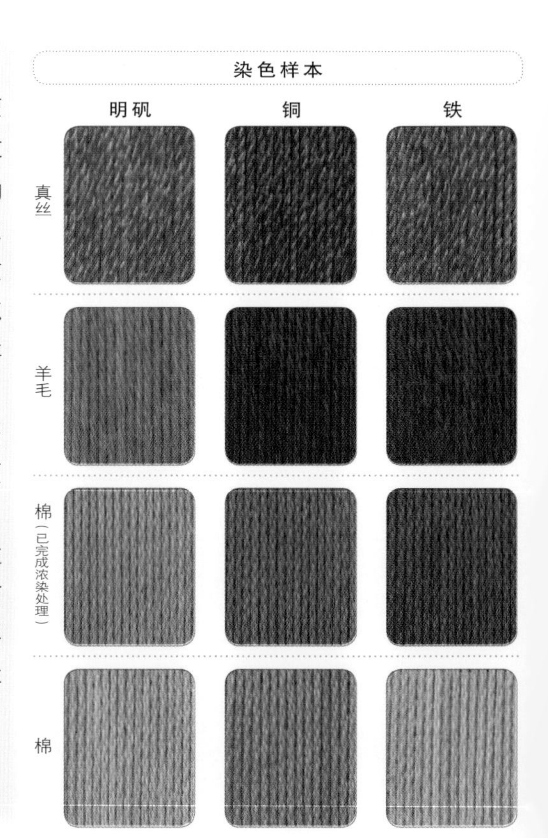

# 番泻叶

- 分类：豆科番泻属
- 条件：市场有售
- 部位：干燥叶
- 染色日：3月9日
- 染色地：奈良县
- 浓度：染料50g/线100g

**植物记录·染色要点**

众所周知，番泻树是一种能够产出泻药的树。很早以前喝过用番泻树茎制作而成的茶，但是感觉缓泻效果不明显，就拿它来染色了。番泻树的茎部不易染色，这次染色使用的是市场上出售的干燥番泻叶。媒染后的色调差别很小，但也能染出金褐色、浅棕色这样较深的颜色。番泻树的叶子和果实可作医疗用品，茎部可作为食品食用。饮用番泻叶茶后会出现腹痛、腹泻症状，请注意不要过量饮用！棉质材料经过明矾媒染后的日晒色牢度为 -1，会稍微有些褪色。

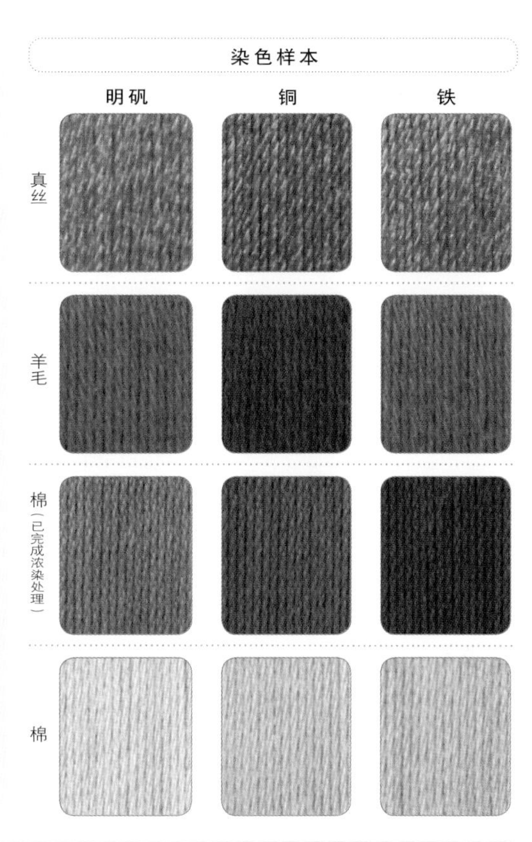


# 胡萝卜

- 别称：小人参、红萝卜
- 分类：伞形科胡萝卜属
- 条件：栽种
- 部位：新鲜叶
- 采集日：5月17日
- 染色日：5月18日
- 采集·染色地：埼玉县
- 浓度：染料200g/线100g

**植物记录·染色要点**

胡萝卜是我们非常熟悉的蔬菜，用于染色的部位是绿叶。因为在超市中很难买到带叶子的胡萝卜，所以要通过自己种或者从其他栽种胡萝卜的地方获得新鲜胡萝卜叶。这次使用的是还在地里生长，开着花的新鲜胡萝卜的叶子，染出了十分鲜艳的黄色系颜色。

染色的最佳时期就是每年胡萝卜的上市时间。用新鲜胡萝卜叶来染色，染出的织物日晒色牢度非常好，这是我极力推荐的一种染料植物。

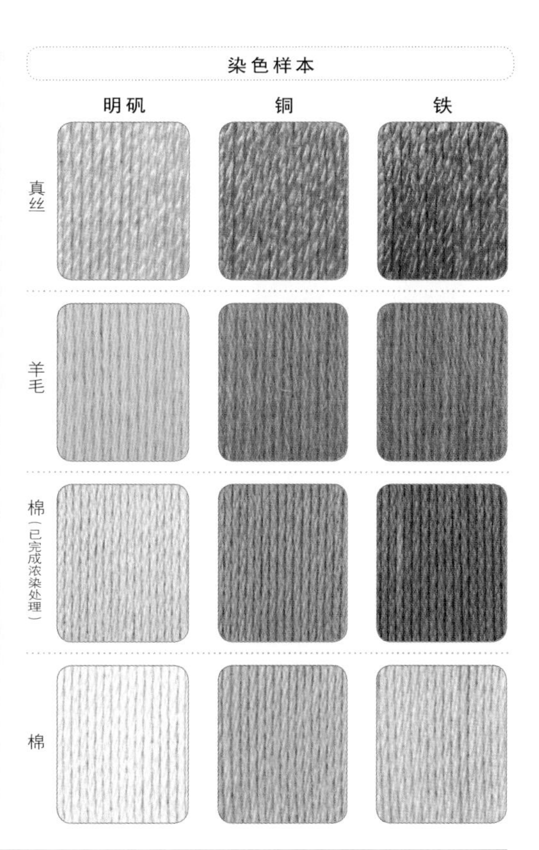

# 款冬

●别称：蜂斗菜
●分类：菊科款冬属
●条件：野生
●部位：新鲜茎叶
●采集·染色日：4月29日
●采集·染色地：埼玉县
●浓度：染料200g/线100g

**植物记录·染色要点**

款冬野生于野外水多的地方。得名于此可能是因为它曾作为布或纸张的替代物用于擦拭吧（日语中款冬的发音同擦拭相同）。市场上会全年出售水煮的款冬，但是在染色时我们需要新鲜款冬。到4月，款冬会长出显眼的大叶子，此次样本是取4月的长度为50cm以内的叶和茎部来染色的。如果在户外能够发现野生的款冬，那么每年4月至夏季之间都可以来同样的地点进行采集。最适合染色的时间是每年的4~6月，采集款冬后要尽快进行染色。染色后羊毛的日晒色牢度良好，真丝的日晒色牢度为+1，棉为−1。

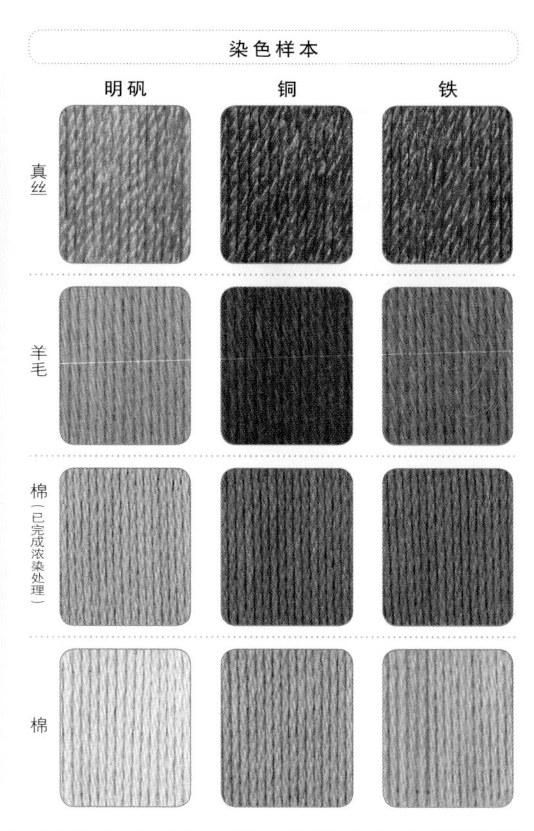


# 绿茶

●别称：苦茗
●分类：山茶科山茶属
●条件：市场有售
●部位：干燥叶
●染色日：7月2日
●染色地：埼玉县
●浓度：染料50g/线100g

**植物记录·染色要点**

我还是小学生的时候，曾经在爷爷奶奶家的茶壶里惊讶地发现形状完整的茶叶。我家院子里有一棵茶树，我们每年都会摘取茶树上的嫩芽来炒制茶叶。在植物学中绿茶、红茶、乌龙茶都是山茶科山茶属茶树的叶子，只不过根据发酵状态的不同，名称也有所不同。

染色样本的褐色系颜色是通过市场上出售的绿茶染色而成。日晒色牢度为+3。羊毛染后的颜色会变深。

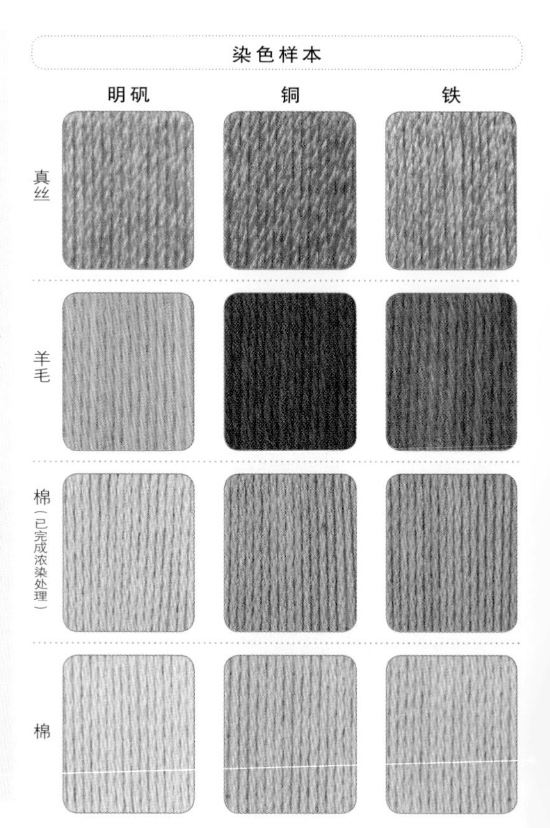

# 黑米

●别称：月米、补血米
●分类：禾本科稻属
●条件：市场有售
●部位：干燥果实
●染色日：7月8日
●染色地：埼玉县
●浓度：染料200g/线100g

**植物记录·染色要点**

古代米在最近的养生热潮中受到了极力追捧，古代米就是继承了稻米原种遗传因子的一类米，包括花青素系的黑米、单宁酸系的赤米以及叶绿素系的绿米等。其颜色都存在于谷壳部分，它们变成精米后都是白色的。

此次染色是用酸性提取的方式将黑米中的色素提取出来染出红褐色。用食用醋替代醋酸提取色素后的黑米还可以用来制作肉汁烩饭，不会产生浪费的问题。让我没想到的是，用黑米染色后织物的日晒色牢度非常好。这也是我今后想要经常尝试的材料之一。

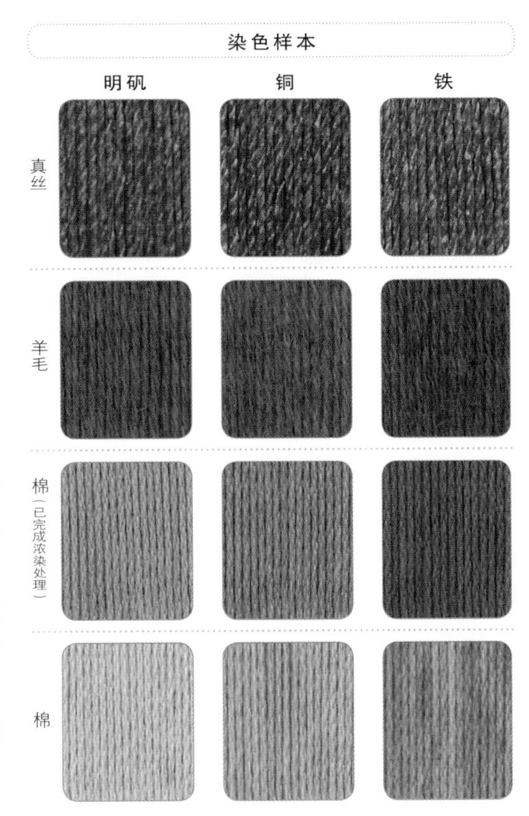

# 用花草植株染色

*Plants*

## 藜

- ●别称：胭脂菜、灰菜、灰藜
- ●分类：藜科藜属
- ●条件：野生
- ●部位：新鲜地上部分
- ●采集・染色日：7月1日
- ●采集・染色地：爱知县
- ●浓度：染料200g/线100g

**植物记录・染色要点**

藜生长于田间以及路边，它有一个明显的特点可供分辨，就是其嫩叶中心呈红色。虽然现在人们会把它当作杂草除掉，但是它本来就是一种蔬菜，其嫩芽中含有非常丰富的维生素C，可以焯水后食用。这种一年生的草可以长到2米左右，不过应该会在长到2米之前就被收割，到了秋季，藜的茎部由于木质化而变得坚硬，可以用来制作手杖。

此次染色采用的是尚未长出花穗的藜的地上部分。羊毛极易上色，日晒色牢度良好。

# 赤麻

- 别称：线麻
- 分类：荨麻科苎麻属
- 条件：野生
- 方法①：水提取
  方法②：强碱提取
- 部位：新鲜地上部分
- 采集日：6月29日
- 染色日：6月30日
- 采集·染色地：爱知县
- 浓度：染料200g/线100g

**植物记录·染色要点**

日文汉字写作赤麻，从这两个字中就可以联想到，它与作为麻线原材料的苎麻同属苎麻属，可以用其茎部制作麻线。福岛县奥会津的昭和村至今传承着“苎麻织”的古法。关于“苎麻织”，当地除了有工艺博物馆等展示设施，还有被称为“织女·牛郎制度”的专门研究苎麻织的学习研修制度。

赤麻的叶子呈绿色锯齿状，其茎和叶柄则呈现出鲜明的红色。此次染色使用的是夏季开花之前的茎叶，染出了十分浓郁美丽的偏红色的颜色。染色样本采用了包括绿叶在内的地上部分，分别用水提取和强碱提取的方法进行染色对比，但是二者染出的颜色并无太大差别。羊毛经过明矾媒染后和棉的日晒色牢度均为 –2，真丝的日晒色牢度良好。苎麻的相关内容见 p.27。

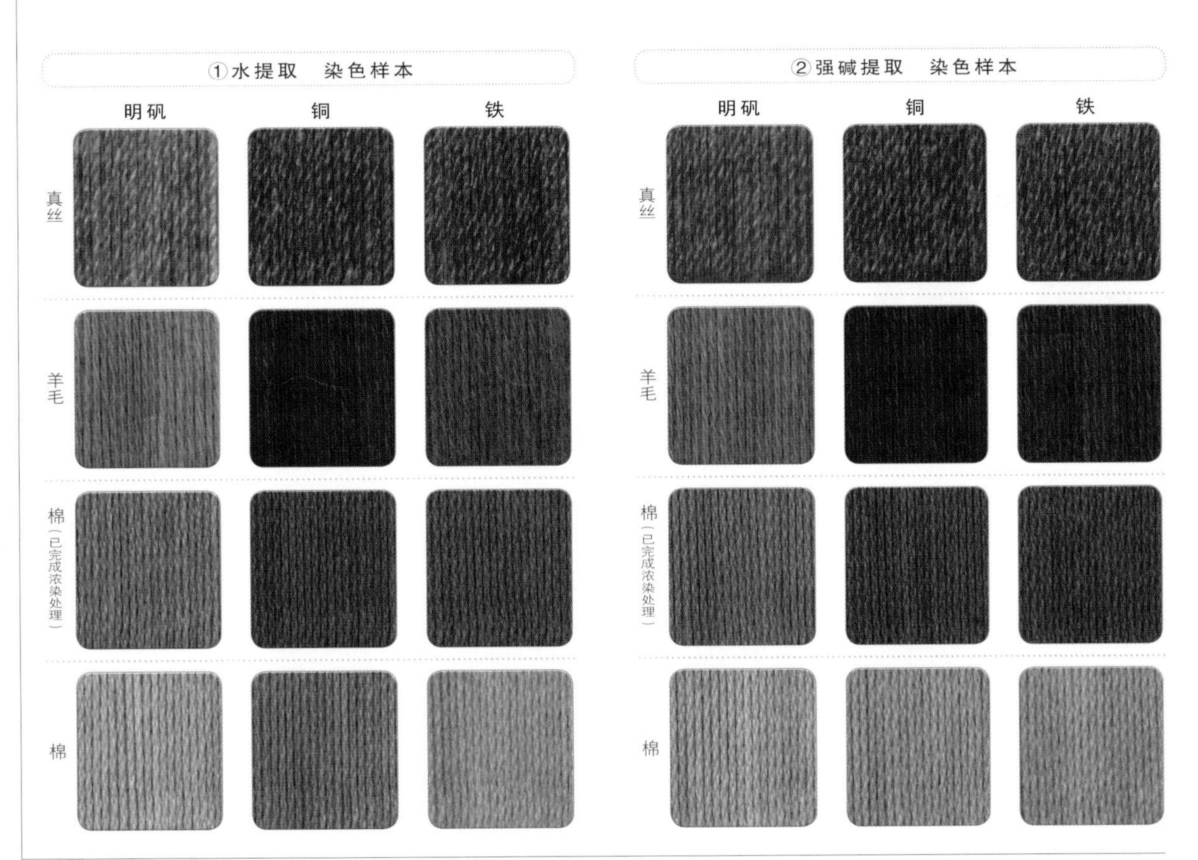

# 绣球花

●别称：紫阳花、八仙花
●分类：虎耳草科绣球属
●条件：栽种
●部位：新鲜枝叶
●采集日：6月20日
●染色日：6月21日
●采集·染色地：千叶县
●浓度：染料200g/线100g

**植物记录·染色要点**

这里染色所用的是被称作“隅田花火”的绣球花，它是绣球花的一个品种。染色样本是用花期之后修剪下来的枝叶染色而成的。我曾经织过以绣球花为主题的挂毯。绣球花在希腊语中意味着水和容器，即源于绣球花吸收大量水分然后蒸发的这一特点。

用绣球花染出的颜色较浅，日晒色牢度良好。

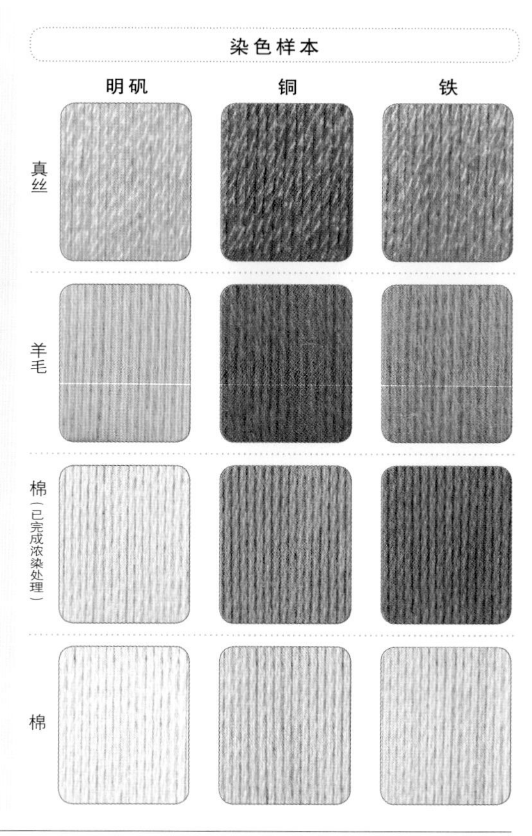


# 油菜

●别称：油菜花、菜种菜花
●分类：十字花科芸苔属
●条件：野生
●部位：新鲜地上部分
●采集·染色日：5月8日
●采集·染色地：埼玉县
●浓度：染料200g/线100g

**植物记录·染色要点**

油菜可食用，并且可以从油菜籽中榨取油菜籽油，所以油菜在日本各地被广泛种植。油菜在3月开花，是最适合一年两熟的植物。

我们一般不会采集野外开花的油菜食用，而是会去附近超市或菜市场中购买成捆贩卖的油菜花。油菜刚开始开花的一个月是最适合染色的时期，此次染色样本使用的是5月已经结籽的油菜。

虽然用油菜染出的颜色较浅，但是日晒色牢度良好。

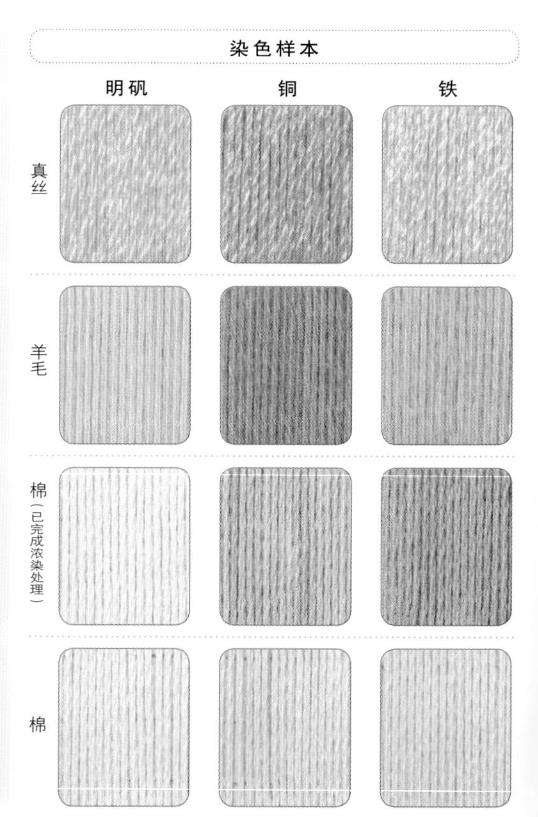

# 待宵草

- 别称：夜来香、月见草
- 分类：柳叶菜科月见草属
- 条件：野生
- 部位：新鲜地上部分
- 采集・染色日：7月10日
- 采集・染色地：爱知县
- 浓度：染料200g/线100g

**植物记录・染色要点**

竹久梦二的一首《宵待草》，让很多人熟知了这种植物，准确地说它叫作待宵草。由于其傍晚时开花，释放一整晚的香气后直到第二天清晨才枯萎凋谢的特点，所以取名为待宵草。

待宵草的花期很长，可以从春季一直持续到秋季，染色时采用的是其地上部分。用待宵草染出的颜色并不特别鲜艳，而且通过不同的媒染方法，染出的颜色也有所差别，比如铁媒染后的颜色是偏紫色的红褐色。明矾媒染后的日晒色牢度为 –1，其他的日晒色牢度良好。

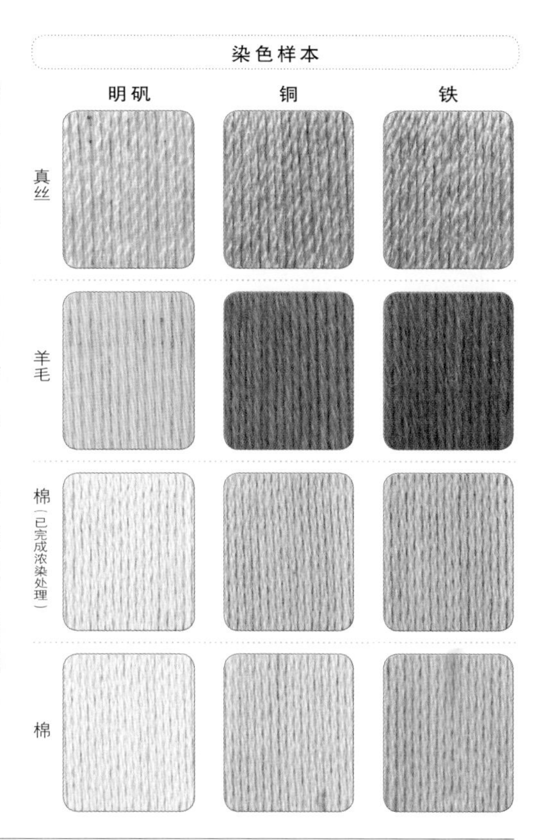


# 大叶苣荬菜

- 别称：苦荬
- 分类：菊科苦苣菜属
- 条件：野生
- 部位：新鲜地上部分
- 采集・染色日：4月25日
- 采集・染色地：奈良县
- 浓度：染料400g/线100g

**植物记录・染色要点**

大叶苣荬菜是一种在日本各地都能看到的植物，几乎一整年中都开着黄色的花。大叶苣荬菜的特点是长大以后其偏紫色的茎部和浓绿色的叶片上会长刺，而且莲座叶较大。蒲公英也和大叶苣荬菜一样，有着在无茎部的状态下匍匐于地、呈辐射状伸展的莲座叶。这就是多年生草本植物的特征和智慧，可以减少无用的部分以便过冬。

大叶苣荬菜染出的颜色是较深的土黄色。日晒色牢度良好。大叶苣荬菜是会继续增加的归化植物，可以尽情采摘。

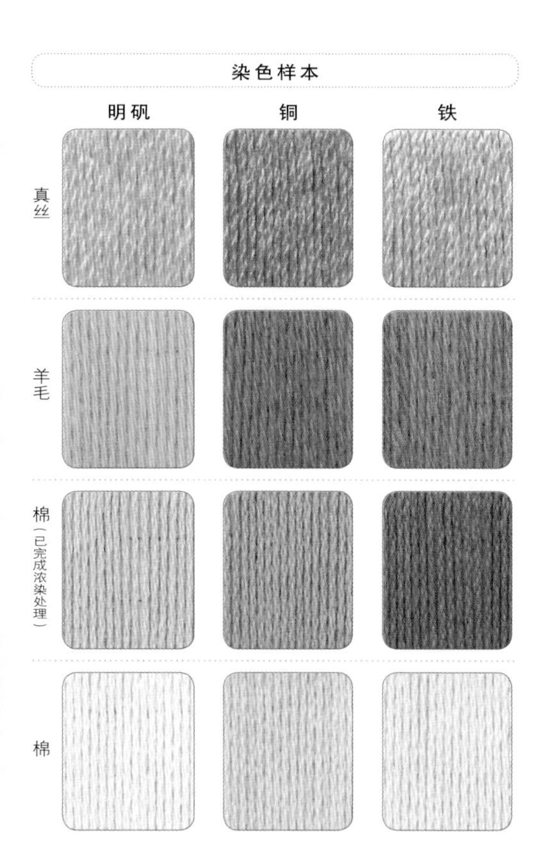

# 四籽野豌豆

- 别称：乌喙豆、巢菜
- 分类：豆科野豌豆属
- 条件：野生
- 部位：新鲜地上部分
- 采集・染色日：4月19日
- 采集・染色地：奈良县
- 浓度：染料200g/线100g

**植物记录・染色要点**

虽然四籽野豌豆这个名称众所周知，但是很多人不知道它在植物学上的正式名称叫作巢菜。3 月的嫩芽和 6 月的嫩豆荚都可以用来制作天妇罗。四籽野豌豆是缠绕草本植物，所以很容易发现它们相互缠绕丛生在一起。

取名为四籽野豌豆是因为其豆荚中的种子颜色同乌鸦一般黑。到了 7 月，凝神细听，在四籽野豌豆丛生的地方，会听到豆荚“扑哧扑哧”崩裂、种子飞出的声音。四籽野豌豆的日晒色牢度良好。

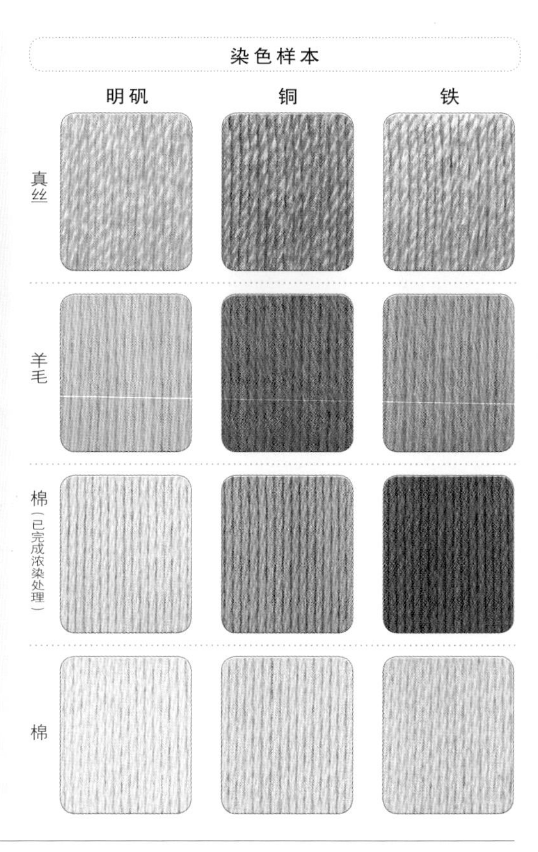


# 虎杖

- 别称：酸模、三七、土川七
- 分类：蓼科蓼属
- 条件：野生
- 部位：新鲜地上部分
- 采集・染色日：6月18日
- 采集・染色地：爱知县
- 浓度：染料200g/线100g

**植物记录・染色要点**

如果用牙咬其嫩茎，嘴里会有酸酸的味道，所以虎杖还有一个别称，叫作酸模。虎杖是一种能感知春天的山菜，食用时可直接水煮或者将嫩芽烹制成天妇罗。虎杖中含有草酸，过量食用后会造成肠胃不适，在食用时请多加注意。

此次染色使用的是 6 月左右的虎杖的地上部分。染出了从黄色到米黄色的十分美丽的颜色，日晒色牢度为 +1。如果想要增加一些红色的色泽，请在真丝的染色过程中加入明矾媒染剂等，这样就会染出偏红色的米黄色了。

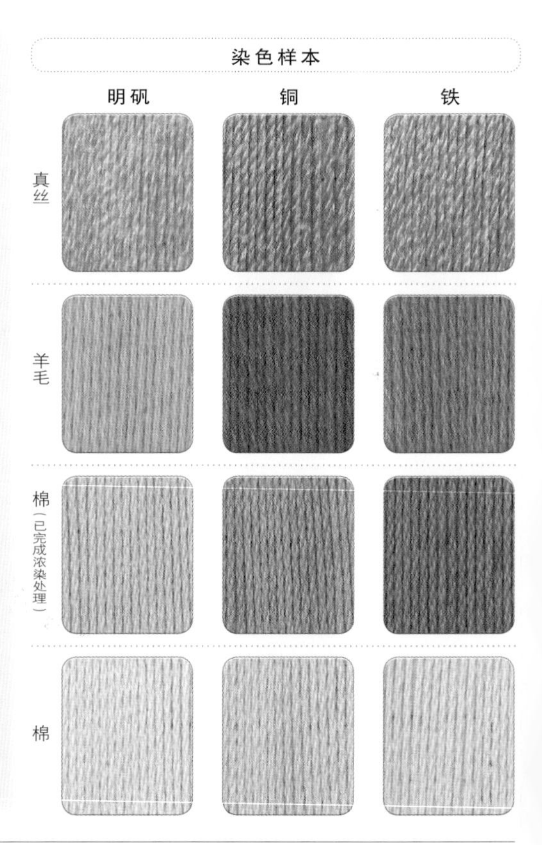

# 苎麻

- 别称：野苎麻、青麻
- 分类：荨麻科苎麻属
- 条件：野生
- 部位：新鲜地上部分
- 采集・染色日：5月29日
- 采集・染色地：奈良县
- 浓度：染料200g/线100g

**植物记录・染色要点**

从前苎麻作为制作麻线的材料而广为种植，其野生品种叫作野生苎麻，这次我们的染色样本是用野生苎麻染色而成的，所以准确地说我们用的是野生苎麻。

用初夏时节尚未长大的苎麻的茎和叶，可以染出褐色系颜色。除了棉会有稍稍褪色的情况以外，其他的日晒色牢度良好。同属的赤麻叶会染出红色系颜色，其染色样本见 p.23。

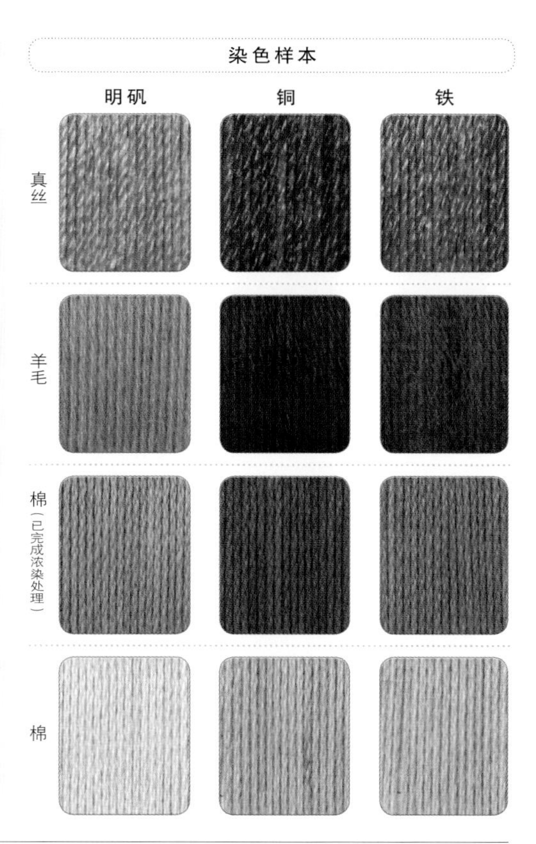


# 青茅

- 别称：茅草、白茅
- 分类：禾本科芒草属
- 条件：市场有售
- 部位：干燥叶
- 染色日：3月9日
- 染色地：奈良县
- 浓度：染料50g/线100g

**植物记录・染色要点**

青茅是禾本科植物，同野生于本州的芒草相似。与芒草相比，青茅较小，高度为 1 米左右。青茅从古至今均以可以染出黄颜色著称。八丈岛的传统工艺品“黄八丈”中的黄色可用青茅染制而成，八丈茅指的是荩草而不是青茅。同荩草的染色样本（见 p.30）做比较就可以发现，荩草染出的颜色是红色很少的冷黄色系。

此次染色使用的是市场上出售的作为染料使用的干燥青茅叶。日晒色牢度良好。

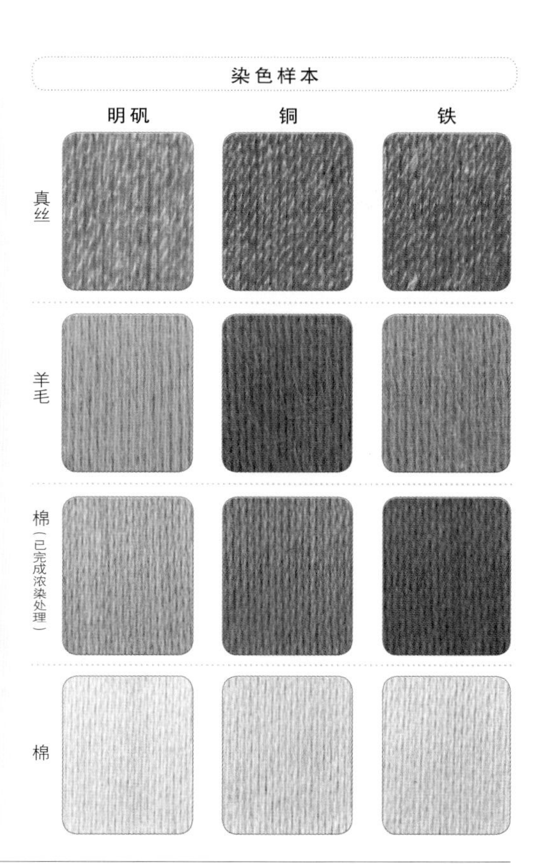

# 羊蹄　　羊蹄（根）

●别称：东方宿、败毒菜根、土大黄
●分类：蓼科羊蹄属
●条件：野生
●部位①：新鲜地上部分
　部位②：新鲜根部
●采集日：4月15日
●染色日：4月16日
●采集・染色地：埼玉县
●浓度：染料200g/线100g

**植物记录・染色要点**

羊蹄是高1米左右的多年生植物，夏天会开出浅绿色纵长的穗状小花，很容易被识别出来。6月花穗刚刚长出，这个时期最适合染色。

羊蹄的根部叫作羊蹄根，是一种广为人知的中药材。

下面的染色样本分别用新鲜的羊蹄的地上部分和新鲜的羊蹄根作染料进行染色。和地上部分相比，羊蹄根染出的色调更好一点，总体颜色偏褐色，但是在挖掘羊蹄根时比较麻烦，所以建议用羊蹄的茎叶部分进行染色。这两种染色样本的日晒色牢度都很好，成色都属于较深的颜色。

羊蹄的嫩叶也可以食用，但是由于叶子中含有草酸，所以请不要生吃。

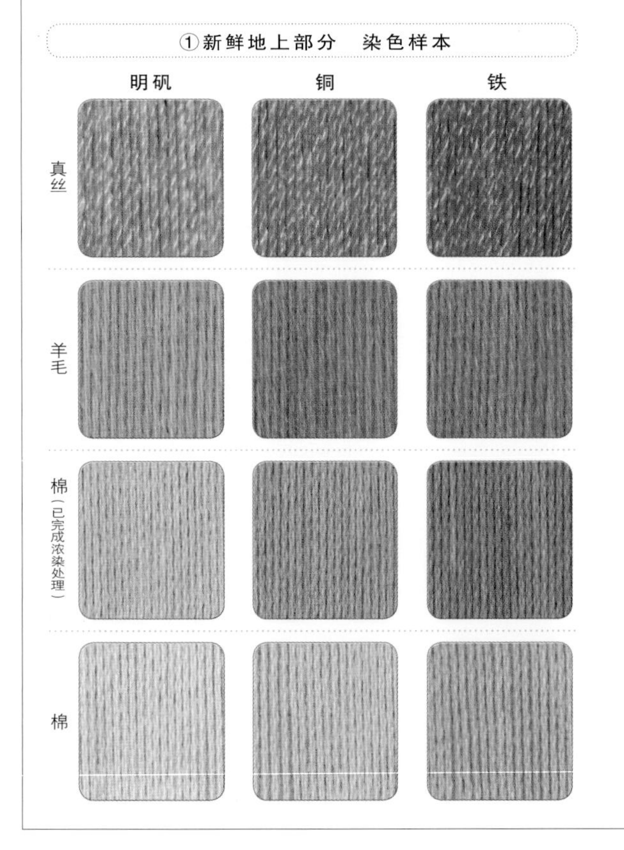


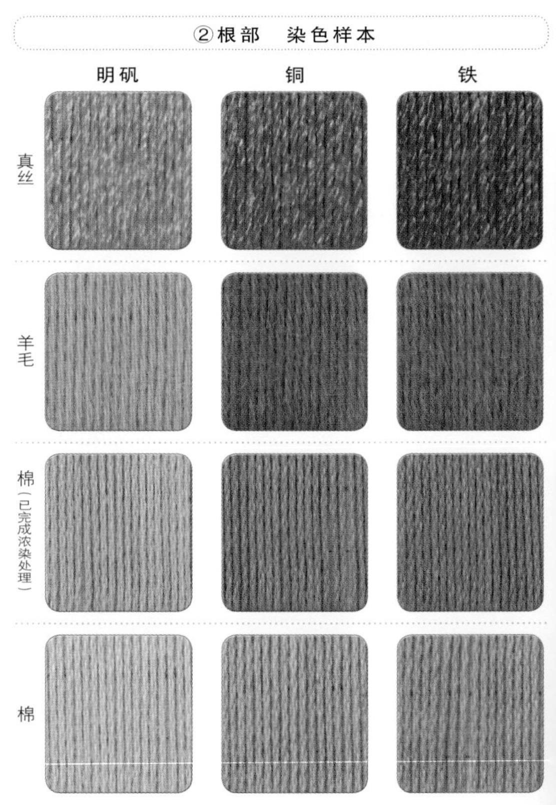

# 葛

- 别称：葛藤、野葛
- 分类：豆科葛属
- 条件：野生
- 方法：强碱提取　不中和
- 部位：新鲜地上部分
- 采集・染色日：7月6日
- 采集・染色地：埼玉县
- 浓度：染料200g/线100g

### 植物记录・染色要点

我还是学生的时候，曾经专门跑去日本静冈挂川参观挂川葛布。当时只在电视上看到用葛做出线的过程，于是我有样学样，用氢氧化钠水煮葛提取出了纤维（准确地说不是线）。葛的繁殖力十分强，一个夏天就可以长到10米并覆盖周围的空间，用水煮的方式染色也可以染出较深的颜色。我曾经尝试用强碱提取的方式染绿色，但是失败了。日晒色牢度为 -1，样本几乎都会有所褪色。

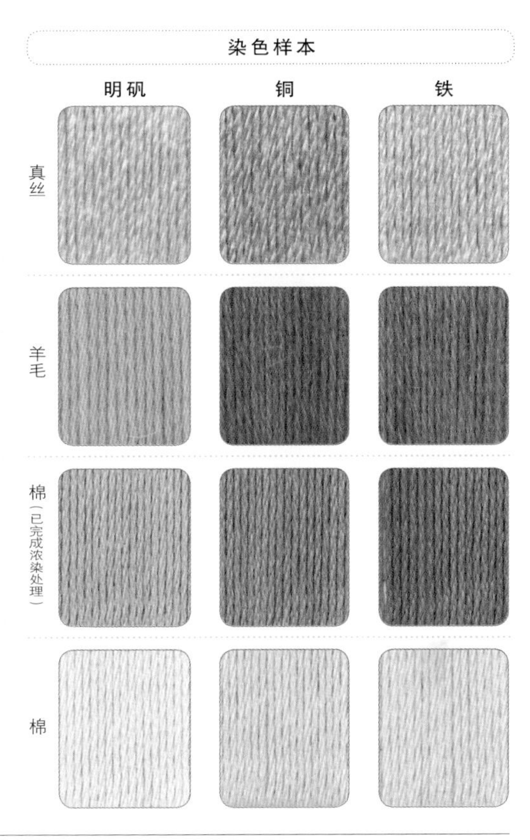


# 苦参

- 别称：地槐、眩草、山槐子、野槐
- 分类：豆科槐属
- 条件：野生
- 部位：新鲜地上部分
- 采集日：6月9日
- 染色日：6月10日
- 采集・染色地：爱知县
- 浓度：染料200g/线100g

### 植物记录・染色要点

苦参是生长在日照条件好的草原上的一种野生植物，每年6～7月会开出许多穗状的淡黄色小花。苦参也称作眩草，可能是由于在食用其根部时，会有眩晕般的苦涩之感而得名。苦参的根是一种有非常好的消炎效果的中药材。

苦参也被称为地槐，可以染出鲜艳的黄色，日晒色牢度良好，但是听说最近苦参有急剧减少的倾向，甚至在某些地区被列入濒危植物的名单，请大家在采集的时候适可而止。

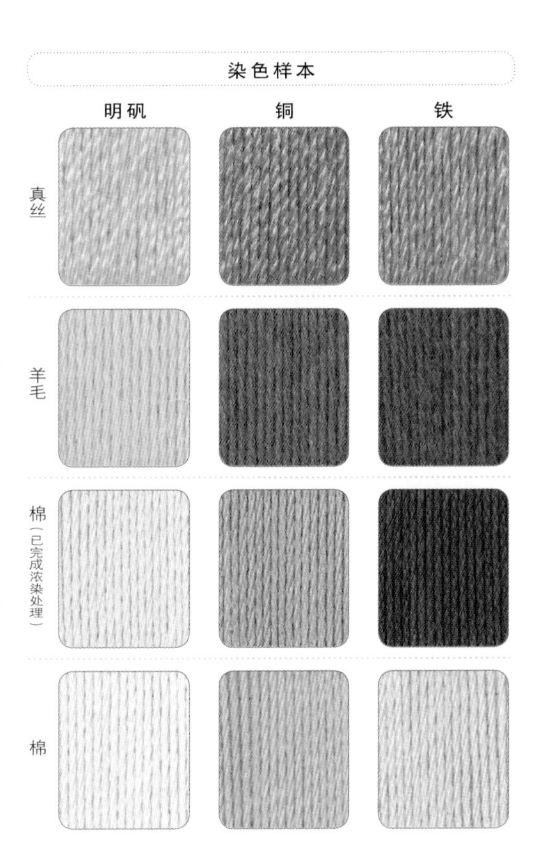

## 葎草

- 别称：勒草、葛葎草、拉拉藤
- 分类：桑科葎草属
- 条件：野生
- 部位：新鲜地上部分
- 采集・染色日：6月16日
- 采集・染色地：爱知县
- 浓度：染料200g/线100g

**植物记录・染色要点**

葎草茎部长有无数的细倒钩，它喜欢用细倒钩缠绕在周围植物或者栅栏上进行繁殖。葎草染出的颜色较深，日晒色牢度良好，其叶子形状易于辨认，便于采集，但在采集时要戴上手套以防被倒钩刺伤。啤酒花（唐花草）是酿造啤酒的原材料，虽然葎草同它们属于近种植物，但是葎草没有啤酒花的独特香气，所以无法替代啤酒花。葎草也是一味有清热解毒功效的中药。

## 荩草

- 别称：绿竹、八丈茅
- 分类：禾本科荩草属
- 条件：野生
- 部位：新鲜地上部分
- 采集・染色日：7月6日
- 采集・染色地：爱知县
- 浓度：染料200g/线100g

**植物记录・染色要点**

荩草的叶子呈窄卵形，看起来很像小鲫鱼的形状，所以在日本被命名为荩草，翻译成中文为小鲫鱼草。荩草也是黄八丈中黄颜色的来源，因此称为八丈茅，容易同青茅混淆，虽然青茅同属禾本科，但是与荩草不同的是其叶子呈细长形。此次的染色样本采用的是野生荩草，如果要染出深黄色，请选用栽种的荩草。鲜艳的黄色经过太阳照射后多少会有些褪色，但是经检查这次的日晒色牢度良好。关于青茅的内容见p.27。

# 甘蔗

●别称：薯蔗、糖蔗
●分类：禾本科甘蔗属
●条件：栽种
●方法①：水提取
方法②：碱提取　不中和
●部位：新鲜叶
●采集日：4月20日
●采集地：冲绳县
●染色日：4月25日
●染色地：埼玉县
●浓度：染料150g/线100g

**植物记录 · 染色要点**

此次染色使用的是作为砂糖原料而享有盛名的甘蔗的叶子。在冲绳，每年的1～2月都会收获甘蔗。在收获甘蔗时要先去掉甘蔗叶，然后砍下甘蔗。去掉的叶子可以拿来染色。我收集的甘蔗叶都来自自家种植的甘蔗，从采集到染色经过了5天的时间。大部分花草的茎部都几乎不含色素，因此染制100g线通常需要用到200g甘蔗，这指的仅仅是甘蔗叶，如果要同时使用甘蔗的茎和叶来染色，同样使用200g甘蔗，其他条件就要有所改变。下面的染色样本都是仅仅使用甘蔗叶来染色，分别通过水提取和碱提取的方法进行染色对比，用碱提取法上染后的颜色没有明显的变化，铜媒染后的颜色偏绿。不管是用水提取法还是用碱提取法，染后的日晒色牢度都很好。

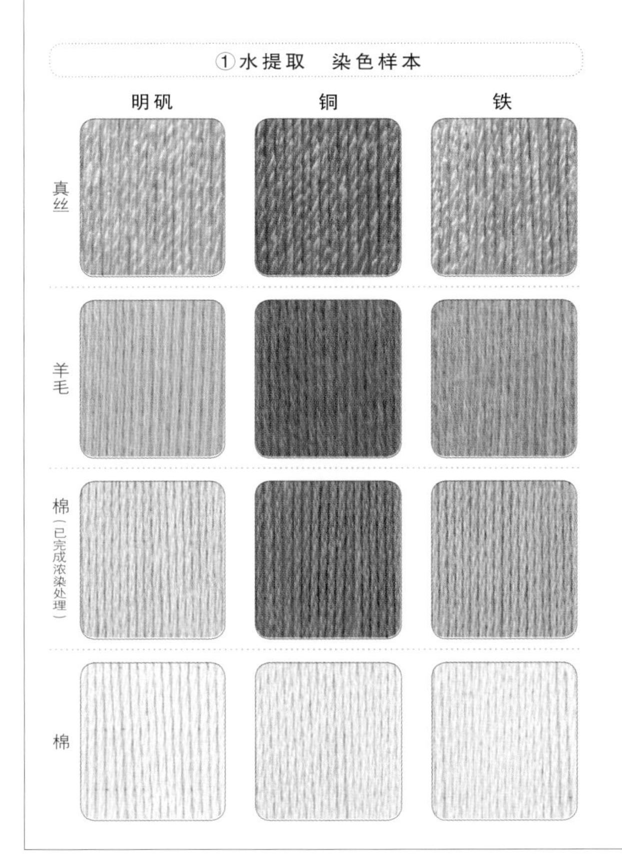


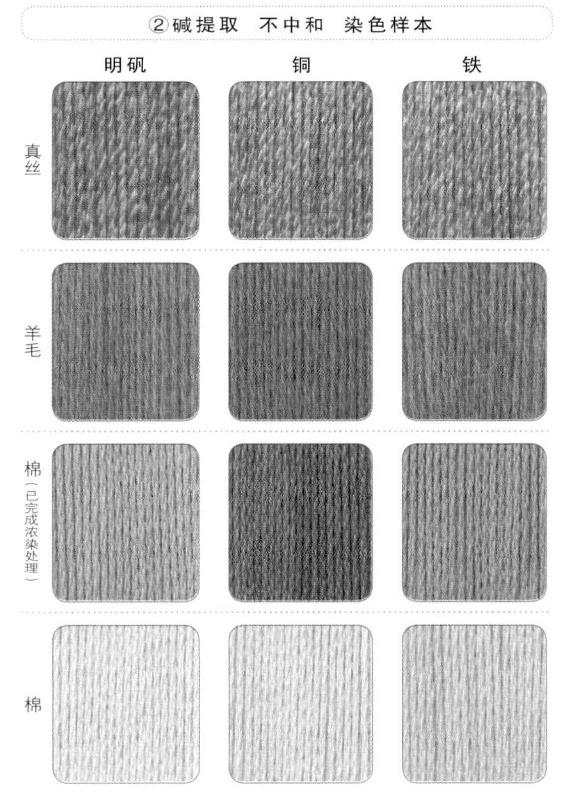

# 菝葜

- 别称：金刚藤、土茯苓、山归来、金刚刺
- 分类：百合科菝葜属
- 条件：野生
- 部位：新鲜茎叶
- 采集·染色日：4月24日
- 采集·染色地：奈良县
- 浓度：染料200g/线100g

## 植物记录·染色要点

菝葜也叫土茯苓，是一种结实的蔓生性植物。正因如此，在将三宅岛变成荒地以及绿化复兴的过程中，菝葜都发挥了巨大的作用。菝葜是制作久米岛捻线绸中深褐色的染料植物。我曾在学生时期专门跑到久米岛去看捻线绸，在飞白的对比下，我反而被这种用植物染料染出的近似于黑色的深褐色感动。久米岛捻线绸中的褐色是由菝葜的根部染制而成，但是染色样本中采用的是菝葜的茎叶部分，所以没有染成褐色。日晒色牢度良好。

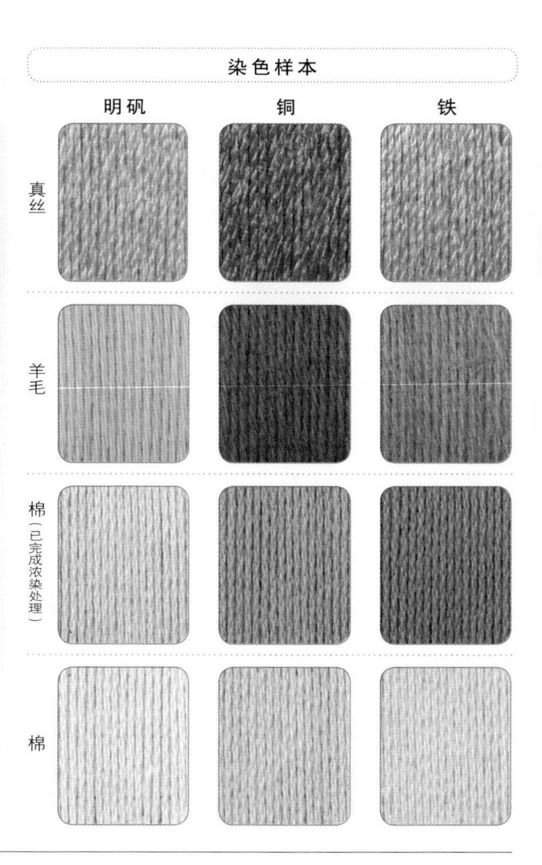


# 雏菊

- 别称：春菊
- 分类：菊科菊属
- 条件：栽种
- 部位：新鲜茎叶
- 采集·染色日：4月25日
- 采集·染色地：埼玉县
- 浓度：染料200g/线100g

## 植物记录·染色要点

雏菊是一种原产于欧洲，可以在一花托上开出数朵花，组成头状花序的菊花。本来菊花会长出很多花苞，但是作为佛花使用时则会把多余的花苞摘掉，只剩一颗，从而培育出花朵较大的单朵菊花。染色样本是用鲜花店中出售的雏菊茎叶染色而成的。将它们买回家摆放欣赏几日后，将花瓣冷冻保存，剩下的茎叶则进行煎煮。虽然也算是新鲜的雏菊，但是从采集到入手已经历一周的时间，不过可以染出较浓的颜色，日晒色牢度良好。

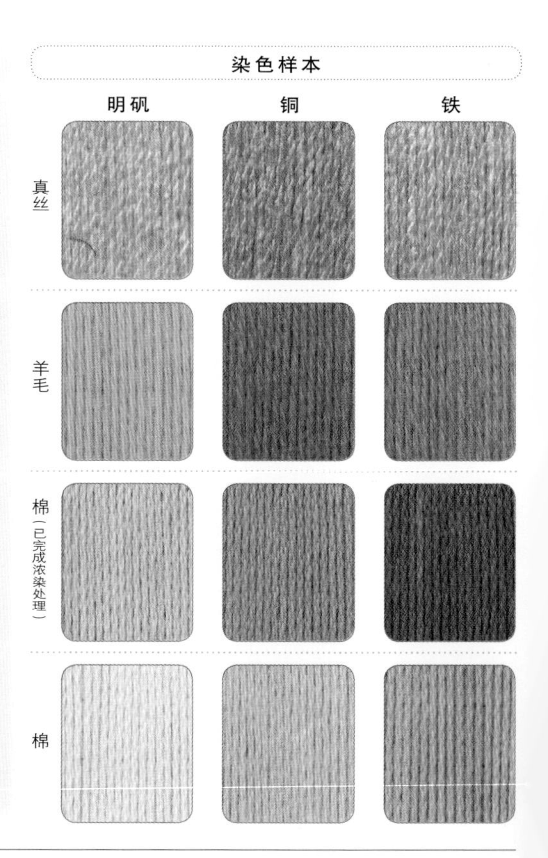

# 蕨类

- 别称：羊齿植物、蕨
- 条件：野生
- 方法①：水提取
  方法②：碱提取
- 部位：新鲜地上部分
- 采集日：6月9日
- 染色日：6月10日
- 采集·染色地：爱知县
- 浓度：染料200g/线100g

## 植物记录·染色要点

染色样本中使用的蕨，是常见蕨类的一种。同在鲜花店里经常能看到的羽状复叶（小叶在叶轴的两侧排列成羽毛状）植物类似，很熟悉却说不出其属名以及种类。用碱提取的方法能染出从米色系颜色到红色的变化的颜色，所以将其作为染料来使用。

日晒色牢度的结果如下：水煮染色后的真丝的日晒色牢度为 +1，颜色会变深；羊毛和棉良好。这是一种经过太阳照射后颜色会加深的植物，在染液中放置数日后再进行煎煮会比直接用提取液染色的颜色要深一些，所以采用水提取的方法时最好在第二天染色。

用碱提取法染色的样本中，羊毛和棉的日晒色牢度为 –2，只不过红色会被充分保留，真丝颜色几乎没有什么变化，日晒色牢度良好。

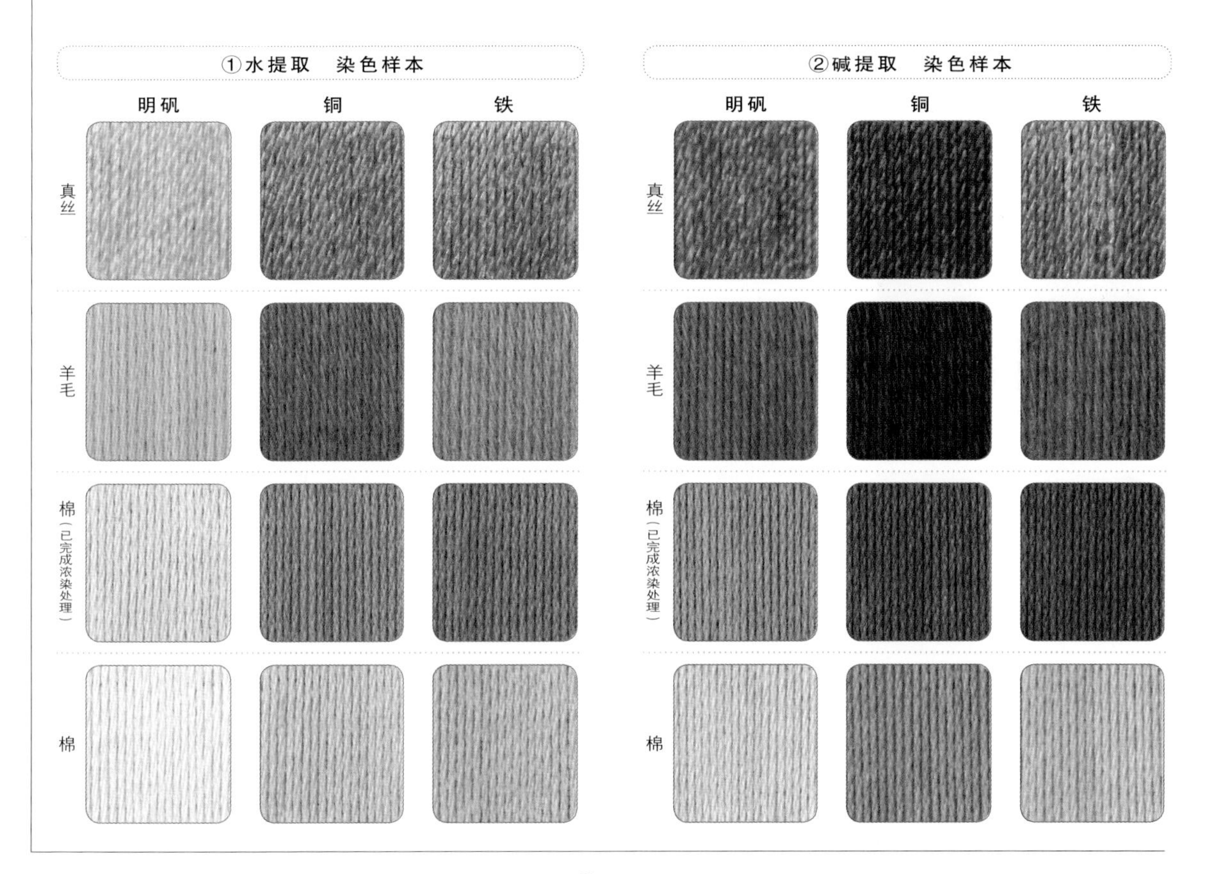

# 荚果蕨

●别称：黄瓜香、野鸡膀子、雁足
●分类：三叉蕨科（鳞毛蕨科）荚果蕨属
●条件：野生
●部位：新鲜地上部分
●采集·染色日：4月26日
●采集·染色地：奈良县
●浓度：染料200g/线100g

**植物记录·染色要点**

每年春天到初夏的这段时间，我会去参加国内各地的手工编织研讨会。长野会场的会议餐中经常有用时鲜山菜制作的料理。用特意采集的荚果蕨做的焯蔬菜，去掉了荚果蕨的苦味，非常好吃。荚果蕨的嫩芽是只有在限定时间才会有的极品美味。

染色样本是用荚果蕨的新鲜茎叶染色而成的。用不同媒染方法染出的颜色变化不大，能染出从米色到褐色的变化的颜色，日晒色牢度良好。p.33 有另一种蕨类植物的染色样本。

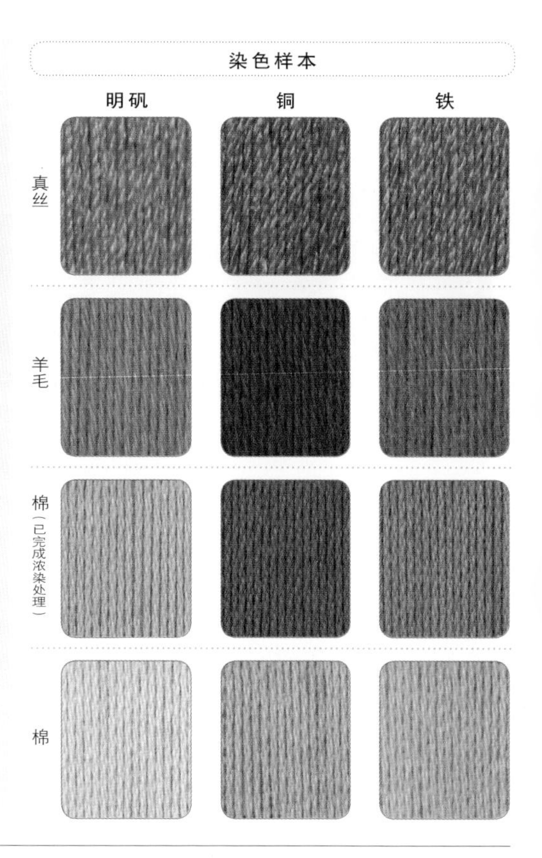


# 蔓长春花

●别称：攀缠长春花
●分类：夹竹桃科蔓长春花属
●条件：野生
●部位：新鲜地上部分
●采集·染色日：5月14日
●采集·染色地：埼玉县
●浓度：染料300g/线100g

**植物记录·染色要点**

我家附近的小河边有许许多多的蔓长春花，它们群生在一起，到了 3 月底会渐次开出直径为 5 ~ 7cm 的蓝紫色小花。染色样本就是用花期结束之后的蔓长春花的茎叶煮染而成的。蔓长春花的茎部是在地面匍匐并自由伸展的，其园艺品种很多，我们经常能看到蔓长春花越过围墙低垂着的样子。要染制 100g 线需要使用 300g 的茎叶，虽然用了这么多蔓长春花的茎叶，但是染出的颜色依然很淡。日晒色牢度良好。

# 大吴风草

- 别称：八角乌、活血莲、独角莲
- 分类：菊科大吴风草属
- 条件：栽种
- 部位：新鲜地上部分
- 采集·染色日：4月9日
- 采集·染色地：爱知县
- 浓度：染料200g/线100g

**植物记录·染色要点**

大吴风草日文名为“艳叶蕗”，因其叶子艳丽而得名。它不仅叶子能给人留下深刻印象，到了秋天其茎部还会开出黄色花朵。花期结束之后黄色花朵会像蒲公英一样随风飘散，所以经常能在空地处找到野生的大吴风草。之前我家的院子里长有许多大吴风草，我经常拿它进行染色，但是在熬煮时味道奇臭无比。不过令人欣慰的是，大吴风草可以染出十分素雅的颜色，日晒色牢度良好。作为它的近种的款冬，其染色的具体内容见 p.20。与大吴风草相比，款冬染出的颜色更为明亮。

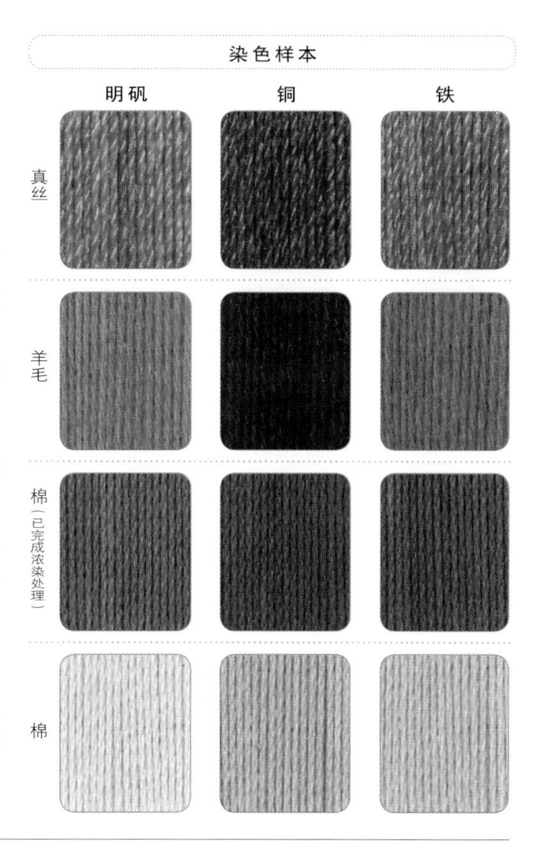


# 蕺菜

- 别称：鱼腥草、狗贴耳、侧耳根
- 分类：三白草科蕺菜属
- 条件：野生
- 部位：新鲜地上部分
- 采集日：5月15日
- 染色日：5月16日
- 采集·染色地：奈良县
- 浓度：染料300g/线100g

**植物记录·染色要点**

徒手采集蕺菜的时候，手会有灼烧感，而且会沾上一种独特的味道。蕺菜有清热解毒利水之功效，所以在日本也被称为“十药”。新鲜的蕺菜有很强的抗菌作用，干燥之后该作用有所下降。

蕺菜的新鲜程度对染色的效果有很大的影响！此次染色样本使用的是在水中浸泡至第二天早上的蕺菜，因为采集当天没能进行染色，担心它会变干所以将之浸泡在水中。蕺菜染出的颜色较淡，因此在染色时请使用大量蕺菜。日晒色牢度良好。

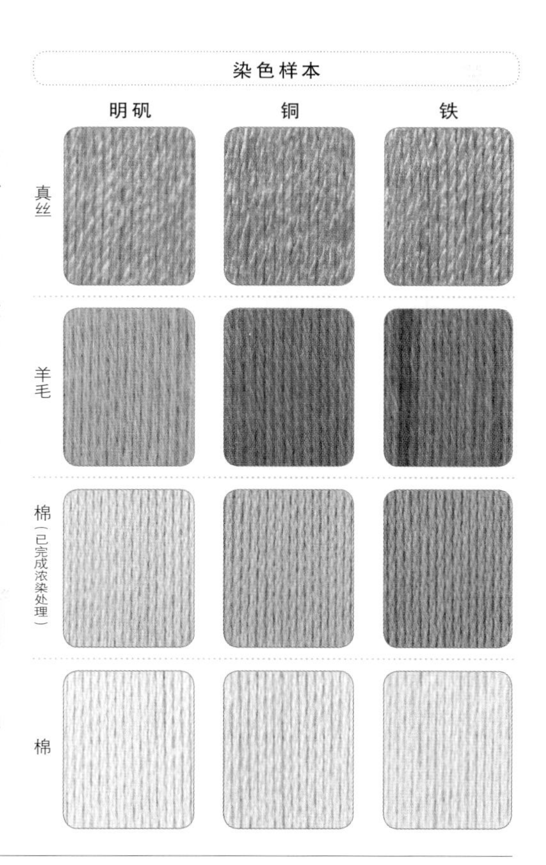

# 荠菜

- 别称：护生草、三味线草、白花菜、地米菜
- 分类：十字花科荠属
- 条件：野生
- 部位：新鲜地上部分
- 采集日：3月13日
- 染色日：3月14日
- 采集・染色地：埼玉县
- 浓度：染料200g/线100g

**植物记录・染色要点**

作为春天七草之一的荠菜有许多别称。由于荠菜果实形状类似于三味线的拨子，所以在日本有人称其为三味线草或者拨草。欧洲人将其称为牧人的钱包，因为其果实形状如古代用羊皮细带束住的钱包一般，而且结出种子时，果实会鼓鼓的，就像钱包里塞满了许多钱一样。荠菜还有食用和药用价值。

荠菜染出的颜色非常质朴，日晒色牢度良好。

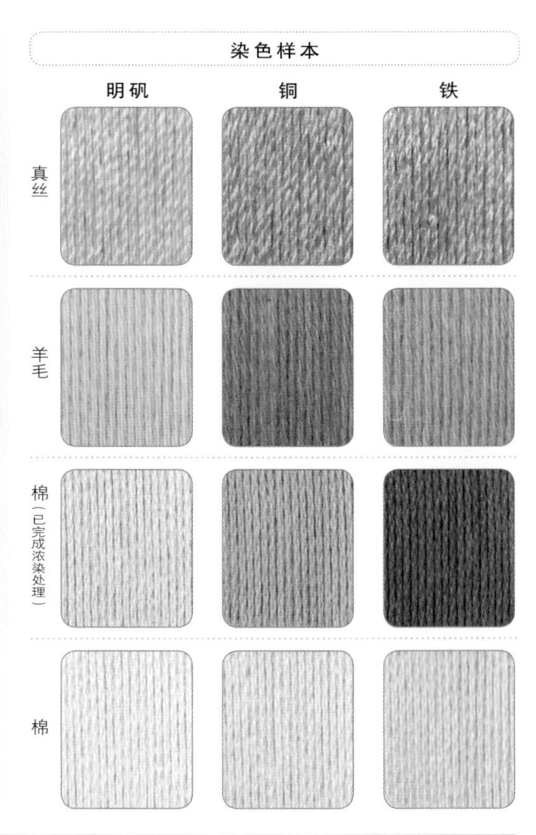


# 毛荚野豌豆

- 别称：弱草藤
- 分类：豆科野豌豆属
- 条件：野生
- 部位：新鲜地上部分
- 采集・染色日：4月24日
- 采集・染色地：奈良县
- 浓度：染料300g/线100g

**植物记录・染色要点**

毛荚野豌豆与四籽野豌豆（见 p.26）为同科植物，染出的颜色几乎一样。这两种植物都会在春季到夏季期间开出序状紫色小花以及长出羽状复叶，不同的是毛荚野豌豆整体上比四籽野豌豆大。

毛荚野豌豆看起来非常可爱，让人总是想摘一些带回家，但是它属于“危险外来物种”，有很强的繁殖能力，所以请多加注意。

虽然毛荚野豌豆染出的颜色较浅，但是日晒色牢度良好。它也属于可以随便采集的植物。

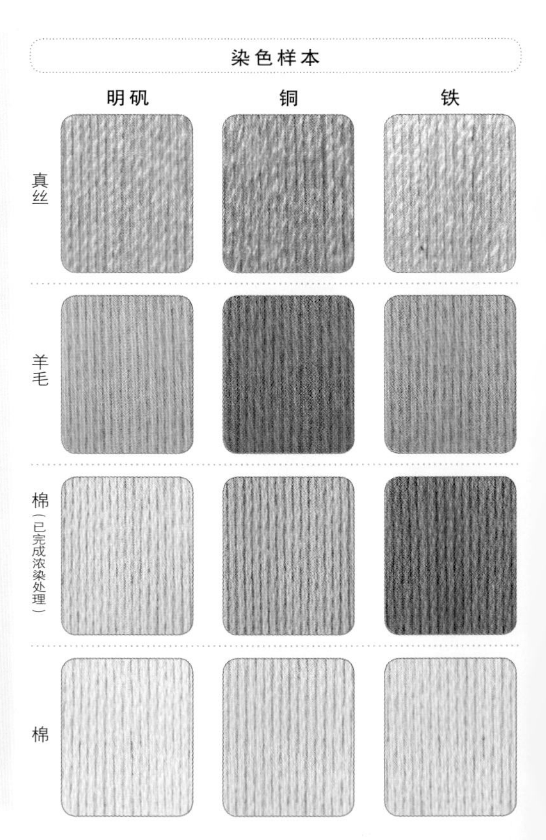

# 费城飞蓬

●别称：春飞蓬、春一年蓬、大正草
●分类：菊科飞蓬属
●条件：野生
●部位：新鲜地上部分
●采集·染色日：5月8日
●采集·染色地：埼玉县
●浓度：染料200g/线100g

植物记录·染色要点

费城飞蓬是一种在春天的路边随处可见的植物，可谓之春之花。由于费城飞蓬与一年蓬在外表上很相似，所以容易混淆。费城飞蓬的花期较早，大约在4～5月，花蕾向下生长，这是它与一年蓬的不同之处，但是说到染色，两者并没有什么区别。

费城飞蓬的花朵颜色从白色到粉红色深浅不一，最适合染色的时期是刚刚开花的时候。明矾媒染后的日晒色牢度为 -1，可以染出鲜艳的黄色，随着时间的推移颜色会慢慢变淡。

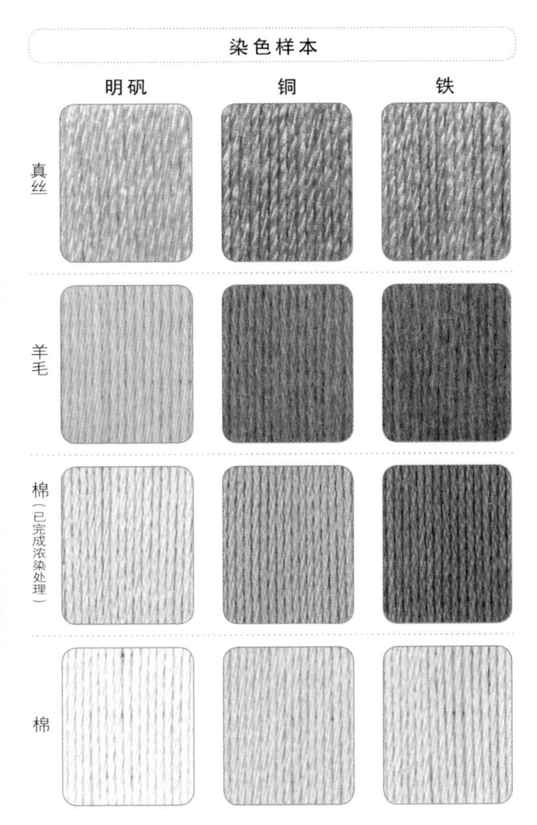


# 蒲苇

●别称：白银芦
●分类：禾本科蒲苇属
●条件：栽种
●部位：新鲜地上部分
●采集·染色日：7月1日
●采集· 染色地：爱知县
●浓度：染料200g/线100g

植物记录·染色要点

我们经常能在公园中看到这种类似于巨大型芒草的草本植物。蒲苇英文名 pampas，意为草原。其高 2 ～ 3 米，好似飘浮在空气中的柔软的大型花穗，会给人留下深刻的印象，是初秋花艺的经典材料。市场上也出售新鲜的切花和干燥花。将蒲苇细细切碎后染色，会染出较深的黄色系颜色。干燥后的茎和叶也可作为手工艺品的原材料。将蒲苇纵向细细劈开，制成线，可以编制织锦和夏天用的包。棉染色后会稍微有些褪色。

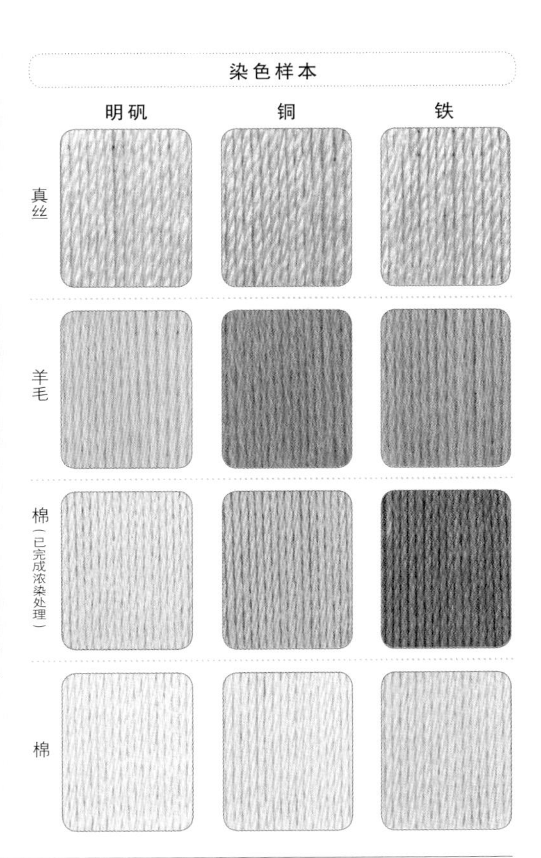

# 小野芝麻

- 别称：蜘蛛草
- 分类：唇形科野芝麻属
- 条件：野生
- 部位：新鲜地上部分
- 采集日：3月29日
- 染色日：3月30日
- 采集·染色地：爱知县
- 浓度：染料200g/线100g

**植物记录·染色要点**

在春天的阳光中盛开的小野芝麻是一种来自欧洲的归化植物，其茎部的顶端有一些深紫色的叶子，并开有粉红色的花冠。野芝麻是小野芝麻的近种，但是野芝麻的叶子不是紫色的。小野芝麻颇具特点的外形，使其很容易在其他杂草中被分辨出来。用小野芝麻染出的颜色是质朴的大地色，日晒色牢度良好。

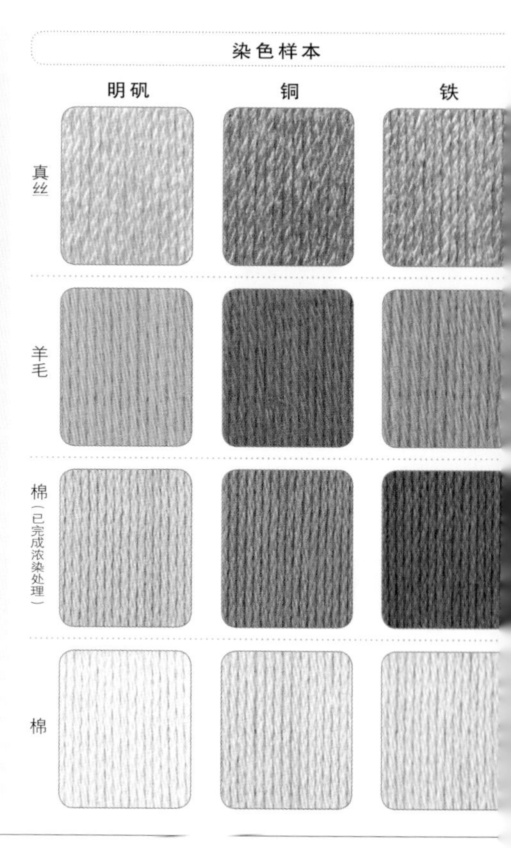


# 向日葵

- 别称：向阳花、转日莲、朝阳花、太阳花、望日莲
- 分类：菊科向日葵属
- 条件：栽种
- 部位：新鲜地上部分
- 染色日：7月1日
- 染色地：埼玉县
- 浓度：染料200g/线100g

**植物记录·染色要点**

向日葵可谓是夏季花卉的代名词，因为向日葵一直面朝着太阳，所以其花语为“我的目光一直追随着你”，但实际上向日葵只有在生长期的时候才会面朝着太阳。

染色样本是用从鲜花店买来的向日葵进行染色的。从采集到入手，并经过在家中的数日观赏，我手中的向日葵已经谈不上新鲜。用向日葵染出的颜色十分温和，媒染后颜色变化较小。日晒色牢度良好。

# 艾

春季的艾

夏季的艾

- 别称：艾蒿、灸草、香艾
- 分类：菊科蒿属
- 条件：野生
- 方法①：春季的艾
  采集・染色日：4月5日
- 方法②：夏季的艾
  采集・染色日：7月3日
- 方法③：碱提取
  采集・染色日：7月3日（见p.40）
- 部位：新鲜地上部分
- 采集・染色地：埼玉县
- 浓度：染料200g/线100g

## 植物记录・染色要点

艾是一种随处可见的野草。其嫩叶可制作成用于艾灸的艾绒，也可混合到饼和荞麦里，作为蔬菜食用，也可制成沐浴液，其用途之广，以至于每个人都曾经接触过艾。而且艾的繁殖力非常强，人们在绿化开垦后的荒地以及加固土壤时都会在地里撒下大量的艾种子。样本对春季的艾、秋季的艾以及碱提取的艾的染色结果进行了对比。

与春季的艾相比，夏季的艾染出的颜色更深，黄色更浓一些。

夏季的艾经过碱提取后染出的颜色偏绿。不管采用哪一种方法染色，日晒色牢度都很好，请务必尝试一下。

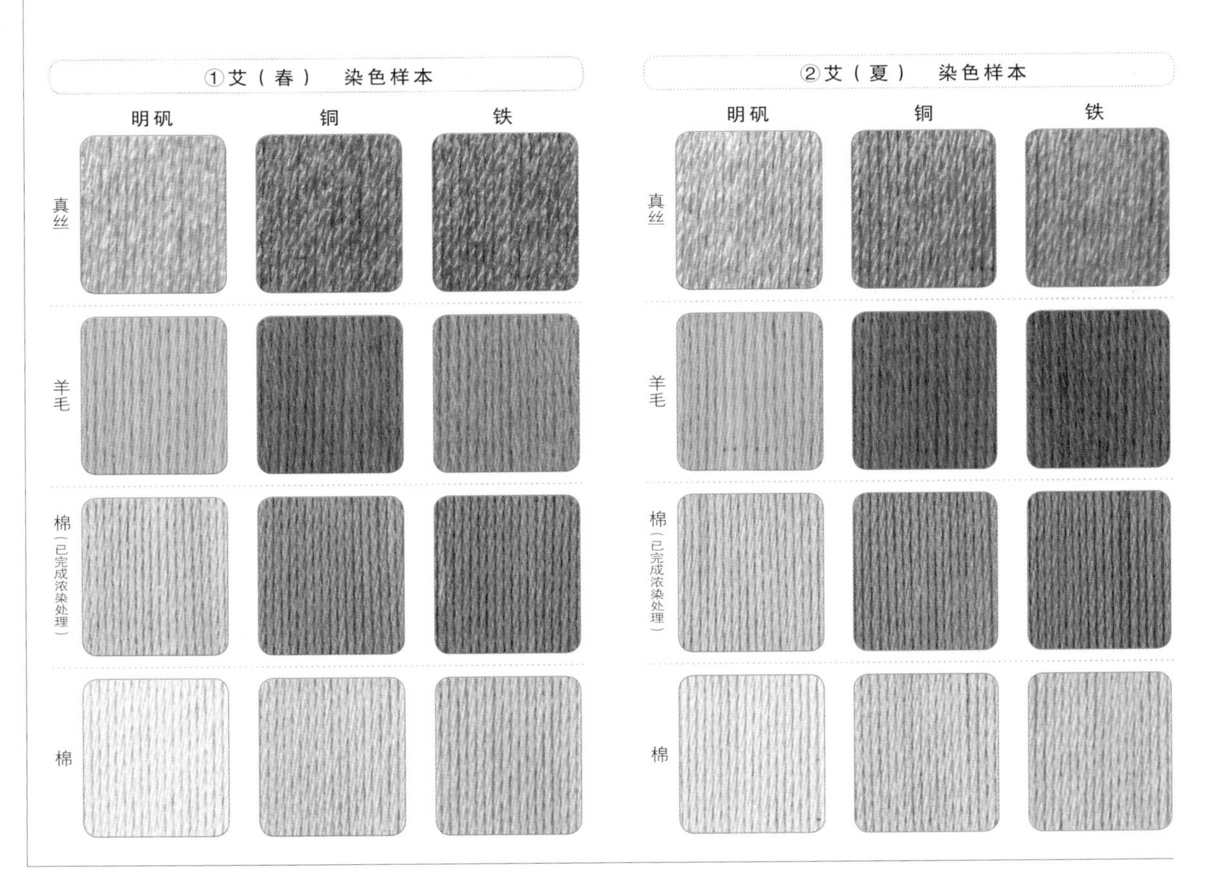

# 艾

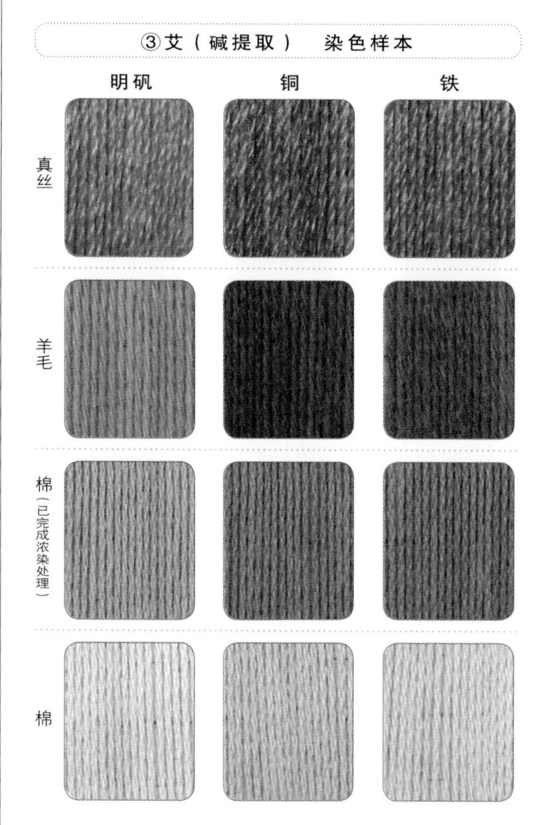

# 红车轴草

- 别称：红三叶、红荷兰翘摇
- 分类：豆科车轴草属
- 条件：野生
- 部位：新鲜地上部分
- 采集·染色日：5月8日
- 采集·染色地：埼玉县
- 浓度：染料200g/线100g

**植物记录·染色要点**

最近红车轴草由于比大豆含有更多的大豆异黄酮而备受关注，同时它也是一种非常好的染料植物。

之前我还疑惑："这个也可以用来染色？"当我用收到的干草（包括白车轴草和红车轴草）染色，没想到竟然染出了效果非常好的深颜色。干燥之后的红车轴草比新鲜的红车轴草染出的颜色更深。下一次一定要用新鲜的草和干燥之后的草对比一下染色的效果。

红车轴草是一种日晒色牢度良好的染色素材。

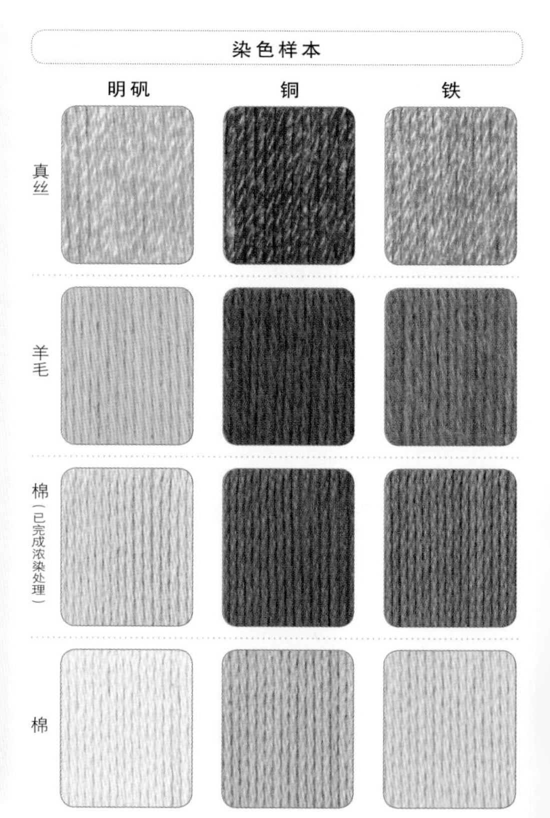

# 两色金鸡菊

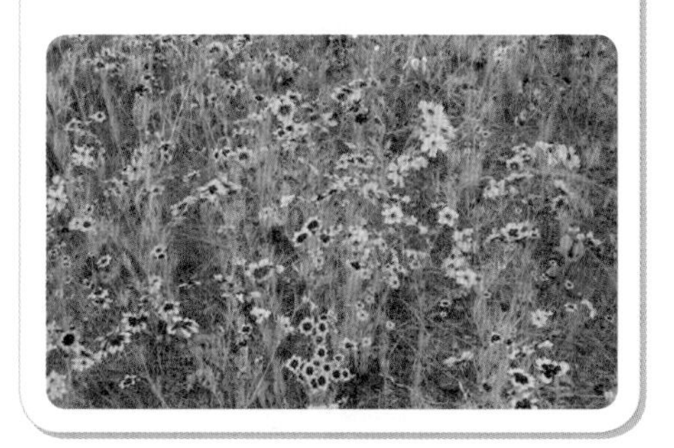

- 别称：蛇目菊、小波斯菊
- 分类：菊科金鸡菊属
- 条件：野生
- 方法①：提取后直接染色
  方法②：提取2日后染色
- 部位：新鲜地上部分
- 采集日：5月14日
- 染色日：5月14日、5月16日
- 采集・染色地：埼玉县
- 浓度：染料200g/线100g

**植物记录・染色要点**

两色金鸡菊花朵中心呈红褐色，周围花瓣呈深黄色。如果从正面观察两色金鸡菊的花朵，会感觉两种颜色的交界处如同蛇的眼睛，所以也有人称之为蛇目菊。它经常混入群生的整个花朵都是红色的植物中。两色金鸡菊盛开时，花瓣像过度张开似的向下展开，从侧面看其外形与和伞中的蛇目伞一模一样。插句题外话，如果在蛇目伞的伞轴顶端中心贴上装饰性的纸，打开伞后从正上方往下看，就会觉得它像蛇的眼睛一样。

两色金鸡菊是群生植物，很容易采集到足量的染色材料，用它可以染出鲜艳的颜色。偶尔我也会在染液提取2日后再进行染色，以便染出鲜艳的橙色。染色样本对染液提取当天染色和提取2日后再染色的效果进行了对比，即使用碱提取的方法，提取后直接染色染出的颜色也与提取2日后染出的颜色相同。提取2日后染色的日晒色牢度为-2，虽然染出的颜色大多比较鲜艳，但还是有一部分染出了比较质朴的色调。

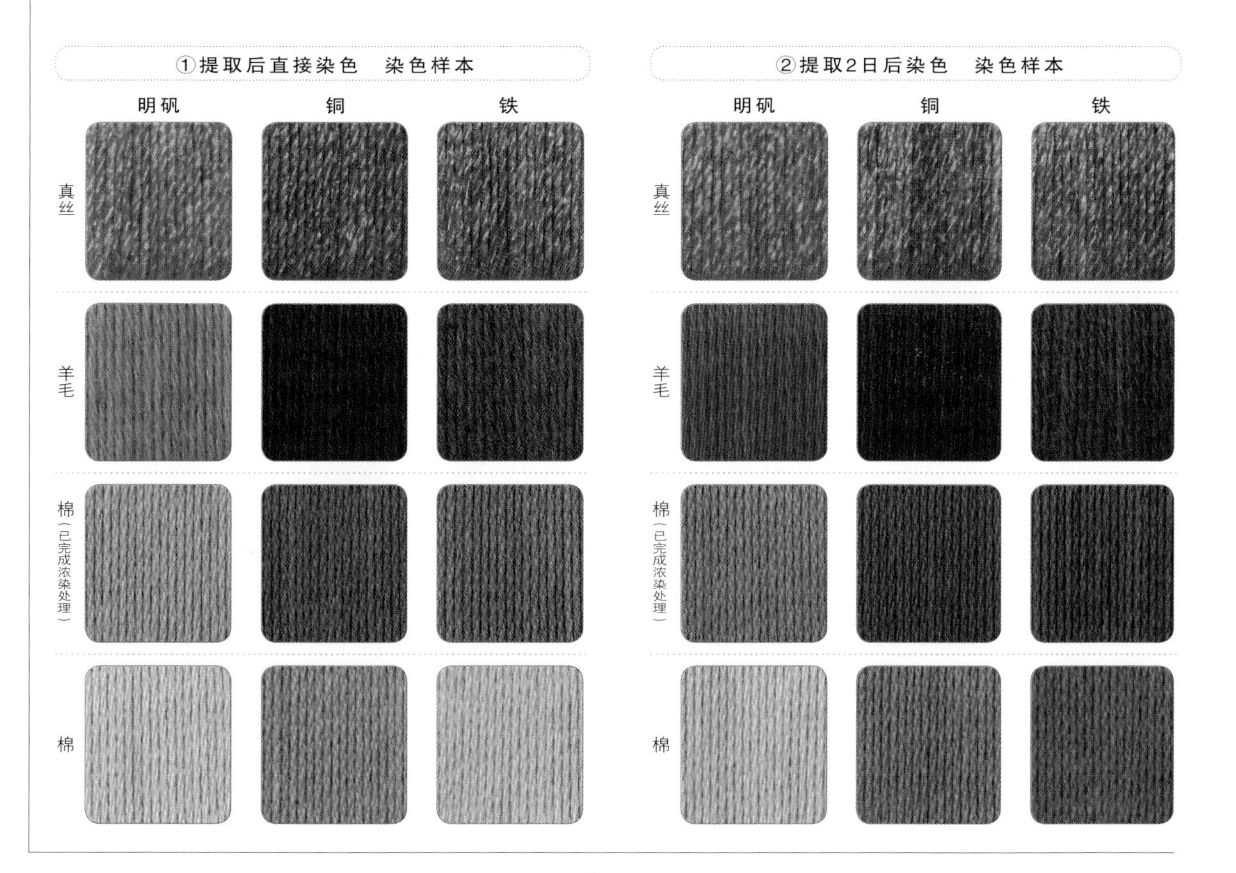

# 宝盖草

●别称：佛座草、三界草
●分类：唇形科野芝麻属
●条件：野生
●部位：新鲜地上部分
●采集·染色日：3月20日
●采集·染色地：埼玉县
●浓度：染料200g/线100g

**植物记录·染色要点**

宝盖草是春天七草之一，但与菊科稻槎菜属植物的形状完全不同，而且不能食用。宝盖草由于神似佛像身下的莲花宝座，所以在日本也叫作佛座草。由于其独具特点的形状，我们从早春时节开始就可以轻易在路边发现宝盖草的身影。花期到3月中旬左右，这也是最适合染色的时期。毛线可以被染出十分可爱的黄色，日晒色牢度良好。

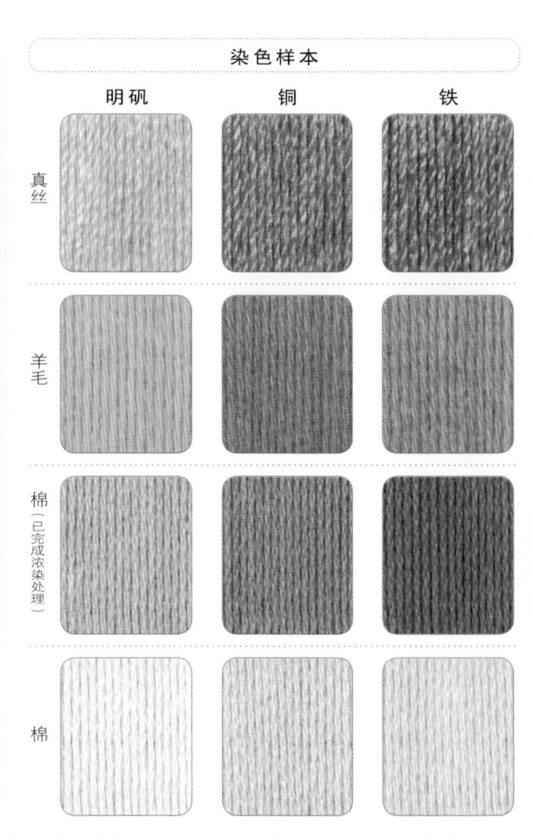


# 马蓝

●别称：板蓝
●分类：爵床科板蓝属
●条件：栽种
●部位：新鲜叶
●采集日：4月30日
●采集地：鹿儿岛县
●染色日：5月1日
●染色地：爱知县
●浓度：染料200g/线100g

**植物记录·染色要点**

马蓝是冲绳自古以来栽种的爵床科蓝草。染色样本采用的是鹿儿岛县奄美大岛种植的马蓝的新鲜叶。此次样本与其他草木植物的样本不同，只用了无媒染的真丝、羊毛、棉，在没有使用化学药剂的情况下，通过调节火力大小来将织物染成不同的颜色。染制左侧一列蓝色系的三种颜色时，将新鲜叶片和线一同放入水中，在水温达到60℃左右时开始染色，水温达到80℃左右时将线从染液中拿出。染制右侧一列紫色系颜色时，将线放入煮沸的染液中，然后用文火煮5分钟左右。

真丝

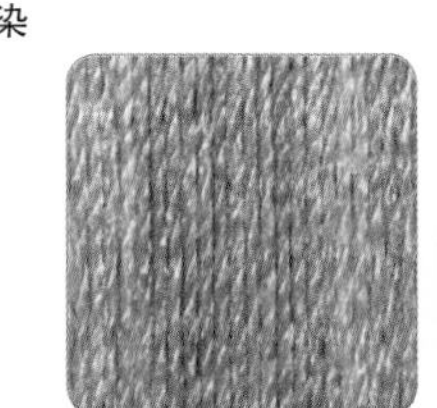

羊毛

棉

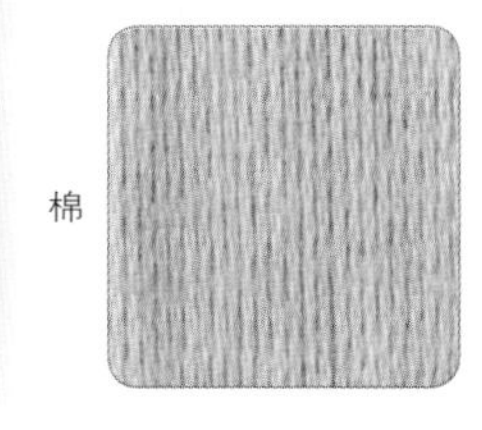

# 印度蓝草

●别称：印度蓝、槐蓝、木蓝
●分类：豆科木蓝属
●条件：栽种
●部位：干燥叶
●染色日：7月20日
●染色地：埼玉县
●浓度：染料250g/线100g

**植物记录·染色要点**

印度蓝草是众多蓝草中靛蓝含量最高的植物。而且印度蓝草中富含一种叫作靛玉红的紫红色素，所以用干燥叶染真丝样本时染出了鲜艳的紫色。关于这种紫色的染色方法见 p.218。发酵干燥后的蓼蓝以及从印度蓝草嫩叶中提取的靛蓝色素的沉淀物都可作蓝草染原料，二者均为靛蓝染料。日晒色牢度良好。

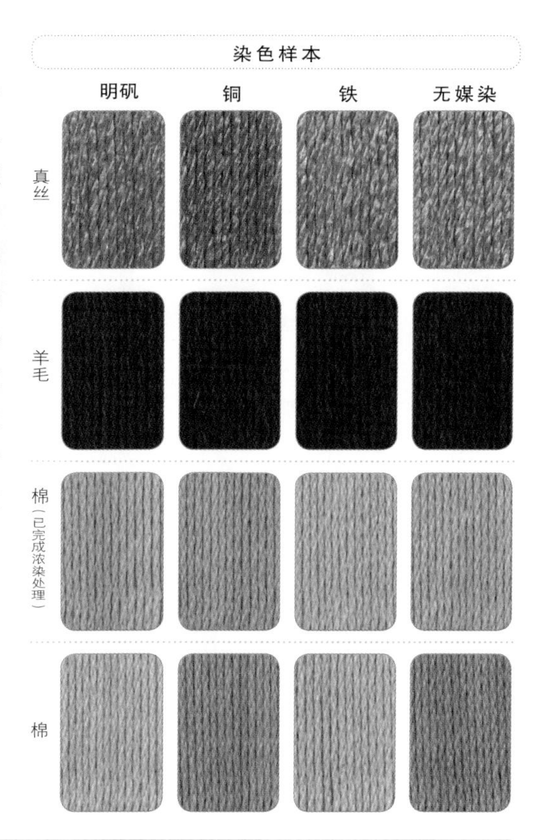


# 蓼蓝

●别称：蓝、靛青、蓝叶、日本蓝
●分类：蓼科蓼属
●条件：栽种
●部位：干燥叶
●采集日：7月15日
●染色日：7月20日
●采集·染色地：埼玉县
●浓度：染料250g/线100g

**植物记录·染色要点**

虽然植物界中有众多富含靛蓝的植物被称为蓝草，但是在日本，进行蓝染时几乎都是采用蓼蓝这种植物。明治时期来到日本的外国人在看到人人都身着蓝草染制的衣服，还有店铺门口悬挂的蓝色布帘后惊呼：“这个国家全部都是蓝色的！”后来他们也将这种蓝色称为日本蓝。

用新鲜蓼蓝叶染色的过程详见 p.10，关于用蓼蓝的干燥叶进行煮染的详细内容参见 p.218。将媒染后的线进行蓝染之后会染出微微不同的蓝色。日晒色牢度良好。

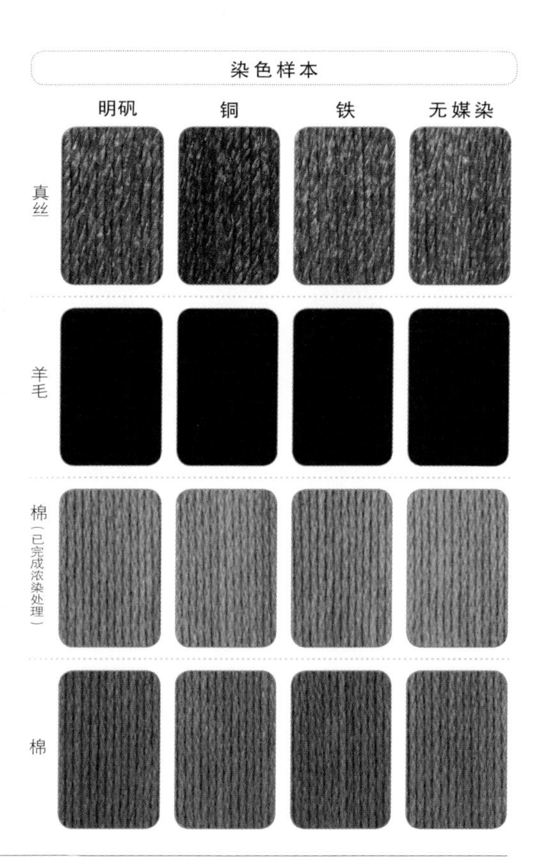

# 用市售染料染色

## 木榄

- 别称：丹壳、红树皮、红木
- 分类：红树科木榄属
- 条件：市场有售
- 部位：树皮（固体提取物）
- 染色日：4月30日
- 染色地：千叶县
- 浓度：染料10g/线100g

**植物记录 · 染色要点**

木榄是一种可以用其树皮染出褐色系颜色的红树科植物。木榄是其植物学上的学名，在日本染料商店中它被称作丹壳，或者红木。其色素的提取物可制作成液状、粉末状以及水滴状。

此次染色样本使用的是粉末状的木榄提取物，将其放入少量60 ～ 70℃的热水中溶解稀释成染液。由于使用的是粉末状的提取物，在染色过程中没有沉淀物生成。棉的上色情况良好，日晒色牢度也很不错。

# 印度茜草

- 别称：血茜草
- 分类：茜草科茜草属
- 条件：市场有售
- 方法①：第一遍提取液
  方法②：第二遍提取液
- 部位：干燥根部
- 染色日：7月2日
- 染色地：埼玉县
- 浓度：染料50g/线100g

**植物记录·染色要点**

印度茜草是本书中提到的三种茜草中色素含量最多，其茎部也可以用来染色的茜草。与日本茜草、西洋茜草相比，印度茜草的根部更为粗大，也就是说在这三种茜草中，印度茜草单棵的色素提取量最多。一般茜草最好不要在高温情况下染色，但是印度茜草即使在完全煮沸后也能染出鲜明透亮的红色。本书通过染色样本对第一遍提取液和第二遍提取液的染色效果进行了染色对比。印度茜草的吸附力较强，染后剩下的染液几乎变透明，也就是说继续在残留有色素的染液中染色，会染出淡淡的颜色。

第二遍提取液染出的颜色并不比第一遍提取液中染出的颜色逊色，反而能染出更深一点的颜色。

棉在染后会有所褪色。印度茜草和西洋茜草中含有的红色色素被称为茜素。作为媒染染料的茜素红 S 和天然茜素的成分相同，虽然茜素红 S 是合成染料，但是在染色过程中媒染后产生的颜色变化和茜草染相同。

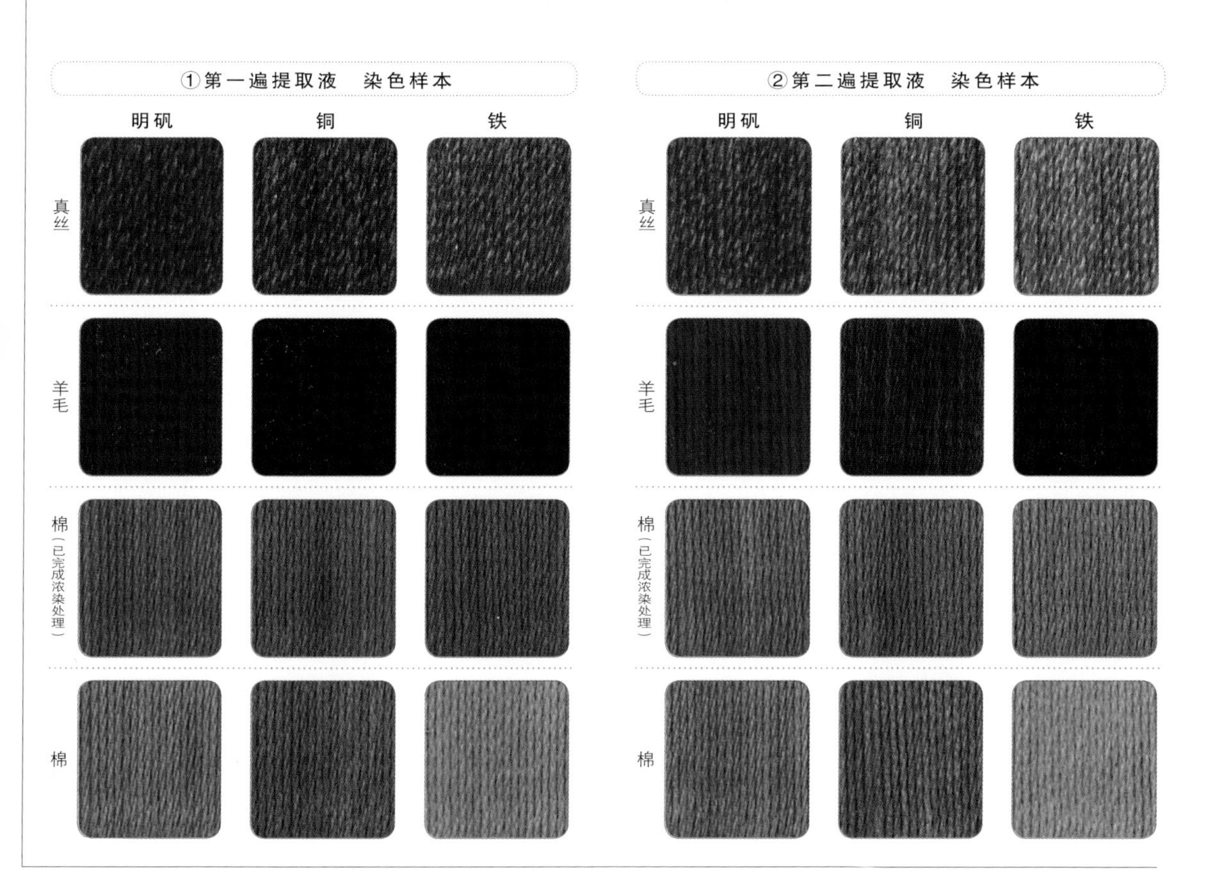

# 日本茜草

- 别称：东洋茜草、赤根
- 分类：茜草科茜草属
- 条件：市场有售
- 方法①：水提取
  方法②：酸提取
- 部位：干燥根部
- 染色日：7月6日
- 染色地：爱知县
- 浓度：染料50g/线100g

**植物记录·染色要点**

茜的汉字是由草字头加西写成的，所以茜草可以理解为能染出西方天空颜色的一种草本植物。而且由于日本茜草的根部呈红色，所以在日本也被称为赤根。日本茜草不仅生长在日本，也野生于中国，所以有时也将其称为东洋茜草。

日本茜草提取液在完全煮沸后会变成偏黄色的橘色染液，所以在煮染过程中要注意不要煮沸，一直将温度控制在80℃左右。80℃时水面会开始“咕嘟咕嘟”地冒泡，此时要转为文火，染煮过程中要一直这样控制水温。在熬煮可以染出红色的植物时放入醋，会让红色更加明亮。

染色样本对在水中加入比例为0.5mL/L、浓度为80%的醋酸的染色效果与只用水煮染后的染色效果做了比较。有一种古法是将日本茜草和白米一起煮，但是这一次我没有尝试这种方法。这种古法是用白色精米吸附日本茜草中的黄色色素，而使染制的线变得更红。所以如果想要染出更加鲜艳的红色，就请在水中加入一些白色精米吧。日晒色牢度良好。

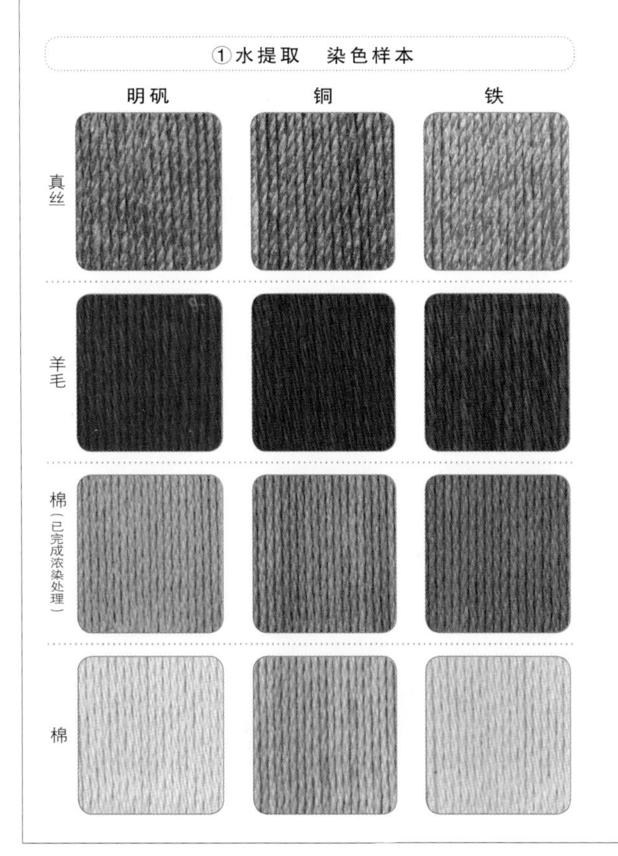


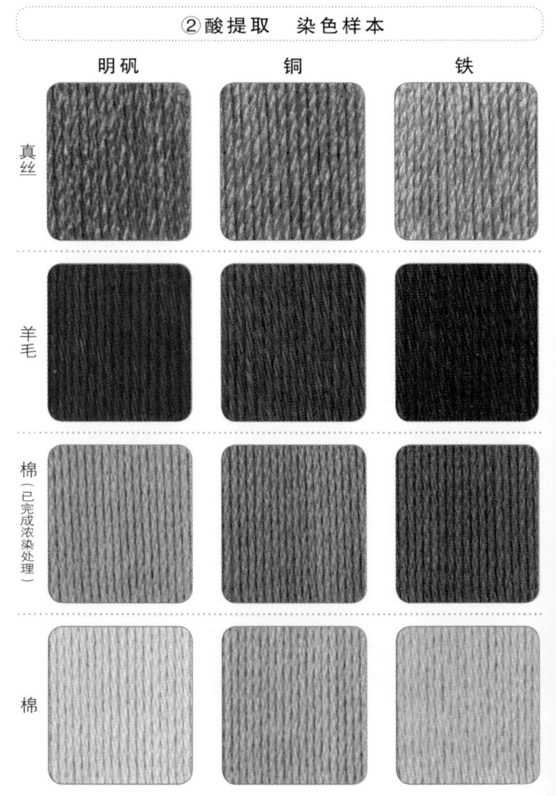

# 西洋茜草

- 别称：六叶茜
- 分类：茜草科茜草属
- 条件：市场有售
- 方法①：水提取
  方法②：酸提取
- 部位：干燥根部
- 采集・染色日：6月20日
- 采集・染色地：埼玉县
- 浓度：染料30g/线100g

**植物记录・染色要点**

西洋茜草是一种用其根部可以染出从橘色到褐色等不同颜色的染料植物。相对于叶子4片轮生的日本茜草，西洋茜草的叶子是6片轮生，所以也叫作六叶茜草，在香草店中它的英文名写作madder。日本茜草虽然在日本国内属于野生，但是产量较低，所以在染色时多使用西洋茜草或者印度茜草。

西洋茜草同日本茜草一样，在80℃左右的水中可以染出漂亮的红色。在三种茜草中只有印度茜草才适合在煮得“咕嘟咕嘟”冒泡的水中染色。在熬煮可以染出红色的植物时放入少量醋，会染出更漂亮的红色。

下面的染色样本使用的都是西洋茜草的干燥根部，本书对在染煮过程中加醋和不加醋的染色样本进行了对比。由于只加入了比例为0.5mL/L、浓度为80%的少量醋酸，增加的红色效果几乎看不出来。

由于本书中染料用量的不同，用西洋茜草染出的颜色比用印度茜草染出的颜色要浅一些。

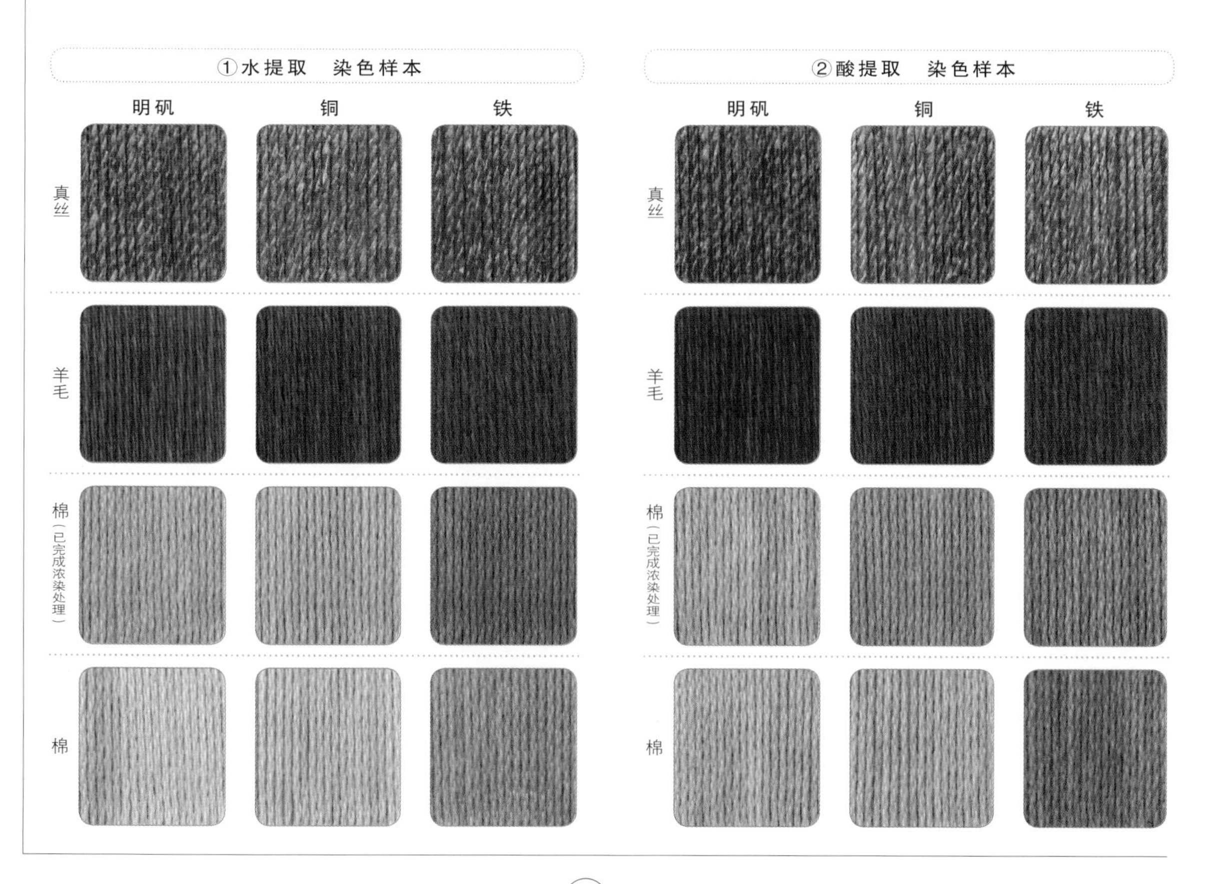

# 苍儿茶

●别称：阿仙药、棕儿茶
●分类：茜草科钩藤属
●条件：市场有售
●部位：枝叶提取物
●染色日：4月17日
●染色地：千叶县
●浓度：染料10g/线100g

**植物记录·染色要点**

苍儿茶在染料店中出售的名牌上写作儿茶。豆科的黑儿茶也被称作儿茶，不过黑儿茶和苍儿茶是不同种类的植物。人们经常把市场上出售的由苍儿茶的枝叶熬煮而成的浓缩提取液和能染出相同褐色系颜色的染料混淆在一起。苍儿茶作为中药有调整肠胃功能的作用，正露丸以及人丹中就含有这种成分。

这次染色使用的是色素提取物，先将提取物放入水中煮开溶解，用布过滤后再进行染色。

棉易于上色，日晒色牢度良好。

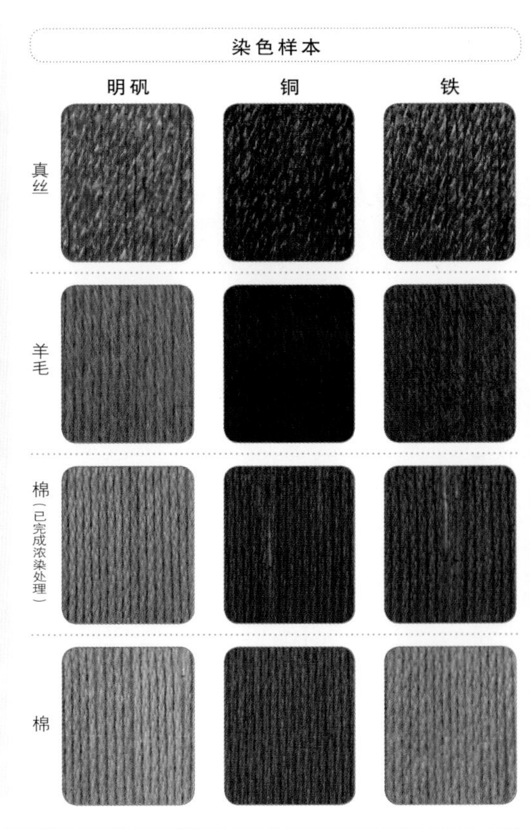

# 番石榴

- 别称：鸡屎果、芭乐、那拔
- 分类：桃金娘科番石榴属
- 条件：市场有售
- 部位：干燥果实
- 染色日：5月13日
- 染色地：爱知县
- 浓度：染料50g/线100g

**植物记录 · 染色要点**

番石榴叶富含多元酚，市场上以番石榴命名的茶饮实际上是给富含维生素C的饮料起了一个大家所熟知的名字而已。虽然番石榴是热带植物，但也可以在家中栽种，是一种非常有人气的会结果实的观赏性植物。

这次染色使用的是市场上出售的切成薄片后晒干的番石榴果实，可以染出米色系颜色。虽然没有进行比较，但是用市场上出售的用于茶饮的干燥叶，可以染出更深的颜色。日晒色牢度良好。

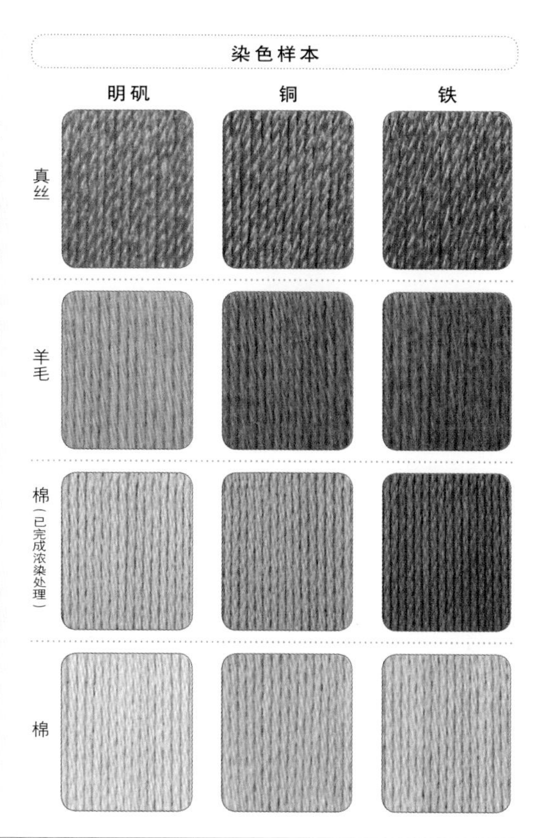


# 香桂树

- 别称：香檀、粗糠柴、红果果
- 分类：大戟科野桐属
- 条件：市场有售
- 部位：干燥果实表面的粉状腺毛
- 染色日：7月17日
- 染色地：埼玉县
- 浓度：染料20g/线100g

**植物记录 · 染色要点**

香桂树用于染色的部位是果实表皮上的腺毛。这个部位用作染料时被叫作粗糠柴，乍一看是粉末状的提取物，但是实际上还残留有纤维质，所以在染色之前还需要将提取液仔细过滤一下。该染料可以染出鲜艳的黄色，但是其色素难溶解于水，所以20g的粗糠柴需要在100mL的消毒用酒精中浸泡1小时之后再加水熬煮。关于酒精提取方法的详细内容见p.214。关于日晒色牢度，棉经过明矾媒染后会有所褪色。

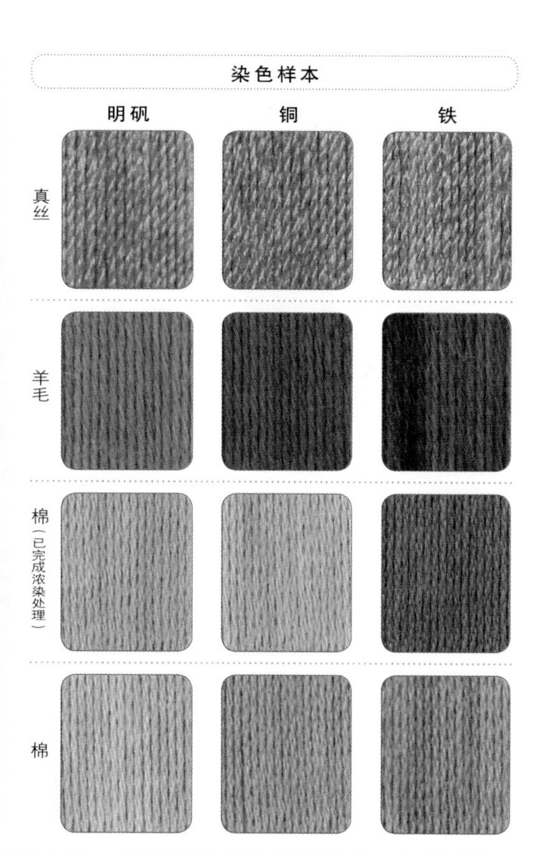

# 黄芩

- 别称：黄金、山茶根、土金茶根
- 分类：唇形科黄芩属
- 条件：市场有售
- 部位：干燥根部
- 染色日：4月11日
- 染色地：奈良县
- 浓度：染料50g/线100g

**植物记录 · 染色要点**

该植物得名黄芩是因为其根部呈鲜艳的黄色，但是实际上黄芩会开出美丽的蓝紫色花朵。自古以来干燥的黄芩根部都是一味有着消炎清热功效的中药，同时黄芩也是一种很棒的染料植物。

黄芩用于染色的部位同入药时一样，都是根部。

棉极易上色，日晒色牢度良好。黄芩是染深黄色的不二之选。

市场上也出售用于观赏的黄芩种苗，如果只用于观赏而不是获取黄芩根部，可以买一些放在花盆中培育。

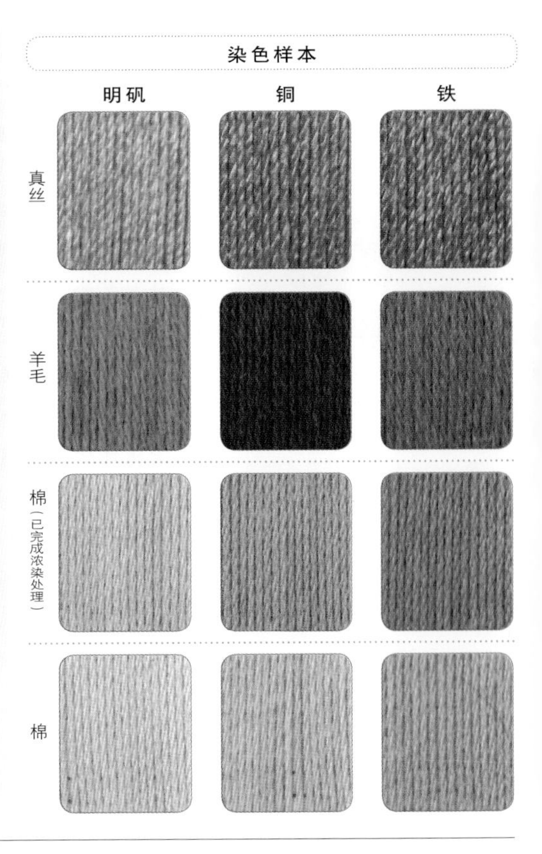


# 乌木

- 别称：乌材、黑木
- 分类：柿科柿属
- 条件：市场有售
- 部位：干燥心材
- 染色日：6月8日
- 染色地：埼玉县
- 浓度：染料100g/线100g

**植物记录 · 染色要点**

这种植物由于心材呈黑色，所以被称为黑木或者乌木，其木材纹理美丽优雅，经常被用作木制品的原材料。乌木的硬度极高，多用来制作高尔夫球杆头。乌木是制作木制品的好材料，我在第一次染色时采用的就是乌木锯末。乌木所含的色素极难溶于水，需要在酒精中浸泡之后再加水熬煮。虽然染液呈深色，但并没有染出理想中的颜色。日晒色牢度良好。（关于酒精提取方法的详细内容见 p.214）

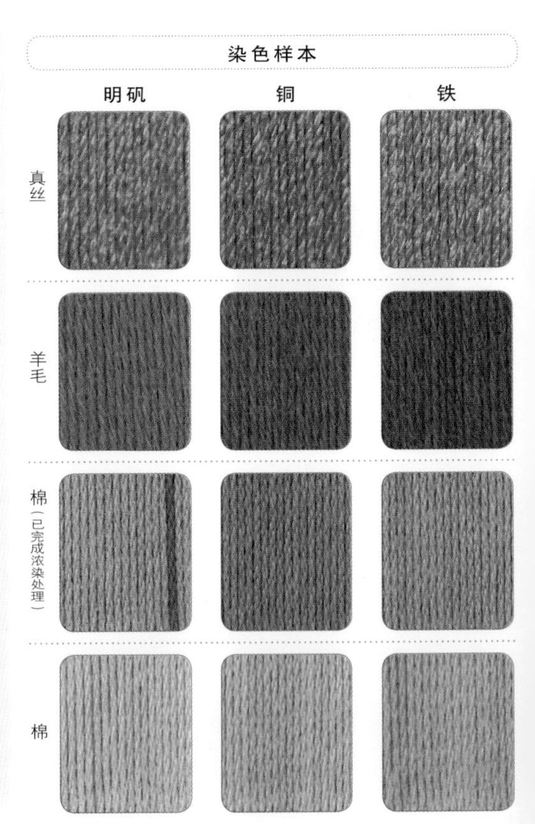

## 紫草根

- 别称：紫草、紫根
- 分类：紫草科紫草属
- 条件：市场有售
- 部位：干燥根部
- 染色日：7月10日
- 染色地：埼玉县
- 浓度：染料100g/线100g

**植物记录·染色要点**

紫草根是开有白色清秀花朵的被称为紫草的植物的根部。紫草根具有不耐高温，难溶于水的特点，所以在制作染液时需要使用不太烫的温水并将紫草根浸泡在酒精里以进行提取色素的操作。此次使用的就是用酒精提取色素的方法。紫草根中色素含量较少，所以想要染出鲜艳的紫色，每 100g 线就需要大约 500g 紫草根。如果按照左侧介绍的分量，就会染出同染色样本中那样淡淡的颜色。p.214 有关于用紫草根染色的详细过程。

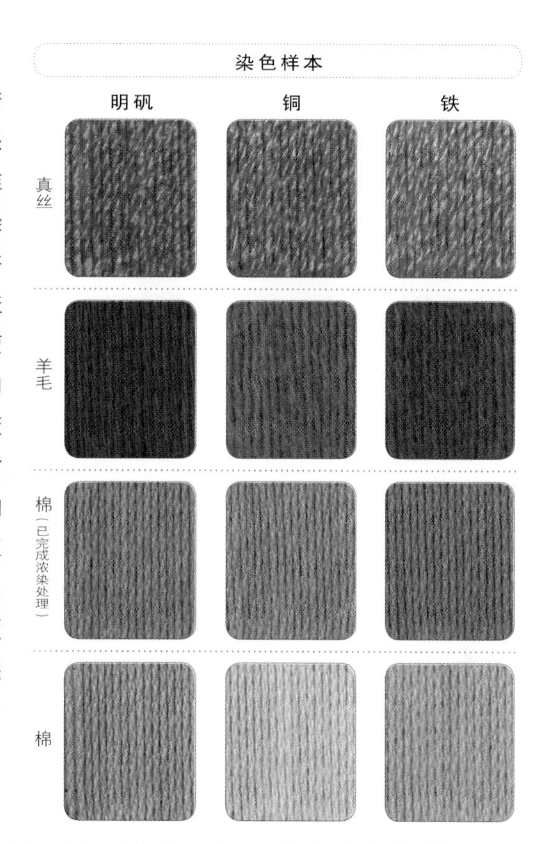


## 紫檀木

- 别称：黄柏木、青龙木、蔷薇木
- 分类：豆科紫檀属
- 条件：市场有售
- 部位：干燥心材
- 染色日：6月7日
- 采集·染色地：埼玉县
- 浓度：染料50g/线100g

**植物记录·染色要点**

紫檀木呈美丽的紫红褐色，木质坚硬，是制作乐器的常见材料。紫檀木并不特指某种树木，而是紫檀属树木的统称。紫檀木在英文中写作 rosewood，是因为刚刚切割后的紫檀木会散发出蔷薇的香味。紫檀木的色素具有不易溶于水的特性，所以在熬煮之前要提前将其在酒精中浸泡一段时间。熬煮后会染出从偏红的橘色到褐色的不同的颜色。棉染色后会褪色。

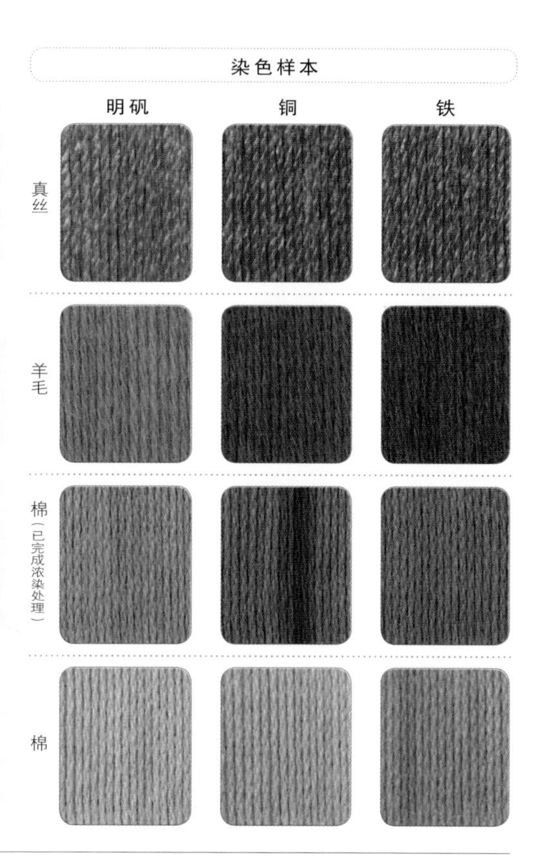

# 苏木

- 别称：苏方、苏枋、苏方木
- 分类：豆科云实属
- 条件：市场有售
- 方法①：第一遍提取液
  方法②：第一遍提取液的残留液
- 部位：干燥心材
- 染色日：7月2日
- 染色地：埼玉县
- 浓度：染料50g/线100g

**植物记录 · 染色要点**

苏木是一种在园艺中十分常见的树木，其心形树叶以及鲜红色花瓣经常使其被人误认为紫荆，但这两者是完全不同的植物。苏木属于热带地区的树木品种，所以很少在植物园以外的地方见到它。

常用于制作乐器以及木制品的巴西木和苏木是同种植物，染出的颜色也大致相同，但是两者的日晒色牢度较差。因为想要更好地染出鲜艳的红色，所以我在这里用第一遍提取液染制、第一遍提取液的残留液染制、第二遍提取液染制、第二遍提取液的残留液染制这 4 种方式进行了染色对比。

其中用第一遍提取液染出的颜色为染色样本①中的 12 种颜色。残留液的颜色较深，用残留液染制的颜色为染色样本②中的 12 种颜色。羊毛和真丝在残留液中染出了较深的颜色。由于染出浅颜色后容易褪色，请在染色过程中尽量染出较深的颜色。

在比例为 1mL/L 的醋酸溶液中熬煮苏木会增加红色的色泽。

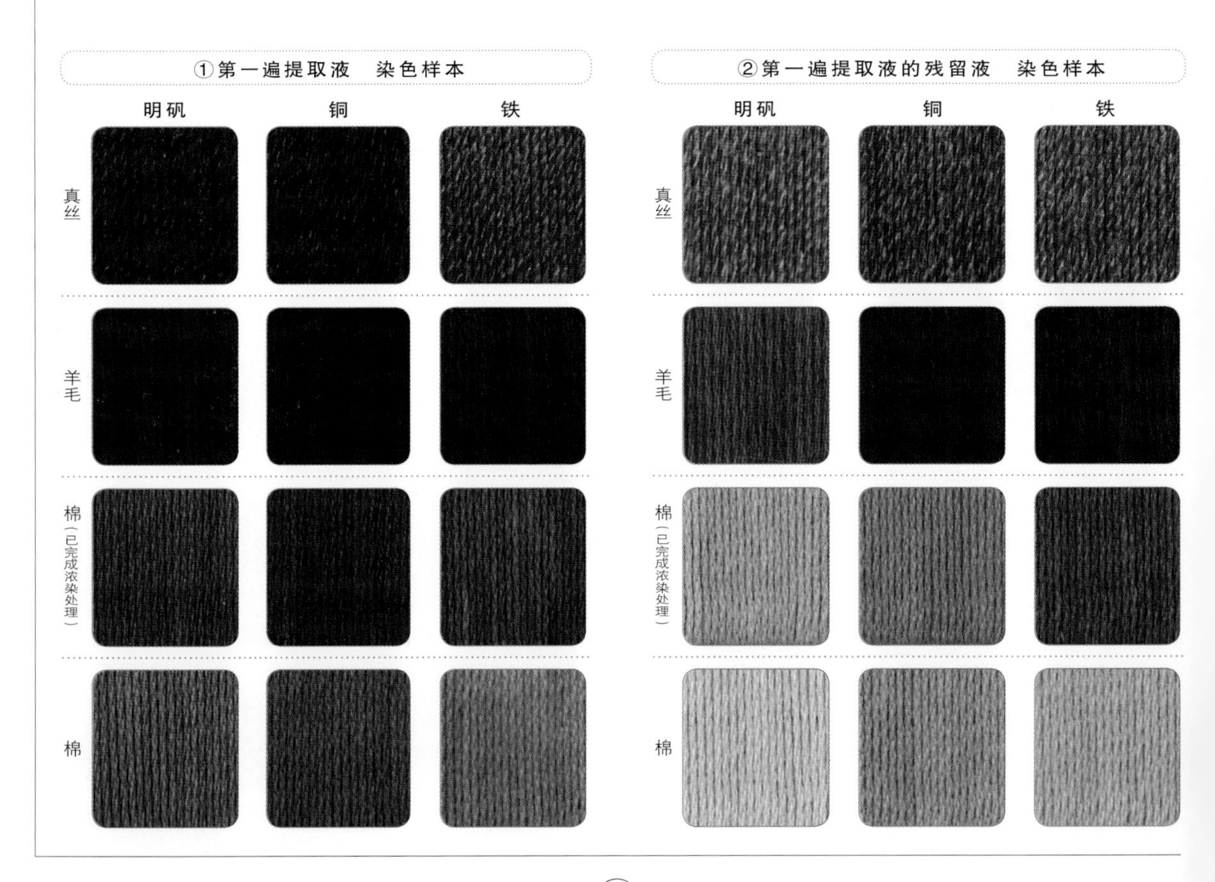

# 五倍子

- 别称：山梧桐、盐肤木
- 分类：漆树科盐肤木属
- 条件：市场有售
- 部位：干燥虫瘿
- 染色日：6月17日
- 染色地：埼玉县
- 浓度：染料50g/线100g

**植物记录 · 染色要点**

五倍子是蚜虫寄生在盐肤木嫩芽上所形成的囊状聚生物虫瘿。自古便作为染布或者染黑牙齿的染料来使用。五倍子究竟是属于植物染料还是动物染料，染料界对此存在分歧。由于五倍子是含有虫子的虫瘿，在这里就将其归入动物染料的范畴。

干燥之后的五倍子中没有活寄生虫，所以请放心使用。一个瘤状物长2～5cm，乍一看像小石子一般，先用锤子将其砸碎，然后熬煮制成染液。这里对第一遍与第二遍熬煮出的染液的混合液和第三遍熬煮出的染液的染色结果进行了对比，二者之间并没有很大的差别。五倍子富含单宁酸，但是用明矾媒染时不易上色，所以只能作棉类草木染中基础染的染料使用。关于基础染的内容，p.188 的基础染专栏中有详细介绍。明矾媒染后会稍微有些褪色。

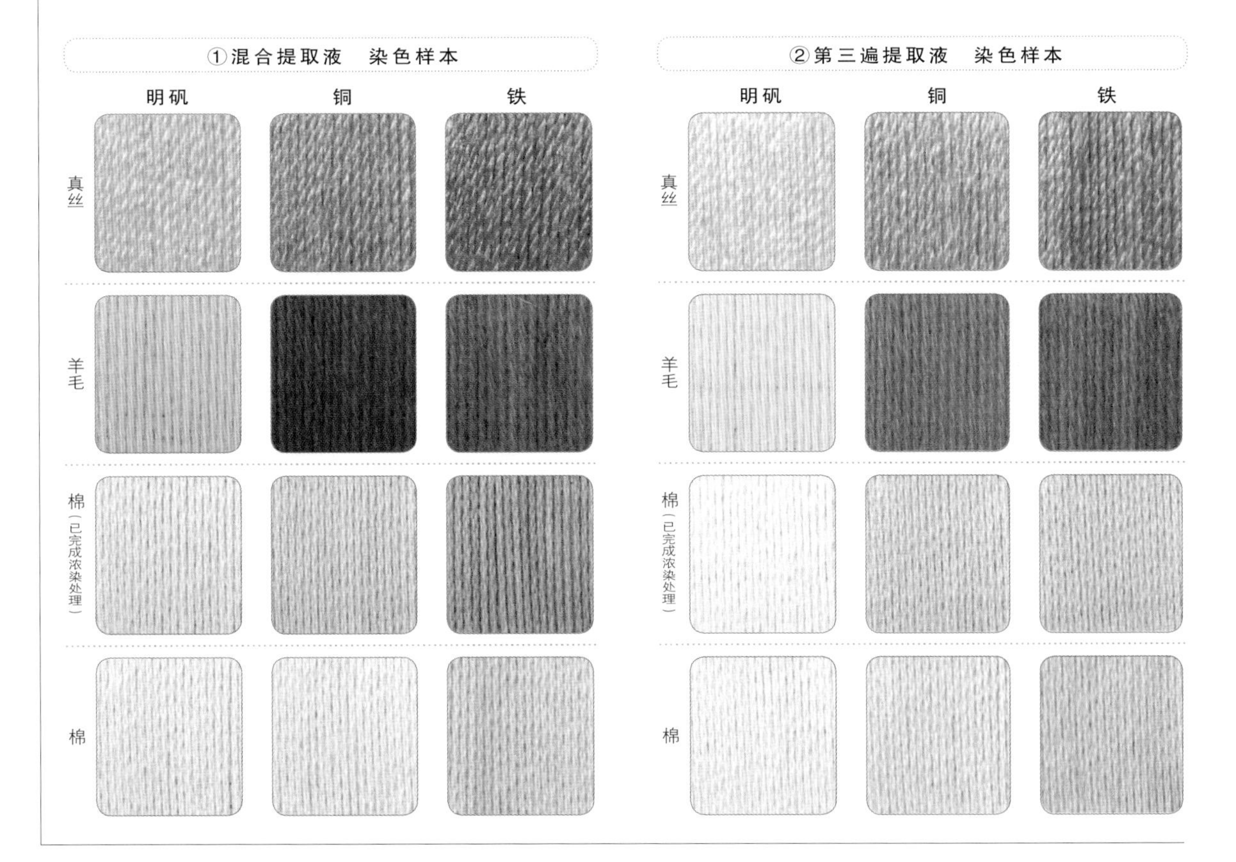

# 大黄

- 别称：蜀大黄、将军
- 分类：蓼科大黄属
- 条件：市场有售
- 部位：干燥根部
- 染色日：3月15日
- 染色地：奈良县
- 浓度：染料50g/线100g

**植物记录 · 染色要点**

有许多植物既可以作中药入药，也可以作染料植物，大黄就是其中之一。

在这里，大黄不止是一种植物的名称，也是大黄属所有具有相同效果的植物根茎的统称。大家所熟悉的菜用大黄，其日本名称写作“食用大黄”，也是大黄属植物的一种。

食用大黄的红色叶柄十分美味，但是其叶片含有草酸所以不能食用。

日晒色牢度为 -1。大黄属植物染色后都会有些褪色。

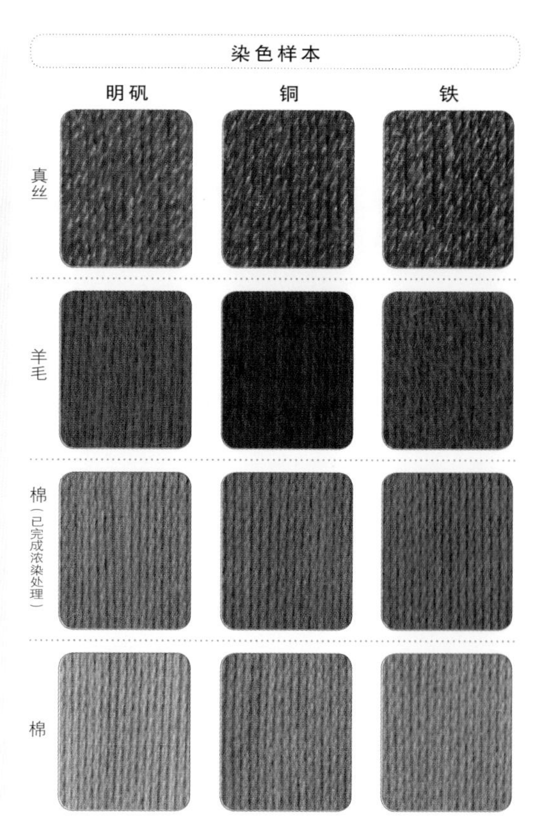


# 山毛榉

- 别称：水青冈
- 分类：山毛榉科山毛榉属
- 条件：市场有售
- 部位：干燥心材
- 染色日：3月31日
- 染色地：千叶县
- 浓度：染料200g/线100g

**植物记录 · 染色要点**

这里作为染料植物使用的山毛榉是从户外用品商店购买的，是用于自家熏烤的山毛榉干燥碎屑。可能有的人会有熏制食物所用的东西用于染制织物会不会不安全的担心，这一点请放心，我们在购买时会见到“已经完全去除树皮以及腐烂部分”的说明。虽然不知道这些染料是何时采集的，但是山毛榉确实是我们身边常见的植物之一。

明矾媒染后会稍微有些褪色，其他的日晒色牢度良好。除了山毛榉，p.83 的胡桃、p.91 的樱花也是用树木的熏制碎屑来染色的。

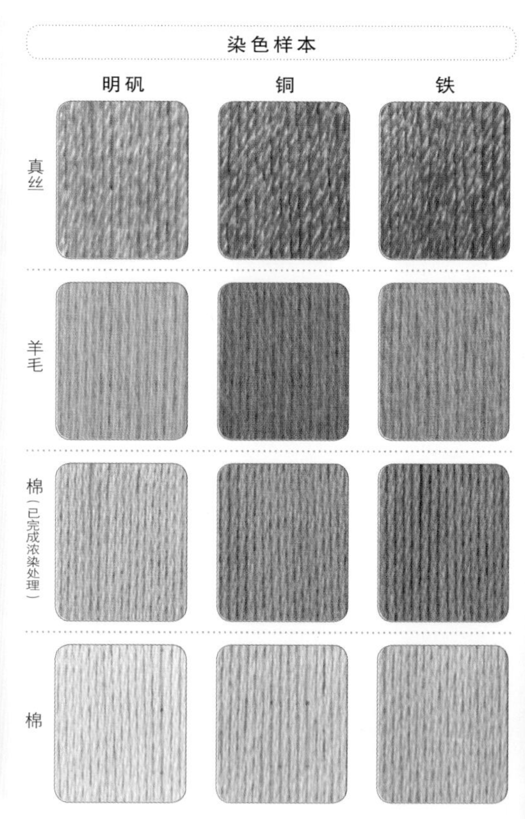

# 诃子

- 别称：微毛诃子、诃子梨
- 分类：使君子科诃子属
- 条件：市场有售
- 部位：干燥果实
- 染色日：3月15日
- 染色地：奈良县
- 浓度：染料50g/线100g

**植物记录 · 染色要点**

在印度，诃子是染制僧侣衣物以及印花布的不可或缺的染料植物。诃子富含单宁酸，无媒染时会染出淡淡的颜色，所以也常应用于棉的基础染（见 p.188）。铁媒染后会染出偏紫色的颜色，日晒色牢度良好。

染色样本在染色过程中只进行了水熬煮，染出了与碱提取和明矾媒染后的深黄色、铜媒染后的褐色系颜色、重复铁媒染后的黑色不同的颜色。将水提取染液熬煮后放置1日后再用来染色，染出的颜色会更深一些。

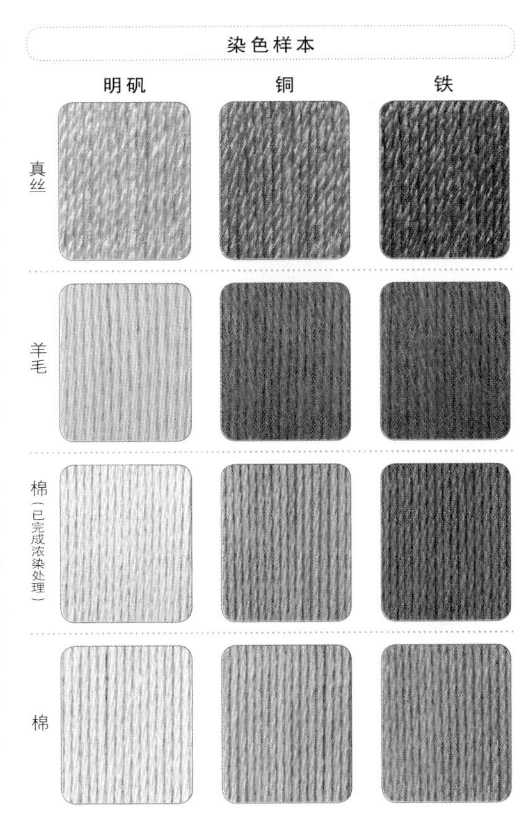


# 杨梅

- 别称：圣生梅、白蒂梅、树梅、涩木
- 分类：杨梅科杨梅属
- 条件：市场有售
- 部位：干燥树皮
- 染色日：3月6日
- 染色地：千叶县
- 浓度：染料50g/线100g

**植物记录 · 染色要点**

这里使用的染料是市场上出售的杨梅的干燥树皮。杨梅染后的日晒色牢度良好，棉也易于上色，但它是一种媒染后会出现色差的染料植物。在日本，从杨梅中提取出的液体状色素被称为涩木，市场有售。

我家附近的行道树中也有杨梅，每年7月中下旬这些树上会结出酸甜适中的深紫色果实。由于行道树种植的长度一般都在1千米以上，我每次带着小板凳去采集杨梅果实都会收获颇丰。杨梅果实也可以用来制作果酱。

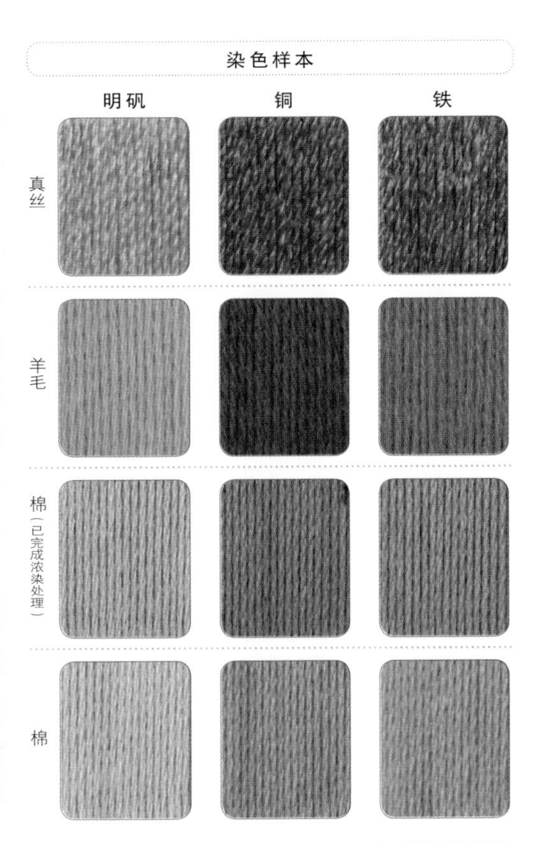

# 檄树

- 别称：海巴戟、诺丽果
- 分类：茜草科巴戟天属
- 条件：市场有售
- 方法①：水提取
  方法②：碱提取
- 部位：干燥根部
- 染色日：6月17日
- 染色地：爱知县
- 浓度：染料50g/线100g

**植物记录 · 染色要点**

檄树自古以来就作红色染料植物使用。因为它是茜草科的植物，所以用于染色的部分是其根部。檄树的红色素含量比茜草少，所以想要染出理想的红色就必须大量使用这种植物的根部。与p.45的印度茜草一比较就可以发现，如果檄树染色时采用与茜草相同的浓度，只能染出偏橙色的颜色，所以如果想要染出类似印度茜草染后的颜色效果，就需要增加染料植物的用量。

染色样本使用的是檄树的根部，对水提取染液和碱提取染液两种提取方法进行了染色对比。媒染后颜色几乎没有变化，颜色也都很好看。

羊毛、真丝染色后的日晒色牢度良好，只有棉染后稍微有些褪色。大家知道诺丽果汁吗？最近这种果汁作为夏威夷和塔希提的健康饮料而广为宣传，实际上诺丽果汁就是用檄树的果实制作而成。檄树的果实在收获之后，经过一个星期左右的发酵就会变成酸酸的发酵果汁了。

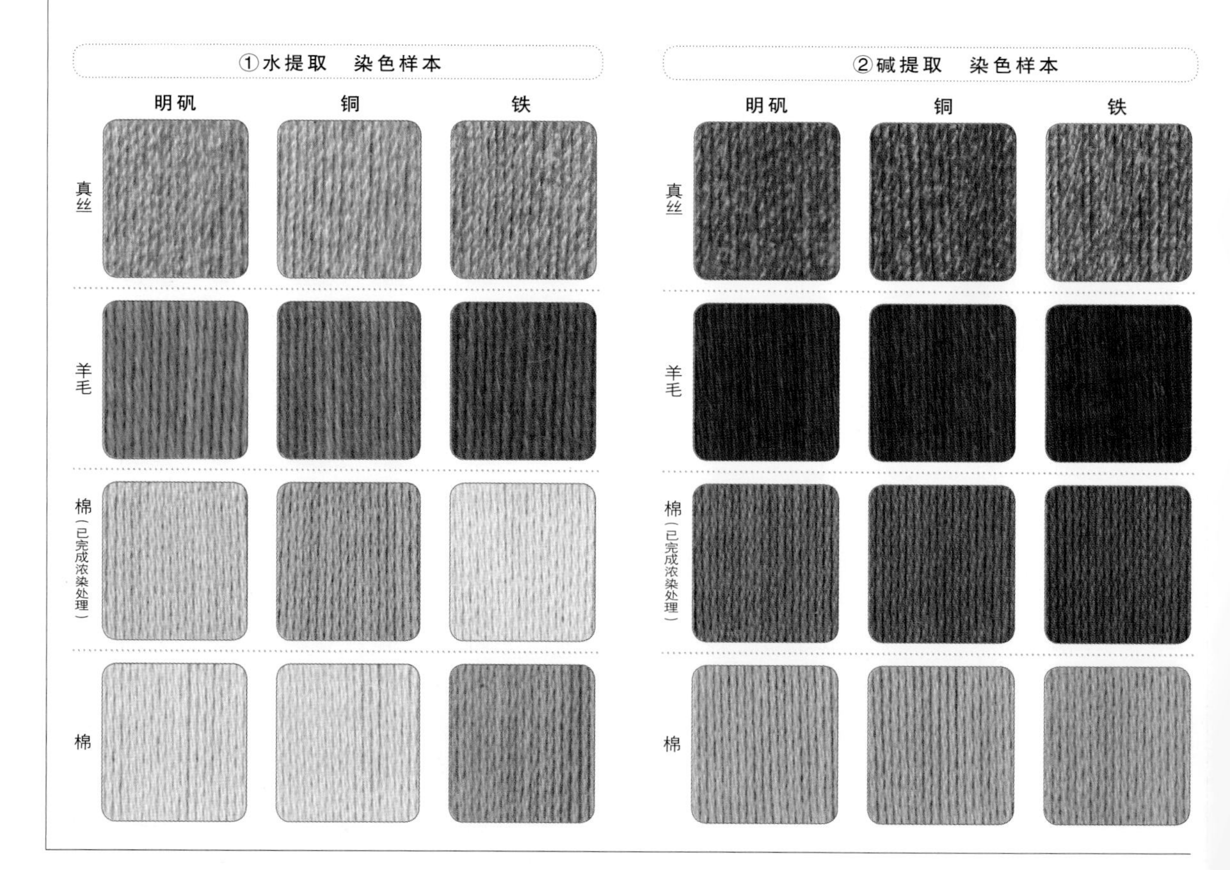

# 槟榔

- 别称：槟榔子、槟楠
- 分类：棕榈科槟榔属
- 条件：市场有售
- 部位：干燥果实
- 染色日：3月8日
- 染色地：千叶县
- 浓度：染料50g/线100g

**植物记录·染色要点**

这种植物的学名叫作槟榔，作为染料使用的部位是其被叫作槟榔子的果实。市场上出售的槟榔子大多是晒干的果实薄片。自古以来槟榔子都作为染黑的染料而受到人们的喜爱。槟榔子经过铁媒染后不会染出黑色，只有在用蓼蓝进行基础染后再经过铁媒染才会染出黑色。

明矾以及铜媒染后会染出褐色系的颜色，真丝和羊毛经过铁媒染后会染出偏紫色的灰色。关于日晒色牢度，棉染色后会有些褪色。

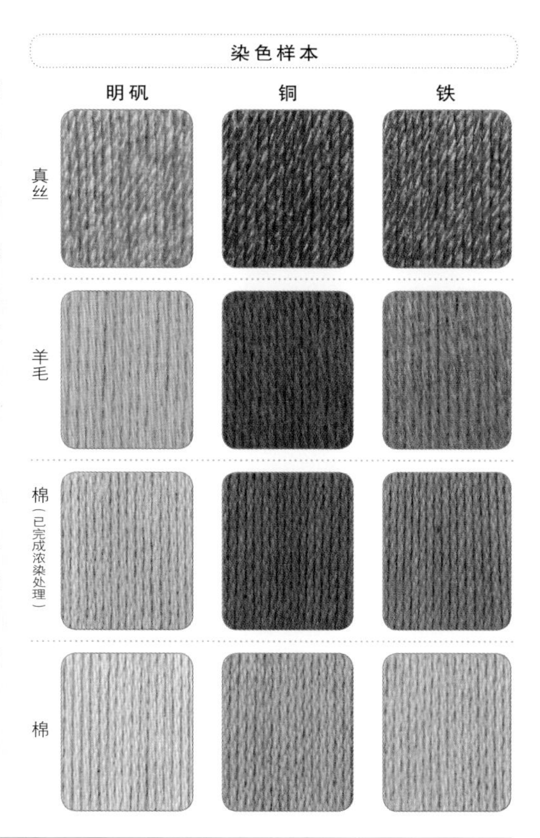


# 洋苏木

- 别称：采木、墨水树、苏仿木
- 分类：豆科采木属
- 条件：市场有售
- 部位：心材提取物
- 染色日：5月12日
- 染色地：爱知县
- 浓度：染料20g/线100g

**植物记录·染色要点**

洋苏木是一种包含能染出紫色、藏青色、黑色等颜色色素的植物。市场上大多会出售干燥心材的碎木片、粉末状洋苏木以及液状色素提取物，其中色素提取物也被称作血色素。洋苏木在经过铁媒染后会染出黑色，但是如果单独使用洋苏木进行染色，只能染出偏黑色的藏青色。要染出黑色，需要再加上石榴等能染出黄色的植物进行重复染色，或者将两种植物的染液混合起来一起染色。棉的日晒色牢度为 –2。

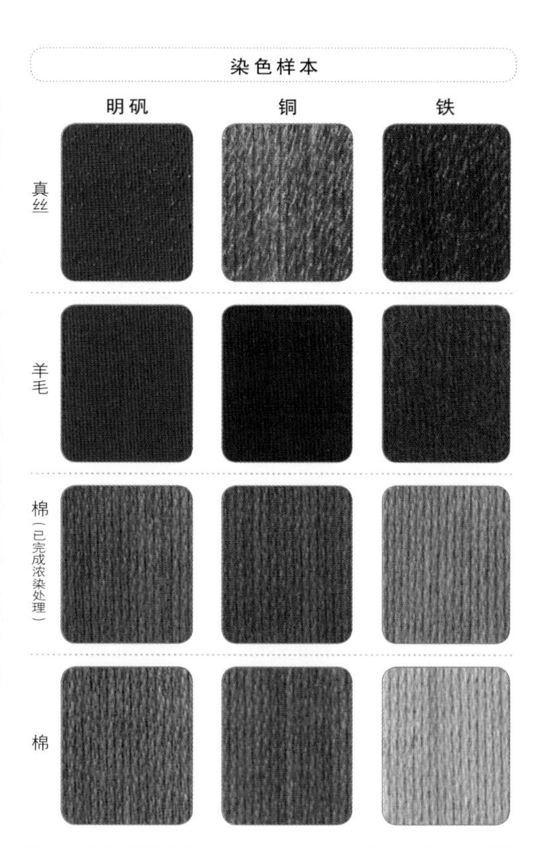

# 虫胶

●别称：紫柳、紫梗
●条件：市场有售
●部位：虫分泌物提取物
●染色日：5月8日
●染色地：埼玉县
●浓度：染料10g/线100g

**植物记录·染色要点**

在印度、马来西亚等地生长的印度枣树、大叶合欢和紫矿等树木中通常寄生着一种介壳虫，它们吸取寄主树树液后分泌出的天然树脂就是虫胶。这种介壳虫与胭脂虫（见 p.59）是近种，但由于它分泌的虫胶的色素很难提取，市场上出售的几乎都是液体和粉末状的虫胶色素提取物。从染色样本就可以看出，虫胶可以染出非常鲜明的红色、深红色以及紫色。用一点热水将虫胶溶解后再加水稀释制成染液，染色对象上色效果极好，可以吸收染液中的色素直至染液透明。

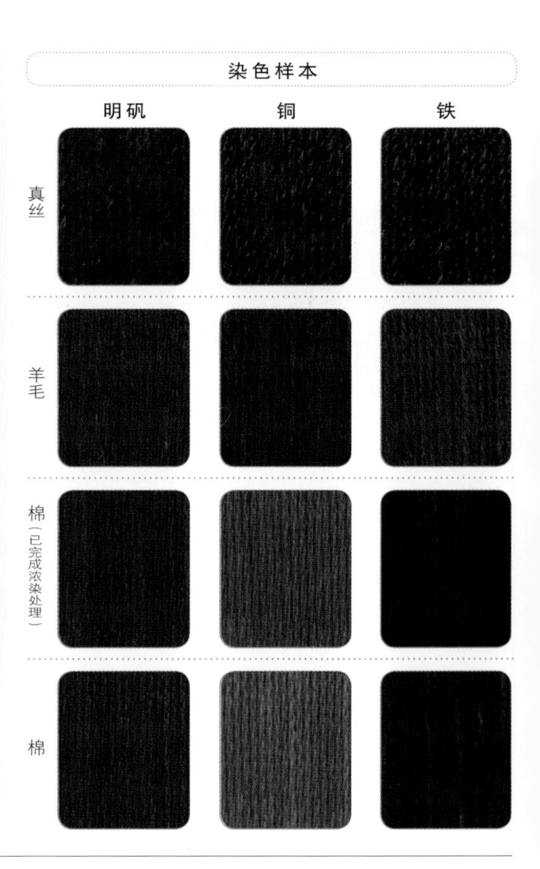


## 继动物、植物染料之后的第三大天然染料

**●染料与颜料**

对于线、布料来说天然的染色剂分为可溶性“染料”和不可溶性“颜料”两种。

所谓天然染料就是本书中所介绍的动物、植物染料，染色则是将线和布料浸入使用可溶解的动植物染料或其色素提取物制作的染液中，使织物纤维上染色素的过程。

而天然颜料则分为有机颜料（植物颜料）和无机颜料（土和矿物质等）两种。如同荷兰画家弗美尔将天青石的粉末放入可溶性油中熬制出美丽的蓝色一样，用无机颜料染制布料的方法就是使混合在橡胶、其他胶质物等黏着剂中的色素附着在纤维表面。因此，如果没有天然颜料，蜡纸和丙烯画的工具本身就是颜料。

近来，人们已开发出使原本不溶于水的颜料在水中溶化的技术，即将线和布料浸泡染色的技术，并逐渐将之商品化。

**●土颜料与氧化铁**

目前市场上出售的天然水溶性颜料是以土和氧化铁为原材料制作而成的。这种天然水溶性颜料颜色丰富，但根据黄土、红土等土壤土质的不同，染出的颜色也有所不同。通过专用助剂和水就可以将自家院子里的土变成颜料。氧化铁本来是从矿物质中获取的，化学合成的氧化铁也含有天然的铁成分。燃烧温度不同，制作的氧化铁颜色也不同。

这些染色方法都具有简单方便、使用工具数量少、能染出自然温柔的颜色等特点。在染色过程中不使用火，用少量的水即可，染出的颜色比较坚固。

个人认为虽然用土和氧化铁染色的方法尚未成熟，还处于发展阶段，但是土和氧化铁在未来会成为继植物、动物染料之后的第三大天然染料。

# 胭脂虫

- 分类：胭蚧科
- 条件：市场有售
- 部位：干燥虫全体
- 染色日：6月18日
- 染色地：埼玉县
- 浓度：染料5g/线100g

**植物记录・染色要点**

胭脂虫是一种寄生在生长于中美洲沙漠中的仙人掌类植物上的介壳虫。胭脂虫是众多含有色素的动物染色材料的代表之一，也可在鳕鱼子等食物中添加，作可食用色素来使用。

干燥后的胭脂虫有5mm左右，看起来像小石子一样。染色之前需要将干燥后的胭脂虫放入研钵磨碎，想省事的话可以去市场购买粉末状胭脂虫或者用从胭脂虫提取出的色素制作的液体染料。只需要一点胭脂虫染料就可以染出很好的颜色，书中对第一次染出的样本与用第一次染色后的残留液继续染色的样本进行了对比。染料的吸附力良好，染色后染液会变得透明。用锡媒染可以染出纯正的红色，p.187清晰展示了分别用8种媒染剂染色的染色样本。

日晒色牢度良好，染出的颜色淡淡的。棉布染色后稍微有些褪色。

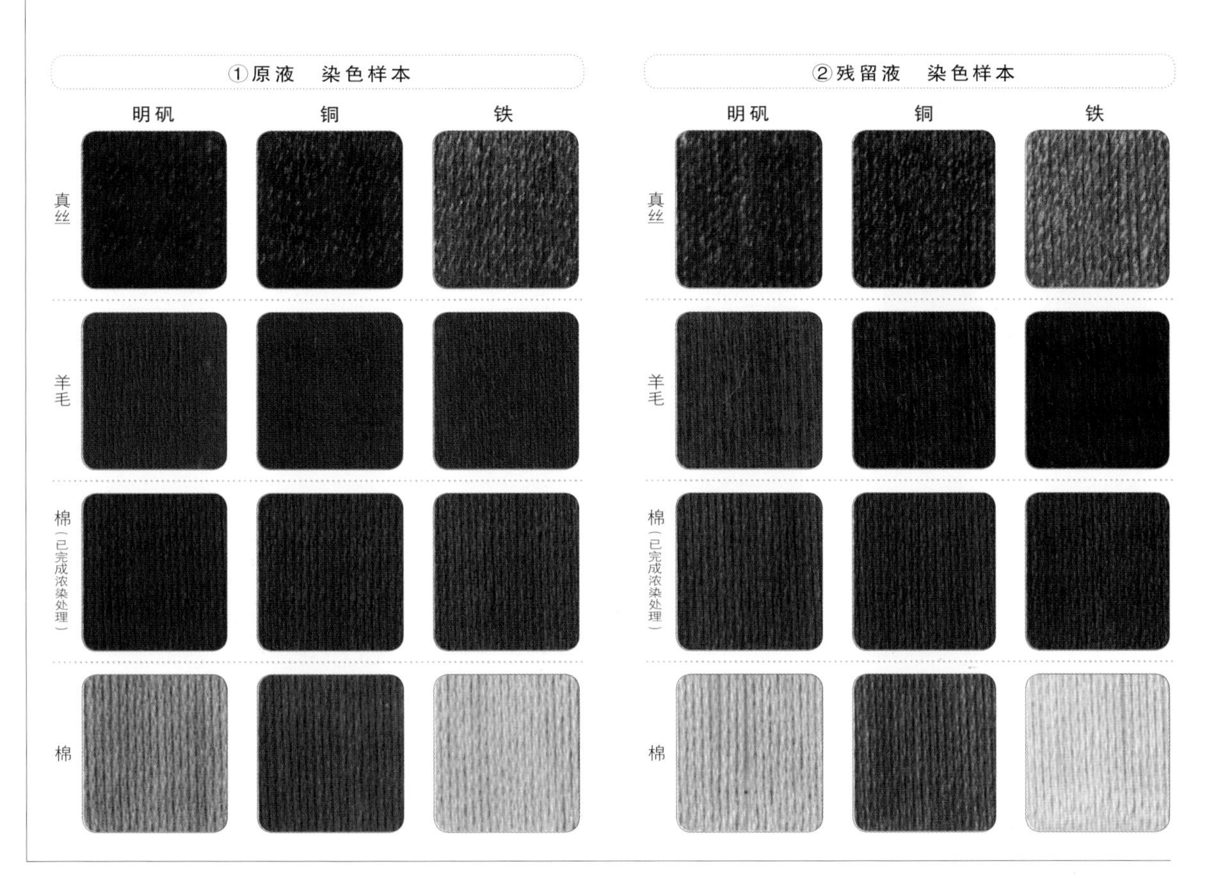

## 通草

- 别称：木通、万年藤、附支
- 分类：木通科木通属
- 条件：野生
- 部位：新鲜茎叶
- 采集·染色日：5月29日
- 采集·染色地：奈良县
- 浓度：染料300g/线100g

**植物记录·染色要点**

大学暑假时我曾经去朋友家位于山中的别墅游玩了一周左右，大家在那里白天采集花花草草来对原毛染色，晚上用纺锤纺线，用通草藤编织篮筐，满满的都是美好的回忆……一说到通草，给我留下深刻印象的就是它那裂开了口似的紫色果实，而通草的藤蔓则是编制篮筐的材料。野生通草是一种易于采集的植物。

染色样本是用通草的蔓和叶染制而成的。日晒色牢度良好。

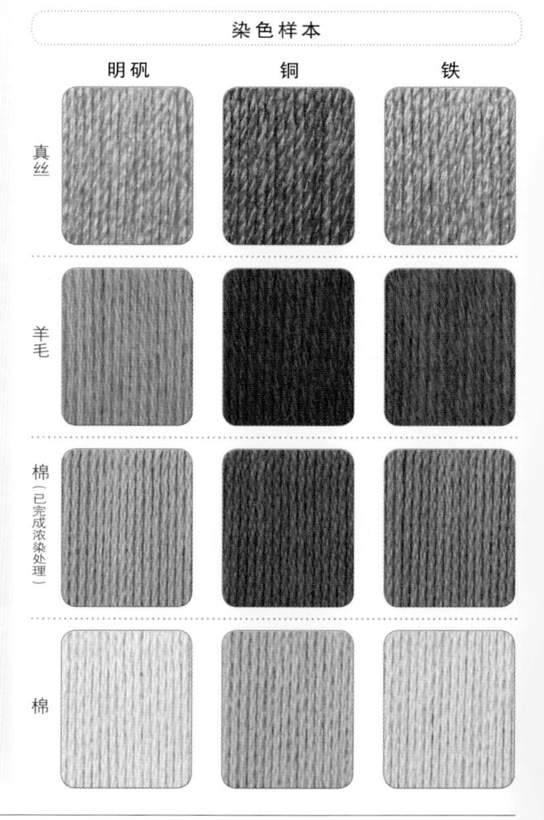

# 梫木

- 别称：马醉木、日本马醉木
- 分类：杜鹃花科马醉木属
- 条件：野生
- 部位：新鲜枝叶
- 采集日：3月10日
- 染色日：3月11日
- 采集・染色地：爱知县
- 浓度：染料200g/线100g

**植物记录・染色要点**

每逢春天梫木都会开出白色坛状花冠，十分显眼，而红花梫木则是能开出深红色花冠的品种。梫木虽然看上去很可爱，但实际上是一种毒草，是杀虫剂的原料，马在不经意间吃了它会像喝醉了一样走路摇晃，所以它也被叫作马醉木。

此次染色使用的是开出白色花冠的梫木的枝叶。明矾媒染后会染出深黄色，铁媒染后会染出褐色系颜色，不同的媒染方法会染出不同的颜色，让人乐在其中。梫木是一种日晒色牢度良好的植物染料。

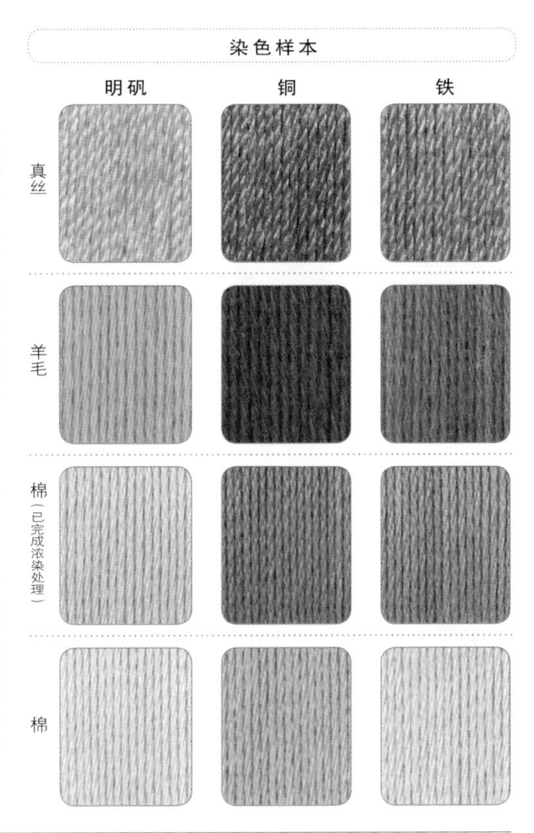


# 栓皮栎

- 别称：软木栎、粗皮青冈
- 分类：壳斗科栎属
- 条件：野生
- 部位：新鲜枝叶
- 采集日：6月14日
- 染色日：6月15日
- 采集・染色地：爱知县
- 浓度：染料200g/线100g

**植物记录・染色要点**

每逢秋季，栓皮栎树上都会落下许许多多可爱的橡子。就如同它的别称软木栎、粗皮青冈一样，栓皮栎的树皮中含有较厚的软木质。以前人们经常将栓皮栎的软木层削下来制作瓶塞。栓皮栎也因软木质导致树皮凹凸不平，像脸上的痘痕而得名。

栓皮栎染出的颜色并不太鲜艳。真丝经过铁媒染后会染出偏紫色的灰色。棉上色效果不错，日晒色牢度良好。

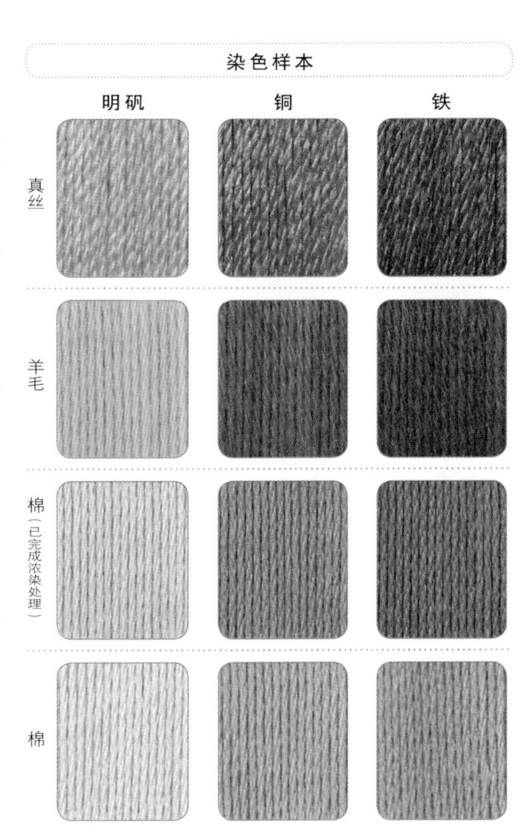

# 六道木

●别称：六条木
●分类：忍冬科六道木属
●条件：栽种
●部位：新鲜枝叶
●采集日：5月9日
●染色日：5月10日
●采集·染色地：千叶县
●浓度：染料200g/线100g

**植物记录·染色要点**

本书中出现的六道木准确地说应该叫作大花六道木，但是因为从拉丁语直译过来的六道木这个园艺种名被大家所熟知，所以在这里就称它为六道木。它一般常见于学校和公园的篱笆中，在我家附近小学的矮树篱笆中就有六道木，由于它生长速度过快，每年都要对它进行多次修剪，不过即使这样，六道木依旧会开出美丽的花朵，可以说这是一种生命力顽强的植物。

明矾媒染后的日晒色牢度为 -1，其余媒染的日晒色牢度良好。羊毛经过明矾媒染后会呈现出带点蓝色的漂亮黄色。

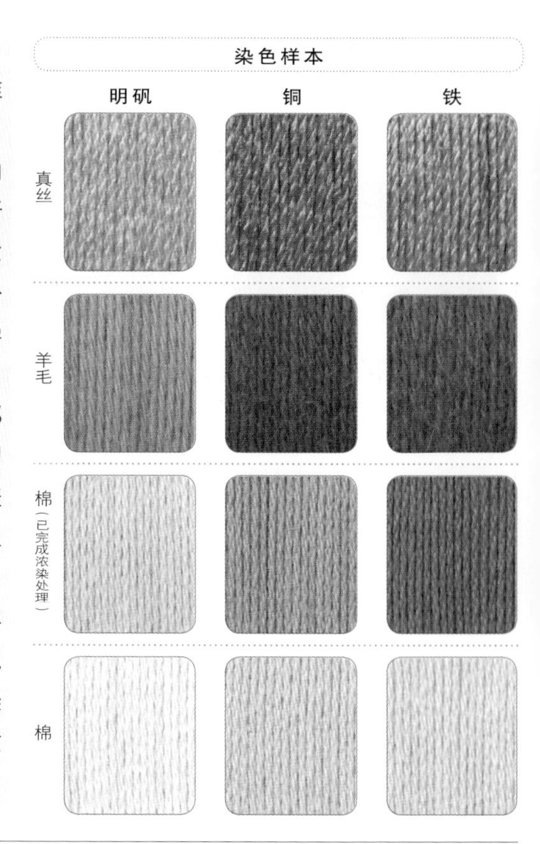


# 钝齿冬青

●别称：波缘冬青
●分类：冬青科冬青属
●条件：栽种
●部位：新鲜枝叶
●采集·染色日：6月6日
●采集·染色地：埼玉县
●浓度：染料200g/线100g

**植物记录·染色要点**

钝齿冬青常见于灌木篱笆，此次染色使用的就是修剪下来的钝齿冬青的枝叶部分。在日语中除了犬黄杨（钝齿冬青）以外，还有很多例如犬槙（罗汉松）、犬唐松（金钱松）等名字中带有犬字的植物。这是由于狗与人相比是低等动物的缘故，例如犬黄杨虽然和黄杨相似，但是材质不及黄杨优良，所以如此命名。黄杨是黄杨科树木，与冬青科的钝齿冬青不同。钝齿冬青会染出淡淡的有透明感的颜色。日晒色牢度良好。

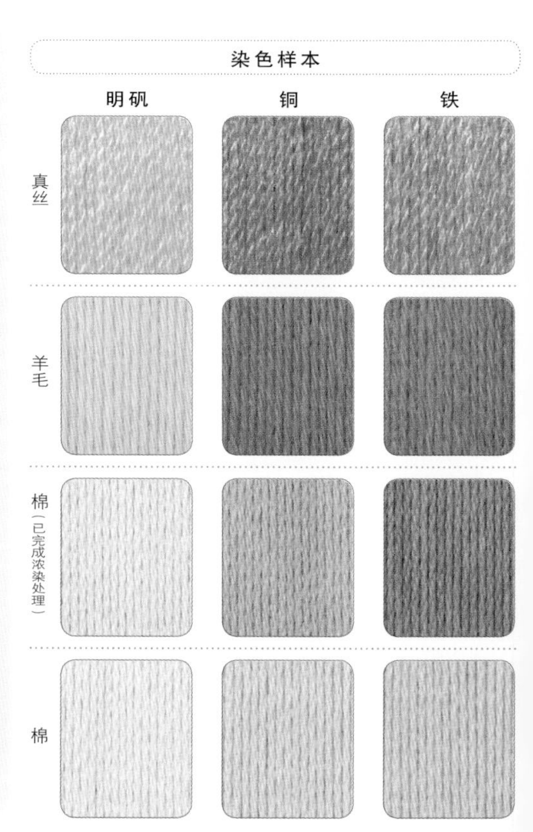

# 东北红豆杉

●别称：扁柏、阿罗罗木、水松
●分类：红豆杉科红豆杉属
●条件：栽种
●方法①：水提取
方法②：碱提取
●采集·染色日：6月11日
●采集·染色地：埼玉县
●浓度：染料200g/线100g

**植物记录·染色要点**

从前我家的院子里种有几棵东北红豆杉，通过用水熬煮染色和铜媒染的方法都会使织物染出偏红色的米色。将煮好的染液放置一晚后，染液的颜色会变深。当时只用水提取的染液进行染色，这次则对水提取的染液和碱提取的染液进行了染色对比。如染色样本所示，碱提取的染液染出了更明显的红色。使用水提取染液的染色样本日晒色牢度良好。使用碱提取染液的染色样本，除了明矾媒染过的样本稍稍有所褪色，其他的日晒色牢度良好。

在日文中，东北红豆杉写作“一位”，是因为东北红豆杉的心材在古代是用来制作上朝时官员右手所持的笏的，也因官位最高至正一品而得名。东北红豆杉华丽的红色心材常用于工艺品制作。可能对于居住在住宅区的人们来说很难获取这样的材料，需要从制作工艺品的木器厂购买才行。有些木材必须在新鲜的状态下才能染色，东北红豆杉没有这样严苛的要求，用从木器厂那儿买到的削好的木材会更方便我们进行草木染。

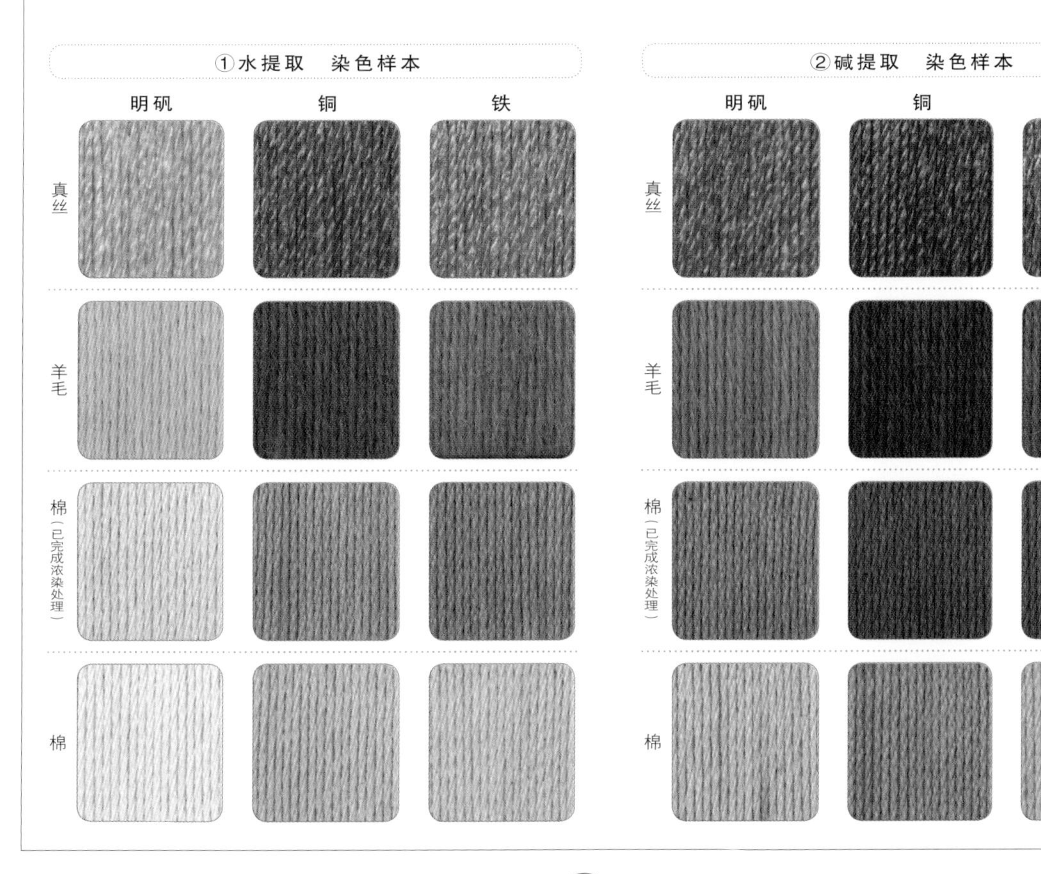

# 罗汉松

- 别称：土杉
- 分类：罗汉松科罗汉松属
- 条件：栽种
- 方法①：水提取
  方法②：碱提取
- 部位：新鲜枝叶
- 采集・染色日：6月12日
- 采集・染色地：埼玉县
- 浓度：染料200g/线100g

**植物记录・染色要点**

罗汉松属常绿针叶乔木，常栽种于篱笆等处。罗汉松喜欢比较温暖的地方，所以集中生长在日本关东以西的地区。罗汉松可以长到10米左右，但是因为种在住宅区的篱笆等处的罗汉松经常会被修剪，所以一般住宅区的罗汉松比较低矮。此树在夏末会结出直径1cm左右的小小的果实，到了秋季果实成熟后会变成红紫色。这种果实（准确地说应该是种托）可以生吃，也可以泡在烈性酒中制作药酒。罗汉松果有活血的功效，每当因血流不畅而有倦怠感时，饮用该药酒都有良好的改善效果。

这次染色使用的是户外栽种的罗汉松的新鲜枝叶，对用水提取的染液和用碱提取的染液进行了染色对比。

和用水提取的染液相比，用碱提取的染液颜色略深，但是染出的颜色没有什么特别的变化。用碱提取染液染色的样本日晒色牢度为–2，用水提取染液染色后样本稍稍有些褪色。真丝染色后没有什么变化。

关于用碱提取染液的方法见p.200。

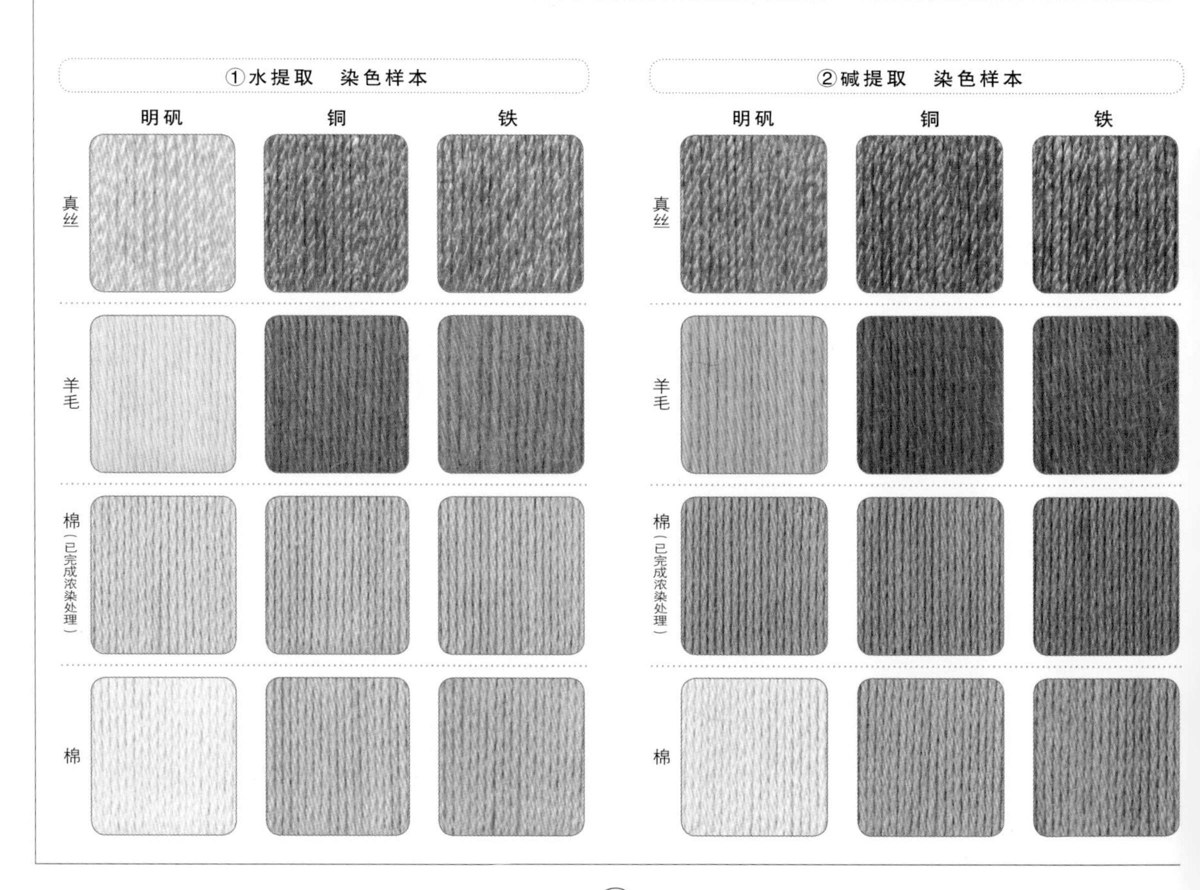

# 银杏

- 别称：白果树、公孙树
- 分类：银杏科银杏属
- 条件：栽种
- 部位：新鲜枝叶
- 采集・染色日：6月25日
- 采集・染色地：爱知县
- 浓度：染料200g/线100g

**植物记录・染色要点**

从小在东京长大的我结婚后就离开了生我养我的这片土地。银杏是一种在东京随处可见的树木，可以说是日本的京都之树。虽然银杏在日本各地都能见到，但是东京，特别是东京中心地区只栽种银杏和樱花两种树木。

这次染色使用的是新鲜的银杏枝叶。染出的颜色较淡，会有褪色的情况发生。虽然我还没有尝试过，但是感觉通过碱提取的方法用秋天的黄色落叶制作出的染液在不中和的情况下可以染出更深的颜色。

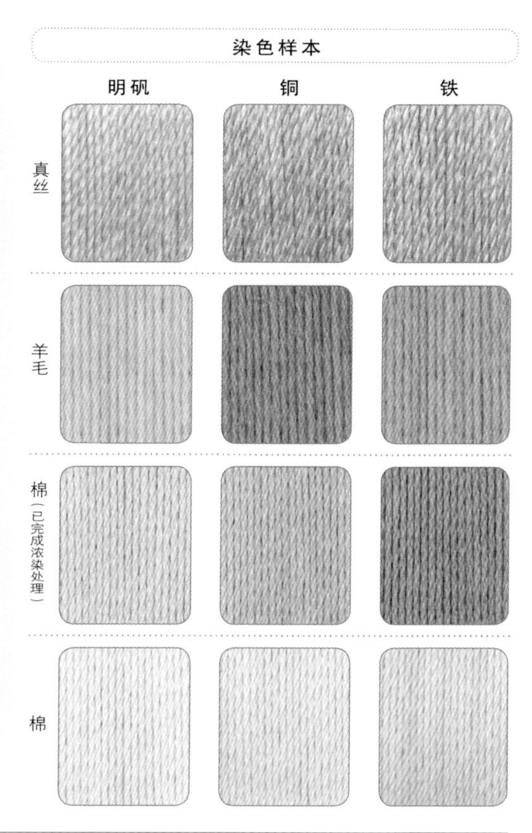


# 溲疏

- 别称：空木
- 分类：虎耳草科溲疏属
- 条件：野生
- 部位：新鲜枝
- 采集日：3月10日
- 采集地：长野县
- 染色日：3月14日
- 染色地：埼玉县
- 浓度：染料300g/线100g

**植物记录・染色要点**

溲疏在日文汉字中写作“空木”，因为其茎部是中空的。在日文中，名字中带有“空木”两字的树木有许多，其共同点都是茎部为中空状态，但是圆锥绣球和六道木是完全不同属的树木。

这里用于染色的是早春时期的尚未长出叶子的树枝。染制100g线需要300g溲疏，染出的颜色整体较淡。棉的日晒色牢度为+1，真丝、羊毛的日晒色牢度良好。

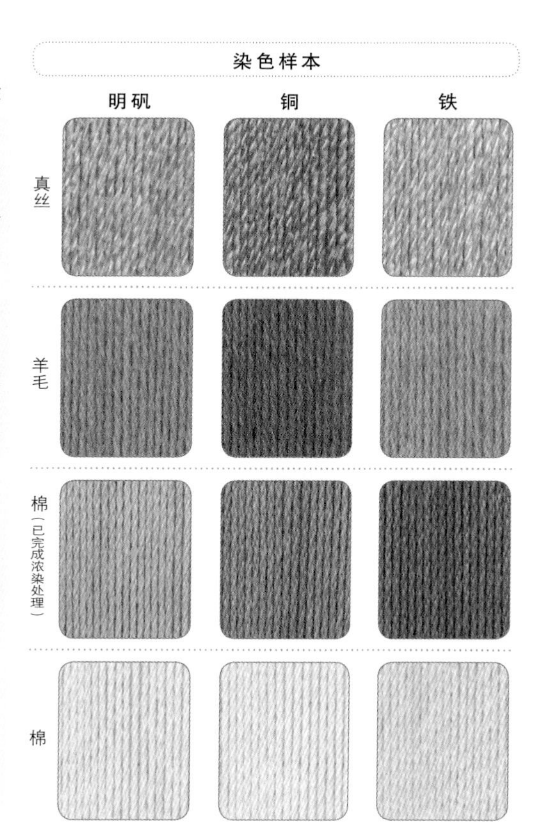

# 红梅

- 别称：春梅花、红绿梅
- 分类：蔷薇科杏属
- 条件：栽种
- 方法①：水提取
  方法②：碱提取
- 部位：半干枝干
- 采集期：2月
- 染色日：3月9日
- 采集·染色地：爱知县
- 浓度：染料200g/线100g

**植物记录·染色要点**

每逢冬末时节，梅花总能最先带来春天的讯息。众所周知，红梅是一种非常好的染色植物，它的心材可以染出深色系的红褐色。我所熟悉的梅园每年都在固定时间对梅树进行修剪，经常会有爱好草木染的朋友在这个时间收集一些修剪下来的枝叶。如果用叶子的话，随时都可以进行染色，但是如果想要尽量染出更深一些的类似红梅的红色，最好是在花开之前使用其心材来染色。

此次染色样本采用的是2月偶然被砍倒的树——直径为15cm的梅花树的枝干。虽然2月就收集了染色材料，但是却放置了一个月之久才拿来染色。染色材料同为半干状态的梅花树枝干，分别用水提取和碱提取的方法对染色结果进行对比。

水提取的染液染出了十分美丽的红褐色系颜色。碱提取的染液染出了更深一些的颜色，如果你认为水提取染液染出的颜色能满足自己的要求，就无需再用碱提取的染液染色了。这两种方法染出的颜色日晒色牢度均良好。

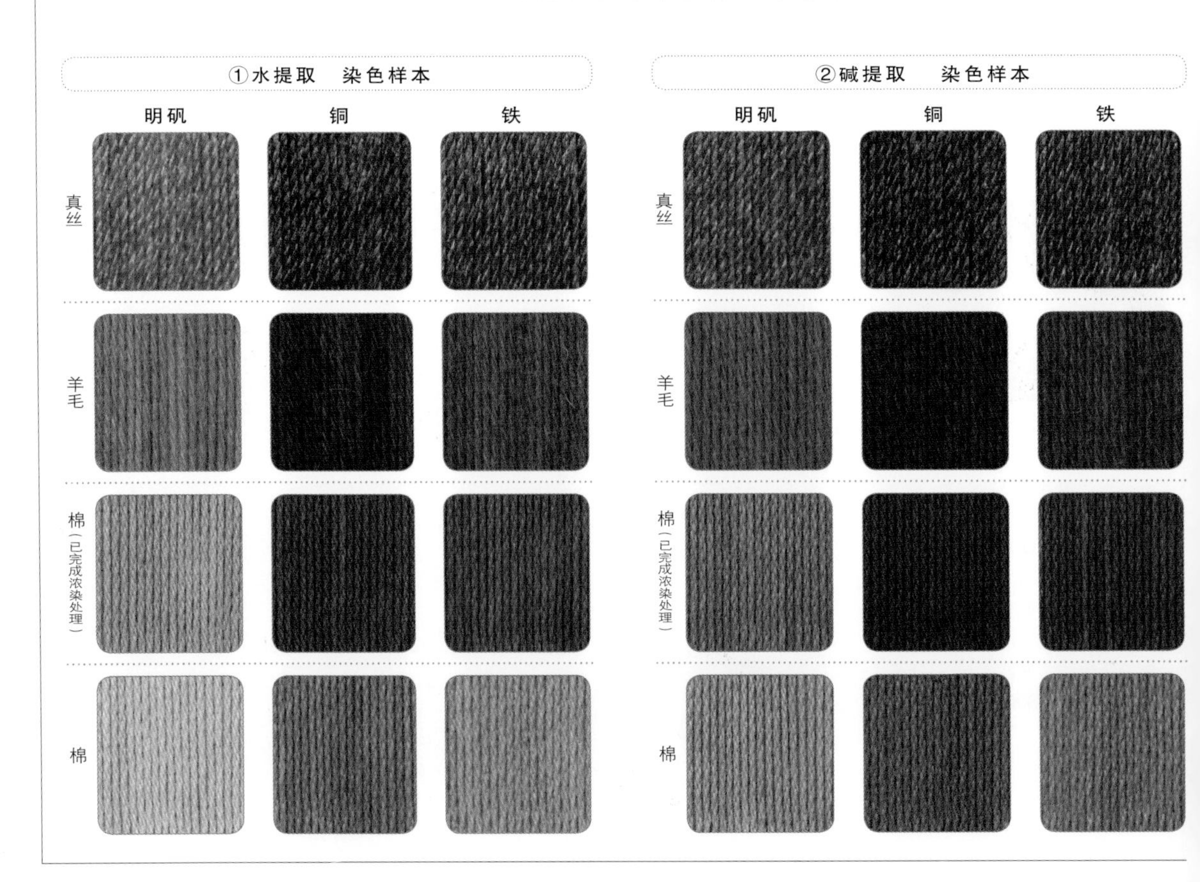

# 野梧桐

●别称：野桐、楸木
●分类：大戟科大戟属
●条件：栽种
●部位：新鲜叶
●采集日：4月20日
●采集地：冲绳县
●染色日：4月25日
●染色地：埼玉县
●浓度：染料200g/线100g

**植物记录 · 染色要点**

野梧桐自古以来都是作染黑的植物来使用。在染色时要在用蓼蓝染出的藏青色的基础上，再进行野梧桐的铁媒染才可以染出理想的黑色。明矾媒染后会染出金黄色，铜媒染后会染出褐色，铁媒染后会染出偏紫色的灰色，但这些都不是黑色。当然，只用野梧桐也可以染出非常漂亮的颜色。日晒色牢度均良好。

染色样本采用的是新鲜野梧桐叶，并经过媒染→染色→媒染→染色的重复染色。我也曾尝试过用碱提取的方法进行染色，但是并没有出现特别的效果。

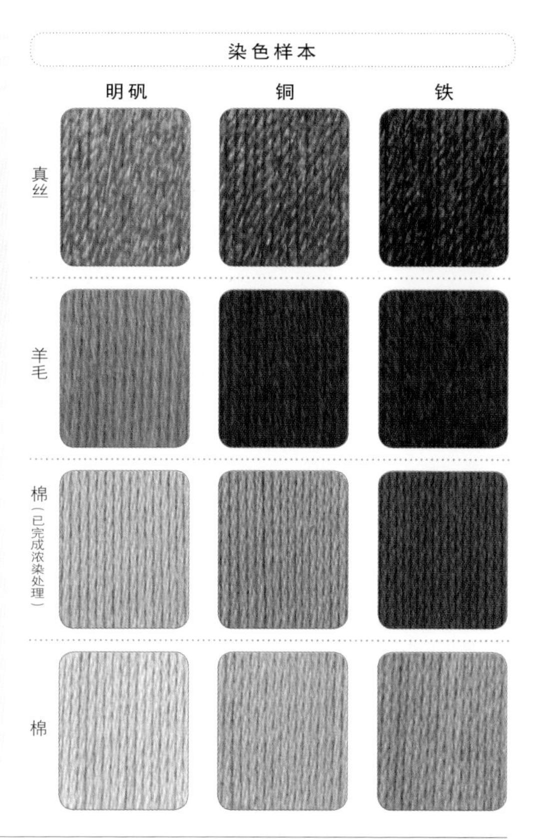


# 三叶槭

●别称：瓜枫、白粉藤叶槭
●分类：槭树科槭属
●条件：野生
●部位：新鲜枝干
●采集日：3月11日
●采集地：长野县
●染色日：3月22日
●染色地：埼玉县
●浓度：染料200g/线100g

**植物记录 · 染色要点**

三叶槭的枝干呈带有黑线的灰绿色，其颜色花纹都类似于甜瓜，所以也被称为瓜枫。虽然是槭属植物，但其叶子的形状是卵形，而不是手掌状，且到了秋季叶子颜色会变黄。

染色样本使用的是采摘在三叶槭发芽之前的新鲜枝干。棉上色效果不错，可以染出褐色系颜色，日晒色牢度良好。

在染色时，请对比参照p.68槭属茶条槭和p.128槭树的染色样本。

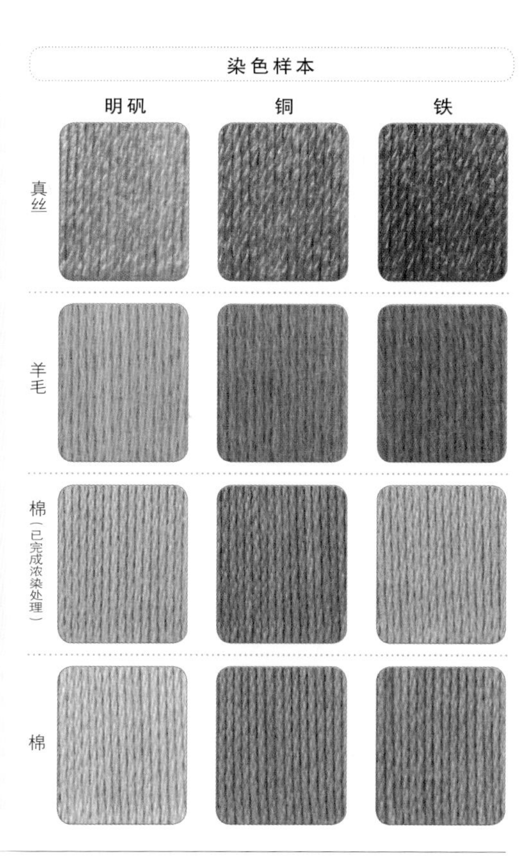

# 茶条槭

- 别称：鹿子木枫
- 分类：槭树科槭属
- 条件：野生
- 方法①：第一遍提取液
  方法②：用第一遍提取液进行重复染
- 部位：新鲜枝
- 采集日：3月8日
- 采集地：长野县
- 染色日：3月13日
- 染色地：埼玉县
- 浓度：染料300g/线100g

**植物记录 · 染色要点**

茶条槭在生长过程中会有部分树皮脱落，这使其树皮纹路看起来像鹿身上的点状花纹，所以日文中其名字写作“鹿子木枫”，翻译成中文为茶条槭。在日语中，“槭”的发音是“青蛙爪”的转音，由于茶条槭的叶形看起来像青蛙爪，在发音不清楚的情况下，青蛙爪就被读成槭。

染色样本采用的是发芽前的嫩枝，并经过媒染→染色→媒染→染色的双重染色步骤，结果染出了效果非常好的深色系颜色。棉的上色效果不错，日晒色牢度也非常好。在染色时请参照p.67同为槭属的三叶槭，以及p.128的槭树的染色样本。由我自己栽种出来的红色槭树在染色时需要经过酸提取液的熬煮。茶条槭的叶子是鲜艳的红叶，以后也可以尝试用茶条槭的红叶进行染色。

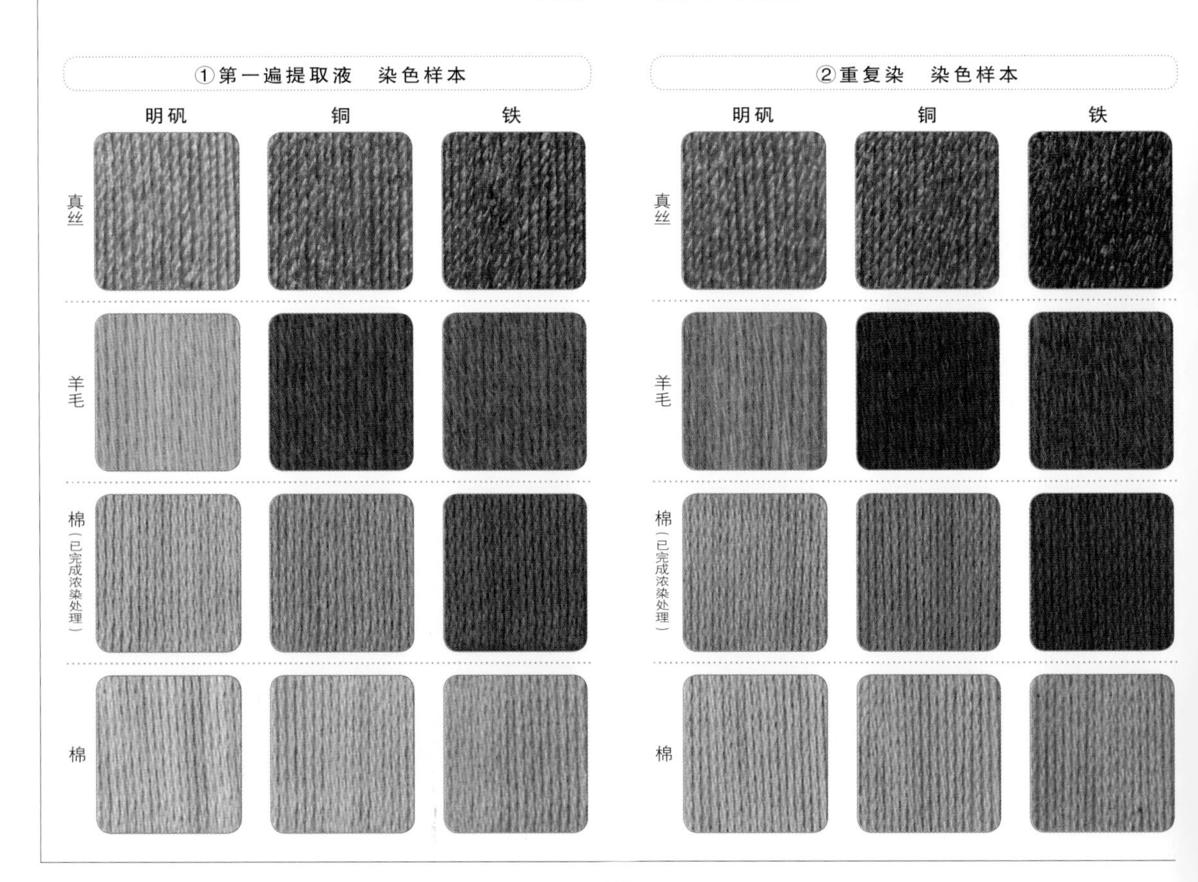

# 野茉莉

- 别称：轱辘树、粗糠树、麻厨子
- 分类：安息香科安息香属
- 条件：野生
- 部位：新鲜枝
- 采集日：3月7日
- 采集地：长野县
- 染色日：3月12日
- 染色地：埼玉县
- 浓度：染料200g/线100g

**植物记录 · 染色要点**

野茉莉是杂树林的常见树木种类之一，根部较细，树枝细长斜展，到了初夏会从枝干上开出下垂的铃铛般的白色花朵，野茉莉作为具有象征意义的一种树，经常被放在住宅以及店铺的正门入口处。野茉莉的果皮含有皂苷，放在口中会有涩涩的味道。

这里的染色样本采用的是发出新叶之前的细枝，可以染出淡淡的米色系颜色，日晒色牢度良好。

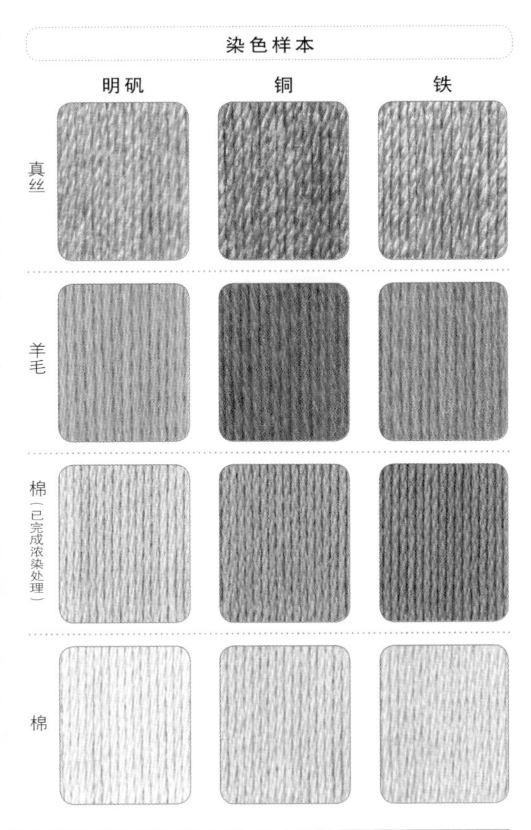


# 瑞香

- 别称：睡香、蓬莱紫、风流树、毛瑞香
- 分类：瑞香科瑞香属
- 条件：栽种
- 部位：新鲜枝叶
- 采集 · 染色日：4月9日
- 采集 · 染色地：爱知县
- 浓度：染料200g/线100g

**植物记录 · 染色要点**

因为母校的花坛中一直种有瑞香，所以比起樱花，我更能从瑞香的花香中感受到春天的气息。瑞香的花香似香木中的沉香，花朵像丁香，所以在日文中写作“沉丁花”。

这里的染色样本采用花落之后的新鲜枝叶染色而成。羊毛的上色效果较好，经过明矾媒染后会染出黄色，铜媒染后会染出金褐色，铁媒染后会染出土黄色。日晒色牢度良好。

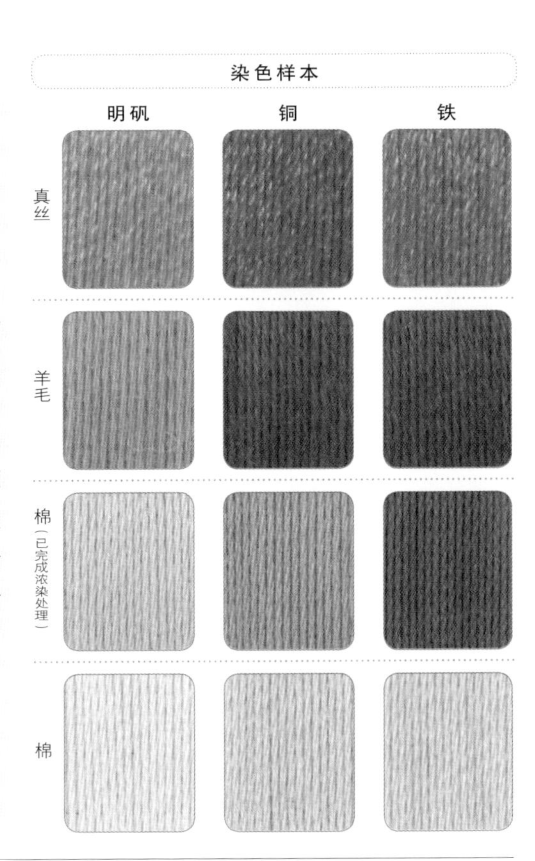

# 常绿钩吻藤

- 别称：金钩吻、胡蔓藤、断肠草、假茉莉
- 分类：马钱科断肠草属
- 条件：栽种
- 部位：新鲜枝叶
- 采集・染色日：3月16日
- 采集・染色地：爱知县
- 浓度：染料200g/线100g

**植物记录・染色要点**

常绿钩吻藤在日本有一个别称叫作假茉莉，从这个名字中就可以了解到常绿钩吻藤能散发出如茉莉一般的香味，但是茉莉是木犀科素馨属的灌木植物，与常绿钩吻藤是种类完全不同的。由于常绿钩吻藤的茎、叶、花均有毒，所以请一定注意不要将其误认为茉莉而食用。常绿钩吻藤生长较快，染色样本使用刚开花时过长的枝叶染色而成。一开始我对这种开有黄色喇叭形状花朵的染料植物怀有很深的期待，但是染色后很失望，它只染出了非常朴素的颜色。日晒色牢度良好。

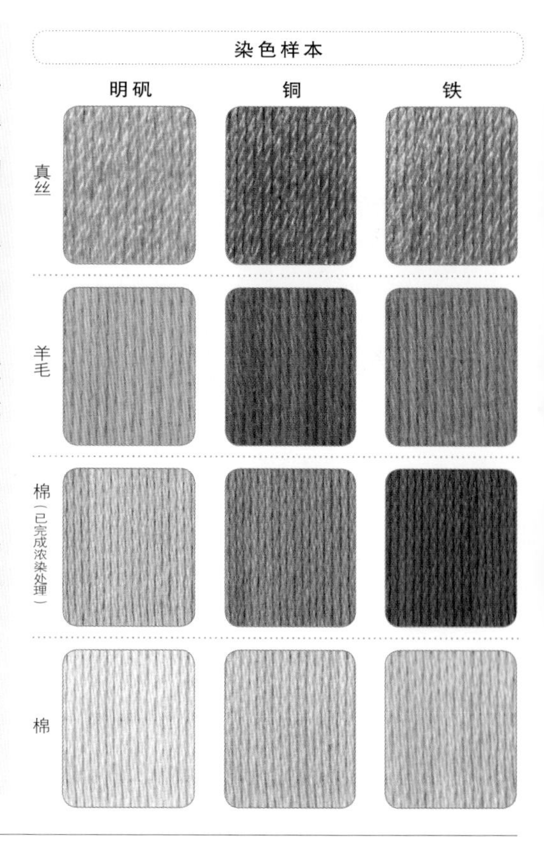


# 树参

- 别称：隐蓑、长春木
- 分类：五加科树参属
- 条件：野生
- 部位：新鲜枝叶
- 采集日：3月10日
- 染色日：3月11日
- 采集・染色地：爱知县
- 浓度：染料200g/线100g

**植物记录・染色要点**

树参的叶子形状如同古代雨具中的蓑衣和斗笠一般，感觉穿起来就像天狗的隐身衣一样，所以在日语中被命名为“隐蓑”。由于其叶子无法平整地展开生长，又生长得较快，所以它也是一种非常有人气的观赏叶植物。

染色样本使用野生树参的枝叶染色而成。整体日晒色牢度良好。由于树参的树液含有和漆树相同的成分，皮肤敏感的人接触到之后会有皮肤红肿的情况发生。慎重起见，请在采集及将其削成小片的时候戴上手套。

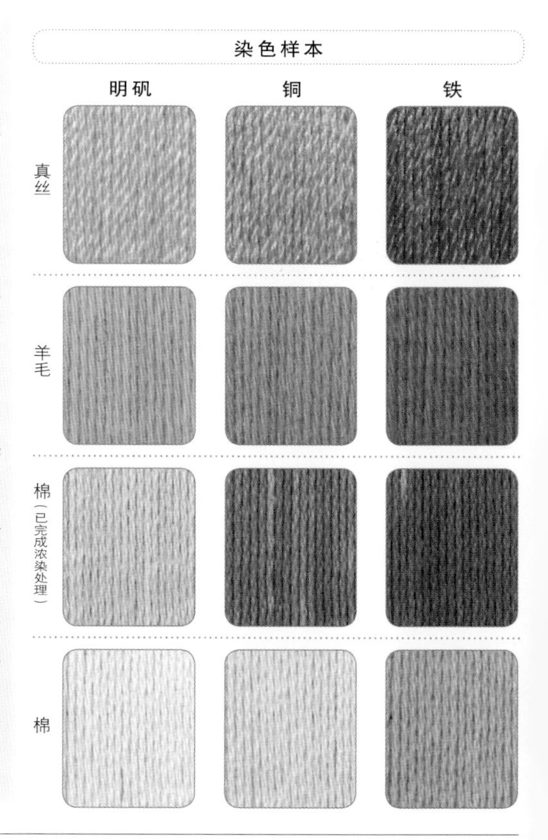

# 连香树

- 别称：桂、五树
- 分类：连香树科连香树属
- 条件：栽种
- 部位：新鲜枝叶
- 采集·染色日：6月17日
- 采集·染色地：爱知县
- 浓度：染料200g/线100g

**植物记录·染色要点**

连香树的树叶可以用来制作沉香，将其落叶放在手中会闻到一股焦糖的香味。染色样本采用的是处于生长初期的繁茂的新鲜枝叶。明矾媒染后会染出黄色、铜媒染后会染出金褐色、铁媒染后会染出偏褐色的颜色。染色样本的日晒色牢度为 +1，经过日光暴晒颜色会变深。比起熬煮出染液后立即染色，将染液静置 1 ~ 2 日后再进行染色，染出的颜色会更深一些。以后我会尝试一下用碱提取出的染液进行染色。

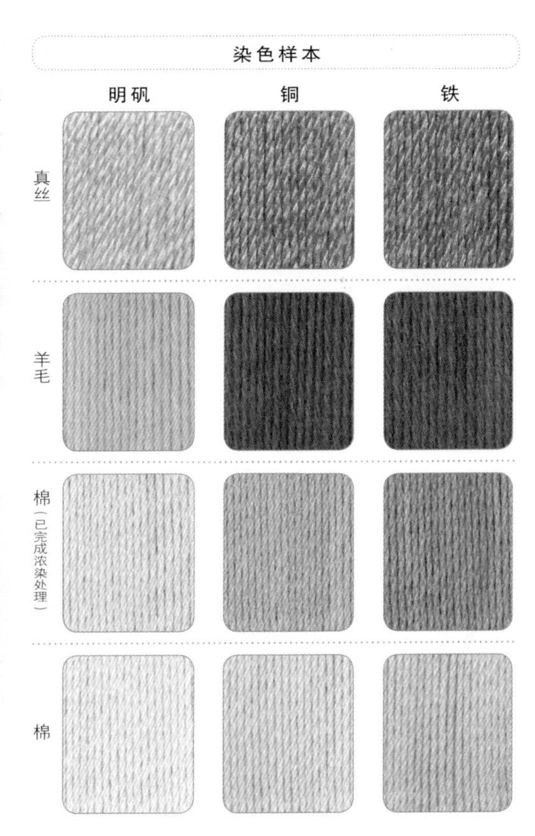


# 椰子

- 别称：椰子树、椰树
- 分类：棕榈科椰子属
- 条件：市场有售
- 部位：粉末状树皮提取物
- 染色日：4月29日
- 染色地：千叶县
- 浓度：染料10g/线100g

**植物记录·染色要点**

椰子是我们非常熟悉的水果，就不在这里向大家介绍椰树果实的食用方法了。染色样本采用的是将椰树树皮加水熬煮之后制成的粉末状提取物。一般来说，使用色素提取物的染液浓度较高，100g 线只需使用 10g 色素提取物即可，但是这里使用的椰树皮提取物并非如此，同样浓度只能染出淡淡的颜色。该染料染出的绿色会稍微有些褪色。羊毛和真丝的日晒色牢度良好。

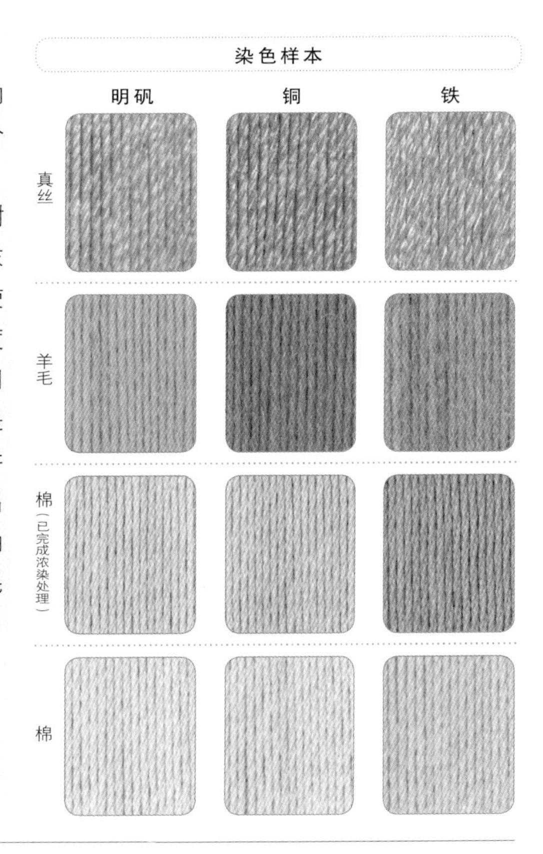

# 榕树

- 别称：成树
- 分类：桑科榕属
- 条件：栽种
- 方法①：提取后直接染色
  方法②：提取2日后染色
- 部位：新鲜叶
- 采集日：4月26日
- 采集地：冲绳县
- 染色日：5月1日
- 染色地：埼玉县
- 浓度：染料200g/线100g

**植物记录 · 染色要点**

我在去澳门旅游的时候看到了许多很有年头的榕树，不仅是行道树，所有地方的榕树都粗大得令人无法想象它们今年高寿几何。澳门在整修行车道时会按照榕树优先的原则故意绕开榕树。榕树从树枝上垂下来长长的气根，这气根会生长成为榕树的枝干，整个榕树就这么互相缠绕长成复杂的样子。我曾想象如果用榕树当染料能染出什么样的颜色呢？于是我以榕树叶为原料，对熬煮完当天即进行染色的染液和熬煮后放置2日再进行染色的染液进行了染色对比。放置2日后染液染色变深，染出了柔和的红色和粉米色。真丝染色后的日晒色牢度良好，羊毛和棉染色后会有些褪色。

我们经常能在园艺店中看到榕树这种观叶植物。一盆约20cm高的盆栽榕树大约30元，但是我总担心买回家后榕树会无限长大，所以每次都会抑制住自己的购买冲动。

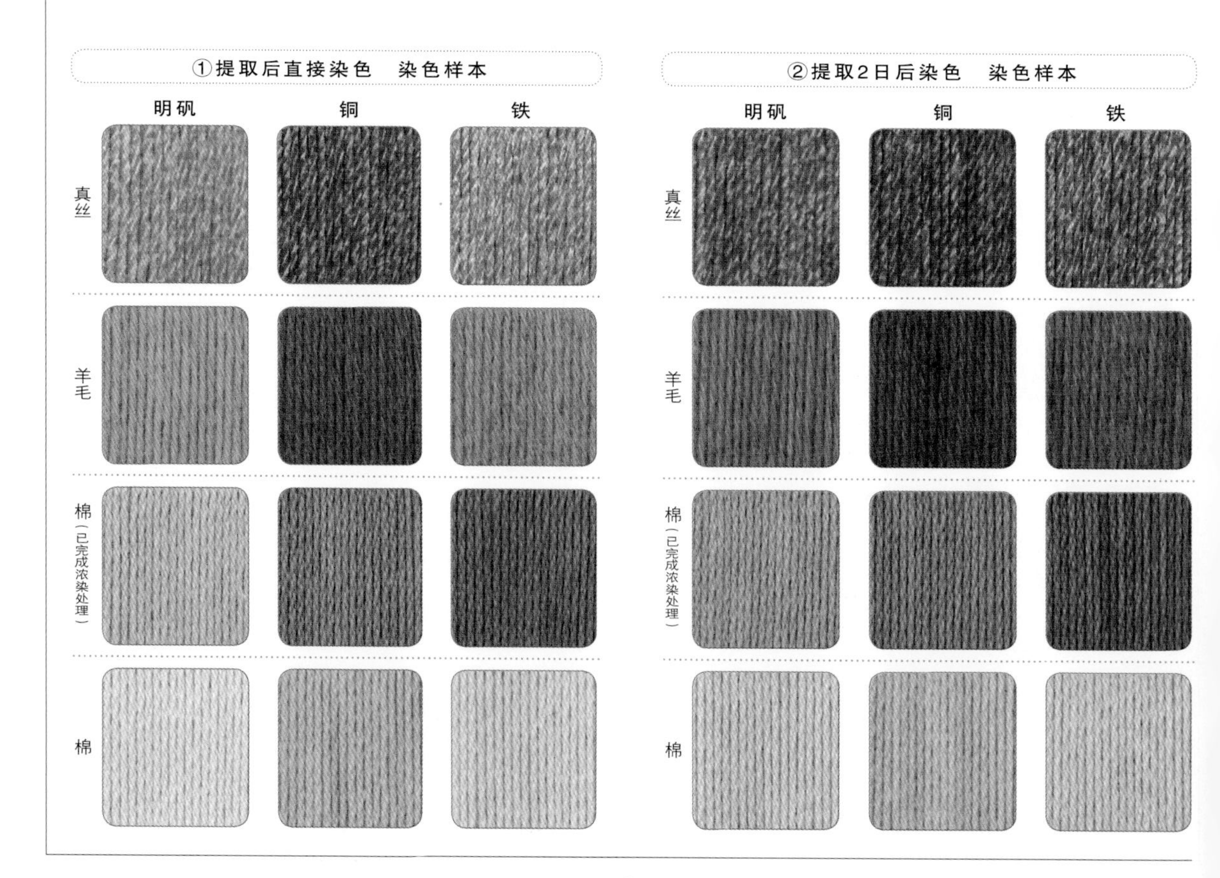

# 荚蒾

- 别称：槲蒾
- 分类：忍冬科荚蒾属
- 条件：野生
- 方法①：水提取
  方法②：碱提取
- 部位：新鲜枝叶
- 采集·染色日：6月25日
- 采集·染色地：爱知县
- 浓度：染料200g/线100g

**植物记录·染色要点**

荚蒾是生长于山野的野生灌木。荚蒾在日文中写作“**ガマズミ**”，其中“**ガマ**”这个名字是由于古时人们经常拿荚蒾来制作用于农耕的镰刀和锄头的手持部分，“**ズミ**”在日文汉字中写作“酸实”，有说法称到了秋天荚蒾会结出酸酸的红色果实。不管怎么说，荚蒾看起来都是一种适合做染色材料的植物。染色样本采用的是花落后的枝叶，分别对水提取和碱提取的染液的染色效果进行了对比。用水提取的染液可以染出从米色到褐色的颜色，用碱提取的染液染色则可以使红色变得更深。荚蒾的红叶或者落叶都是适合染色的材料，碱提取的染液可以染出淡淡的红色。

荚蒾的果实实际上有消除疲劳的药效，可以制作成深红色的药酒以及果汁来饮用。我感觉用荚蒾的果实也能染出这样的颜色，有兴趣的朋友可以试试。用碱提取的染液染色后，棉的日晒色牢度为 -2，其他的日晒色牢度良好。

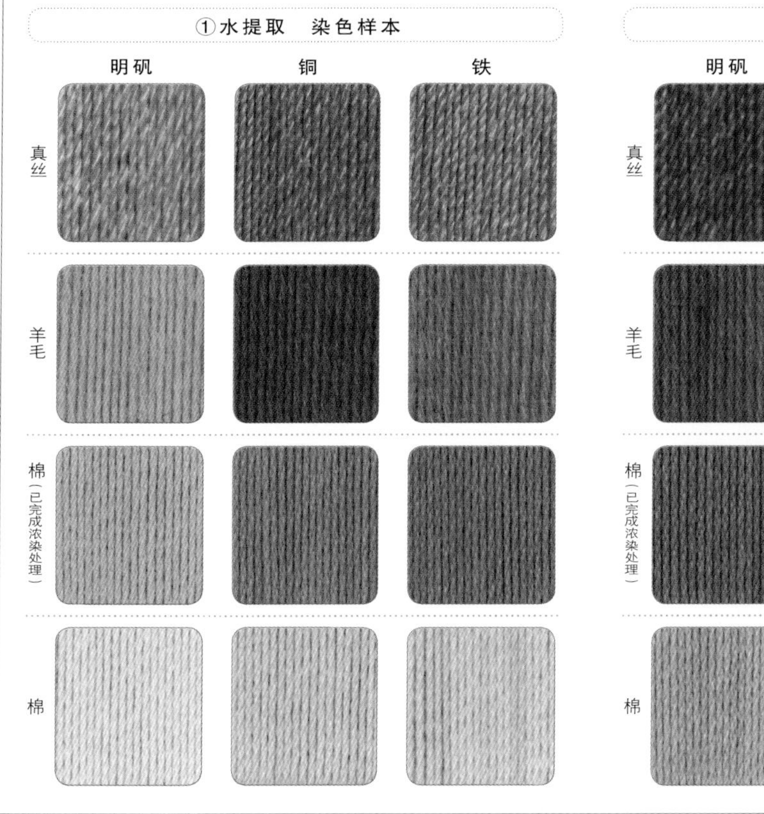


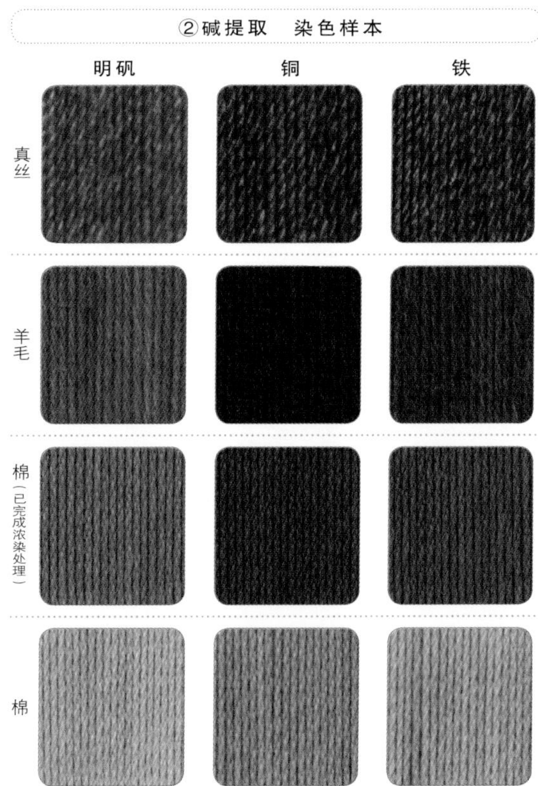

# 木瓜

●别称：榠楂、木李、海棠
●分类：蔷薇科木瓜属
●条件：栽种
●方法①：水提取
　方法②：碱提取
●部位：新鲜嫩枝
●采集日：5月10日
●采集地：长野县
●染色日：5月11日
●染色地：爱知县
●浓度：染料200g/线100g

**植物记录·染色要点**

几年前我又一次收到一个尚未成熟的木瓜，它被我遗忘在了车里，结果第二天打开车门时，一股甘甜芬芳的木瓜香味扑面而来，整个车里都弥漫着这股甜甜的香味。木瓜会在春夏时抽叶开花，可以拿木瓜生硬苦涩的不能食用的果实泡制药酒，木瓜的种子还可以制作爽肤水。

染色样本是用刚刚长出新叶的嫩枝染色而成的，分别用水提取和碱提取的方法进行了染色对比。有许多植物经过碱提取后染出的颜色会变红，但是木瓜不是这样，它反而能染出漂亮的粉红色，这样的树木是很少的，不过即使同样用3月的枝叶染色，其结果也会出现一定的色差。水提取染液的染色样本中，明矾媒染后的日晒色牢度为+1，其他的日晒色牢度良好，红色会加深。碱提取染液的染色样本中，明矾媒染后会褪色，其他的日晒色牢度良好。用水熬煮提取的染液放置1日后其颜色会变深，也能染出碱提取染液那样的红色。

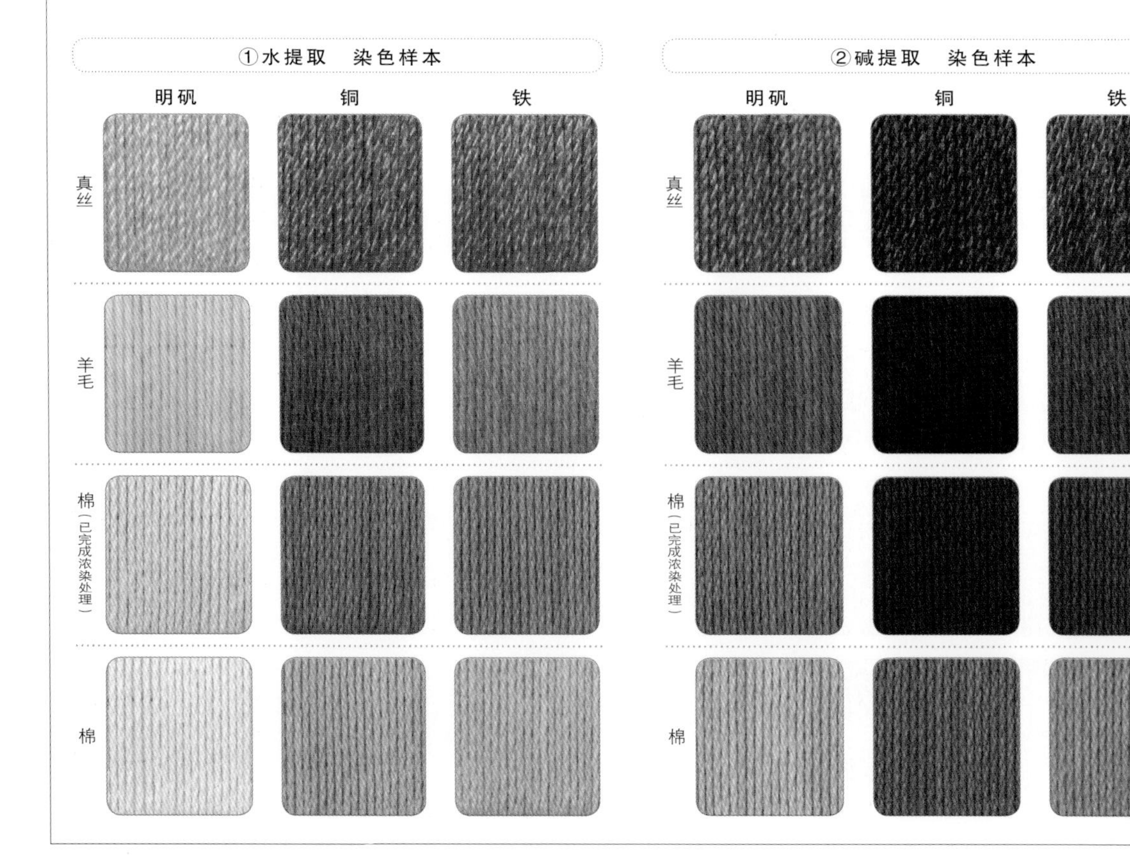

# 山月桂

- 别称：阔叶山月桂、美洲月桂
- 分类：杜鹃花科山月桂属
- 条件：栽种
- 方法①：水提取
  方法②：碱提取
- 部位：新鲜枝叶
- 采集・染色日：5月9日
- 采集・染色地：埼玉县
- 浓度：染料200g/线100g

**植物记录・染色要点**

从广义来说，山月桂是杜鹃花的一种。p.98 详细展示了杜鹃（花期前）的染色样本，请在染色时与之进行对比。杜鹃的花形属于杜鹃属植物的一般形状，与其相比，山月桂的花形好看得多，花蕾的形状像星星或者小粒糖果，盛开的花朵则像多边形的吸盘或者木碗。

染色样本采用的是长出花蕾之前的新鲜枝叶，分别对水提取的染液和碱提取的染液进行了染色对比。虽然山月桂的花形与一般杜鹃花不同，但由于都属于杜鹃花科，它们染出的颜色大致相同。碱提取的染液颜色偏红，其程度跟用水熬煮后的染液放置 1 ~ 2 日后所展现的颜色差不多。山月桂经过碱提取后，其染液的颜色也并不深，要稍微中和一下使其变成弱碱性溶液后再进行染色。用水提取的染液染色后的日晒色牢度为 +1。羊毛经过明矾媒染后会出现褪色的情况。

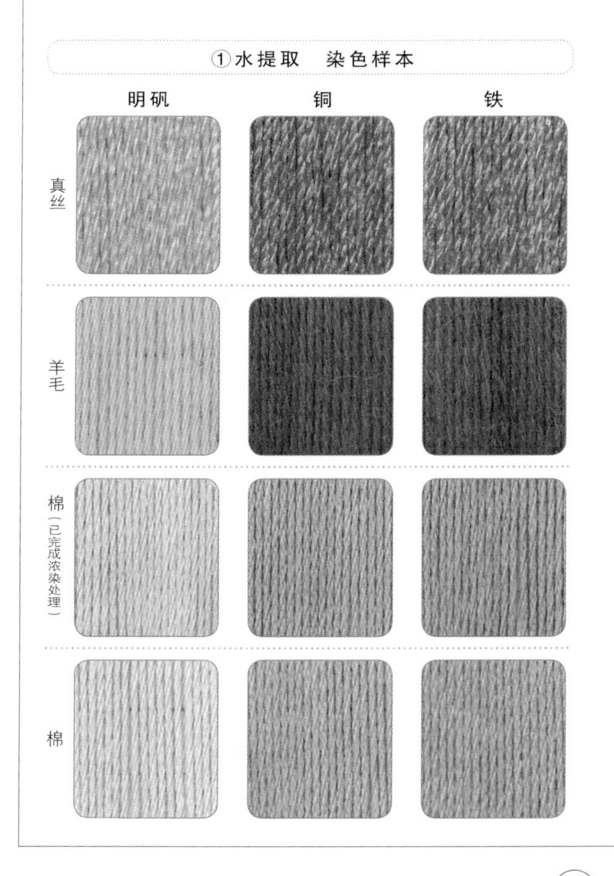


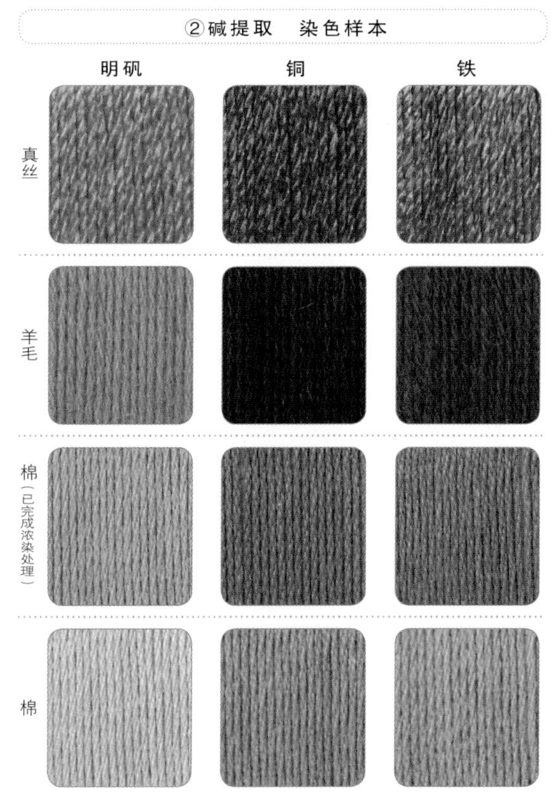

# 鸡树条荚蒾

- 别称：肝木
- 分类：忍冬科荚蒾属
- 条件：野生
- 方法①：水提取
  方法②：碱提取
- 部位：干燥枝
- 采集日：3月11日
- 采集地：长野县
- 染色日：3月21日
- 染色地：埼玉县
- 浓度：染料200g/线100g

**植物记录・染色要点**

鸡树条荚蒾的日文汉字写作“肝木”，虽然不清楚这个名字来源于何处，但有说法称用其树皮熬煮的汁液可以用于治疗肝脏疾病，也有说法称鸡树条荚蒾的果汁可以代替眼药水治疗眼疾，是对人体有药效的“肝要”（中文：重要）的树木，所以才在日本被如此命名吧。

染色样本采用的是尚未发出新芽的树枝，将鸡树条荚蒾的树枝放在报纸上晾晒10天左右，使其变成干燥的状态，分别对水提取的染液和碱提取的染液进行染色对比。经过碱提取的染液染色时并没有出现非常明显的颜色变化，铜媒染后会增加红色的感觉，可以染出像砖头一样的褐色。但是水提取的染液经过媒染后可以染出偏红的颜色，将用水熬煮的染液放置几天后会染出更加浓郁的颜色。碱提取后染色时会出现颜色变化的植物染料，染出的颜色大多都会出现褪色的情况，但是鸡树条荚蒾在明矾媒染以外的情况下日晒色牢度都不错。即使明矾媒染后会有褪色的情况发生，也不会褪色成偏红色的米色系颜色。

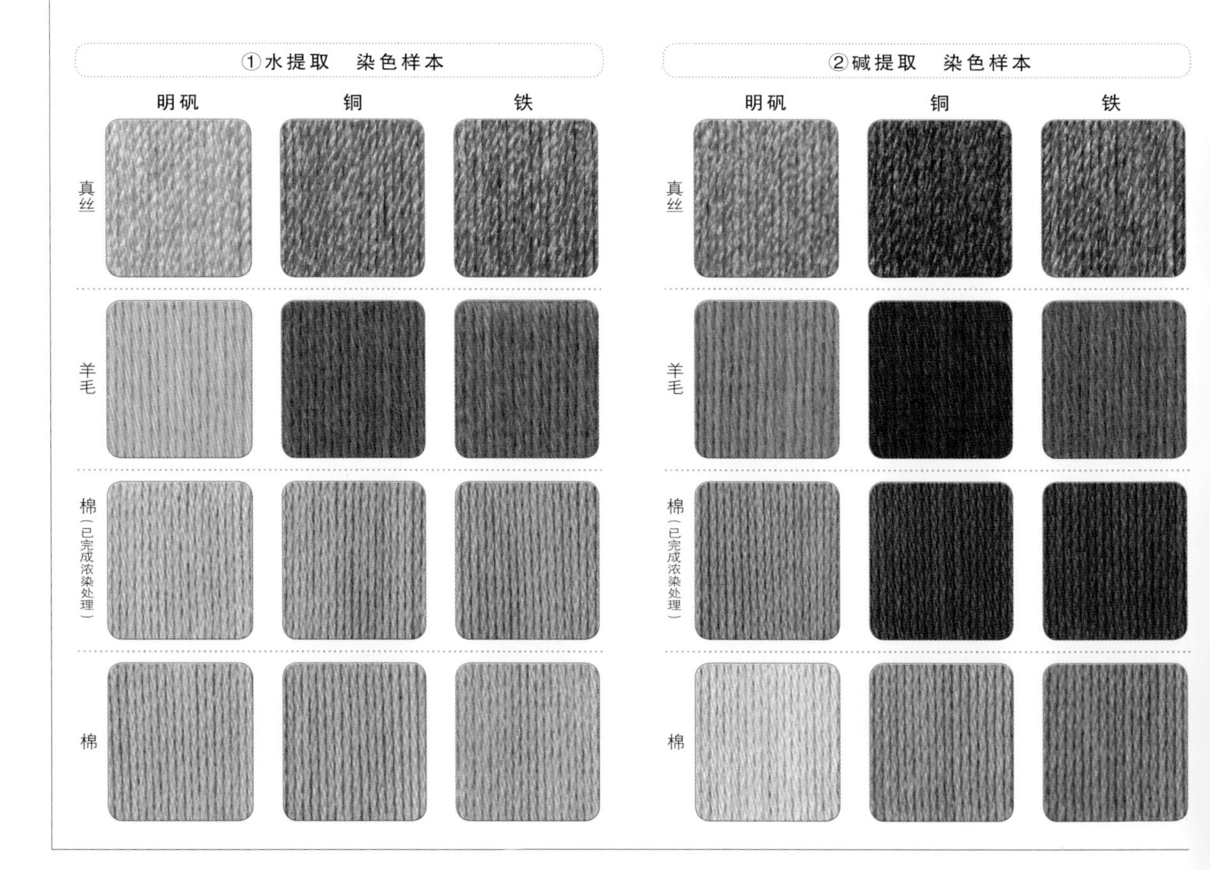

# 旌节花

- 别称：木五倍子
- 分类：旌节花科旌节花属
- 条件：野生
- 部位：新鲜果实
- 采集・染色日：7月1日
- 采集・染色地：爱知县
- 浓度：染料200g/线100g

**植物记录・染色要点**

旌节花在早春时节会开出下垂的穗状花序。“旌节花”在日文汉字中写作“木五倍子”，因为成熟的旌节花果实可作为五倍子的代用品来使用，所以在日本取名为木五倍子。旌节花果实稍稍成熟的初秋是最适合染色的时间。为了方便在夏季寻找生长繁茂的旌节花，最好在早春时节就在旌节花生长处做上标记。

关于用来染黑牙齿的五倍子的染色样本见 p.53。

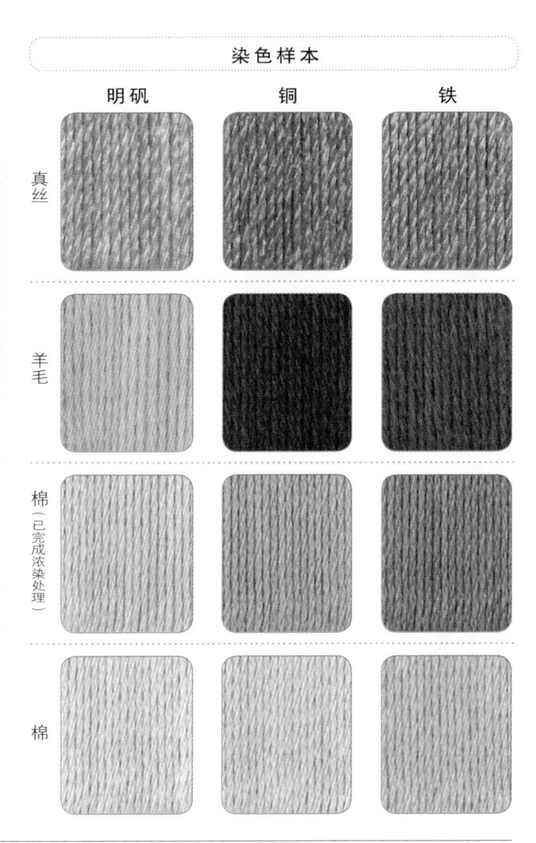


# 猕猴桃

- 别称：奇异果
- 分类：猕猴桃科猕猴桃属
- 条件：栽种
- 部位：新鲜枝叶
- 采集日：6月9日
- 染色日：6月10日
- 采集・染色地：爱知县
- 浓度：染料200g/线100g

**植物记录・染色要点**

新西兰的国鸟鹬鸵是一种无翼鸟，这种鸟由于无法飞翔所以安心生活在新西兰这片土地上。猕猴桃的外形很像这种叫作鹬鸵的无翼鸟。猕猴桃并非热带树木，很容易在日本进行栽培，树苗也可以轻松地购买到。在我家附近的小区里，许多人家院子里都种有猕猴桃树，等到夏天的时候猕猴桃树的枝蔓爬满篱笆，不仅起到了遮阳的效果，而且会结出许许多多猕猴桃。染色样本是由初夏繁茂的新鲜枝叶染色而成的。棉上色效果较好，日晒色牢度良好。

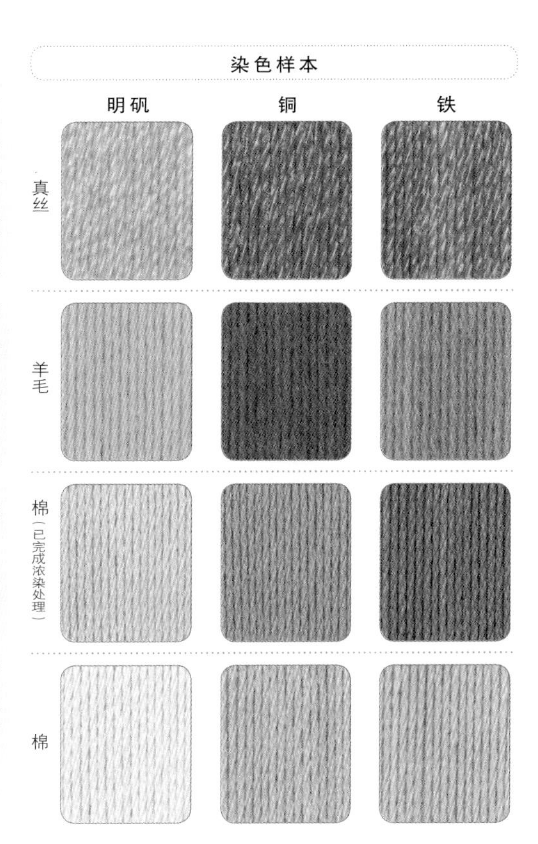

# 金叶风箱果

- 别称：黄叶绣线菊、金叶绣线菊
- 分类：蔷薇科风箱果属
- 条件：野生
- 方法①：水提取
  方法②：碱提取
- 部位：新鲜枝
- 采集日：3月11日
- 采集地：长野县
- 染色日：3月21日
- 染色地：埼玉县
- 浓度：染料200g/线100g

**植物记录 · 染色要点**

与绣线菊属的麻叶绣线菊一样，金叶风箱果也会开出如同线球一般的团状花序，如同它的名字所展示的那样，金叶风箱果叶子的颜色从黄色到橙绿色不等。其橙绿色的叶子颜色十分独特，经常在非花期的时候被用于制作造型花和插花。

染色样本是用尚未发出新芽的新鲜树枝染色而成的，这里对水提取染液和碱提取染液进行了染色对比，染色结果中最有特点的颜色就是经过铁媒染后染出的偏紫色的灰色。用水提取染液染出了偏红色的颜色，而用碱提取染液染出的颜色更深。真丝经过铜媒染、铁媒染后日晒色牢度非常好，但是羊毛经过明矾媒染后会稍微有些褪色。

p.88、p.97 分别有绣线菊属麻叶绣线菊和粉花绣线菊的染色样本，请在染色时进行颜色对比。

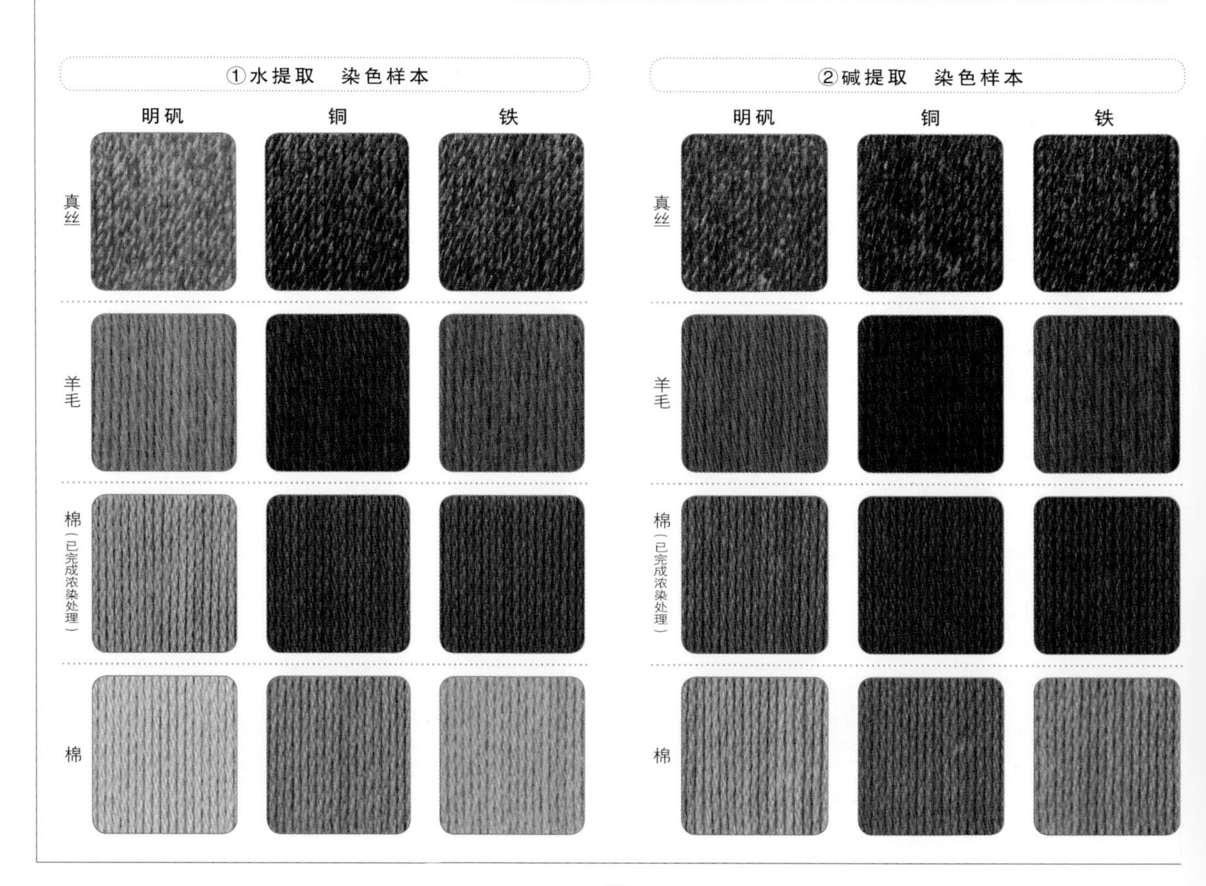

# 桂花

- 品种：银桂、金桂、丹桂
- 分类：木犀科木犀属
- 条件：栽种
- 方法①：金桂
  方法②：银桂
- 部位：新鲜枝叶
- 采集日：3月14日
- 染色日：3月15日
- 采集·染色地：千叶县
- 浓度：染料200g/线100g

**植物记录·染色要点**

在我以前的家的门口有一棵很大的桂花树，到了秋天树上就会开满橙色的小花，满满的香气扑面而来。但是这种香气是一种灾难吗？或者也可以这么说吧。经常有朋友来我家玩的时候会说：“你有没有闻到门口有一股厕所的味道？”对此我十分沮丧。这当然不是芳香剂的味道，直至现在我还是很喜欢金桂的香味。桂花有春秋两季开出白色花朵的银桂，有到了秋天会开出橙色花朵的金桂，还有会开出浅黄色花朵的品种。

染色样本分别采用春天时同一片花坛中银桂和金桂的新鲜枝叶进行染色。在对染色结果进行对比后发现，与金桂相比，银桂能染出更深一点的颜色，而且日晒后不会变色。整体日晒色牢度良好。

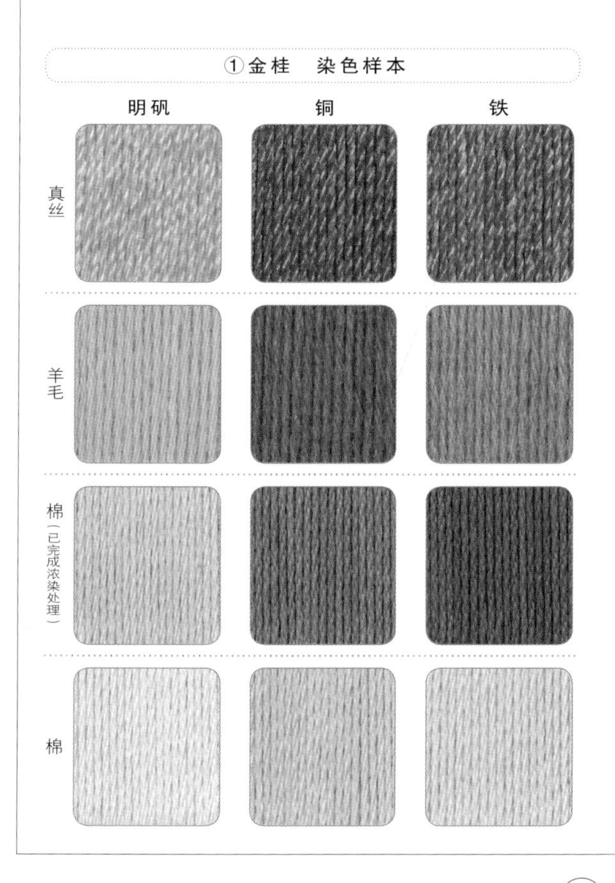


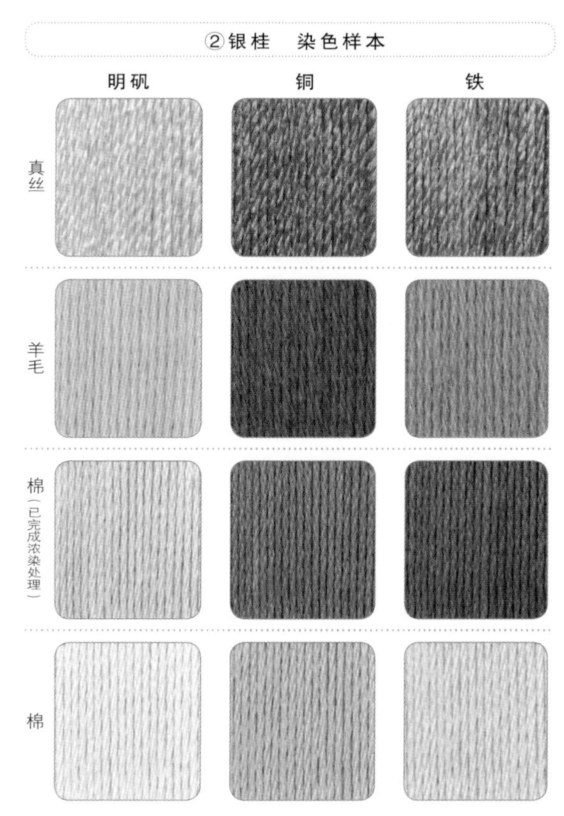

# 黄柏

- 别称：黄檗
- 分类：芸香科黄檗属
- 条件：市场有售
- 部位：干燥树皮
- 采集・染色日：4月9日
- 采集・染色地：奈良县
- 浓度：染料50g/线100g

**植物记录・染色要点**

黄柏自古就是用来染制黄色的染料植物。黄柏染出的物品有防虫的效果，所以在保管户籍用纸以及抄经本时会经常放置一些用黄柏染色的物品。

染色样本采用的是市场上出售的干燥黄柏树皮。准确地说用来染色的是去掉外侧褐色表皮以及内侧软木质的树皮的内皮部分，新鲜的内皮呈鲜艳的黄色。日晒色牢度为+2，会染出质朴的金黄色。

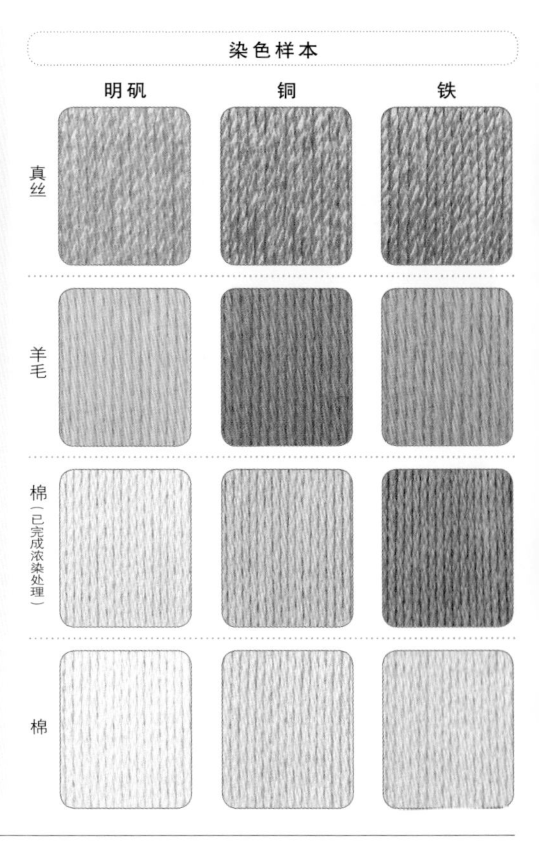


# 胡颓子

- 别称：蒲颓子、半含春
- 分类：胡颓子科胡颓子属
- 条件：栽种
- 部位：新鲜枝叶
- 采集・染色日：4月22日
- 采集・染色地：奈良县
- 浓度：染料200g/线100g

**植物记录・染色要点**

胡颓子品种众多，每一种都会结出大量果实，果实虽然可以生吃，但口感较涩，可以用来泡药酒。胡颓子是一种易于栽种，并且可爱的常见庭院树种。

染色样本是用 4 月的新鲜胡颓子枝叶染色而成的。这个时候正是花朵、果实集聚能量的时期，所以染出的颜色较淡。用不同媒染方法染出的颜色几乎没有色差。日晒色牢度方面，棉会有些褪色。

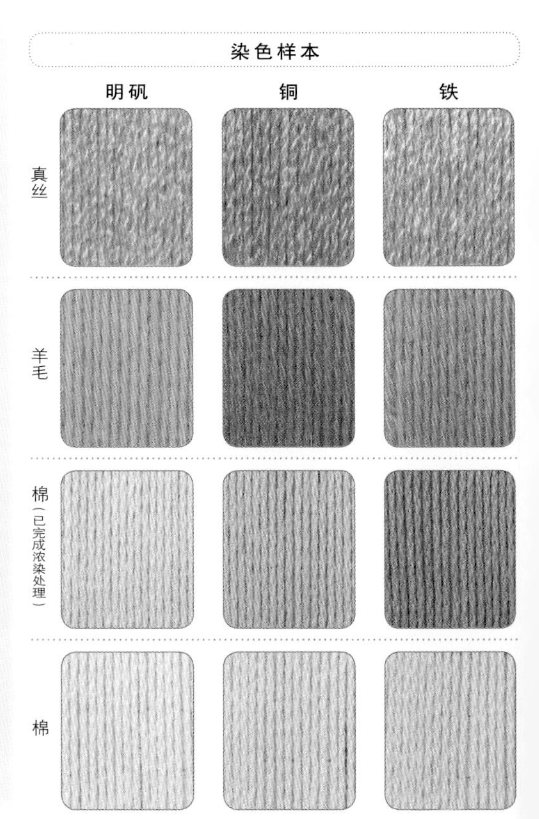

# 蓬虆

- 别称：森林草莓
- 分类：蔷薇科悬钩子属
- 条件：野生
- 部位：新鲜地上部分
- 采集·染色日：5月15日
- 采集·染色地：奈良县
- 浓度：染料250g/线100g

**植物记录·染色要点**

每年4月蓬虆都会开出白色的小花，到了5～6月会结出许多圆圆的果实。我小时候经常摘下红红的成熟果实放到嘴里就吃。它也被称为野草莓，不过这是长在野外的草莓的总称，p.111中茅莓的别称也叫作野草莓。

染色样本是用果实成熟之前的蓬虆的地上部分染色而成的。日晒色牢度良好。蓬虆群生，所以很容易被发现并采集，由于蔷薇科的植物茎部都有刺，在采集的时候请小心不要被刺弄伤。

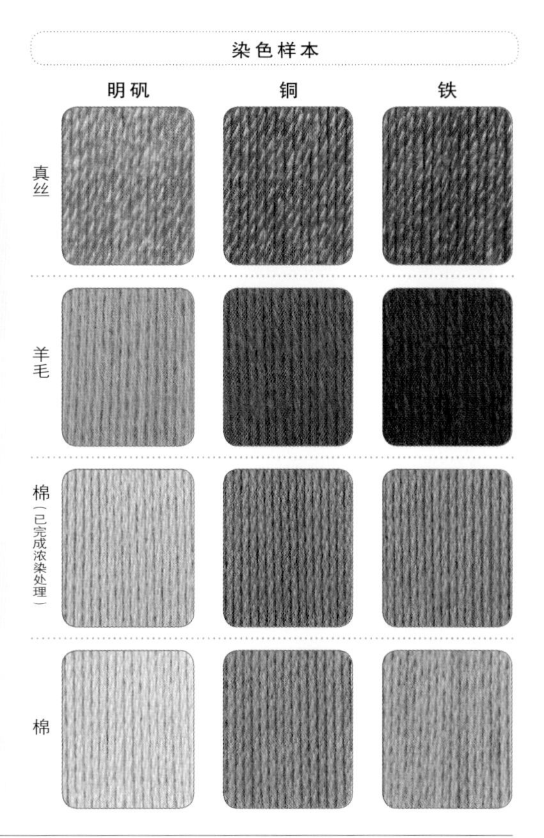


# 栗树

- 别称：栗
- 分类：壳斗科栗属
- 条件：栽种
- 部位：干燥果皮
- 采集期：2009年10月
- 染色日：6月7日
- 染色地：埼玉县
- 浓度：染料50g/线100g

**植物记录·染色要点**

栗树是一种非常有趣的植物，它的枝、叶、树皮、刺球、果实外皮以及果实内皮都可以用来染色，而且染色材料不同，染出的颜色也会有所变化。

染色样本采用的是我在日本传统点心店里要来的干燥后的栗子的外皮，染出了整体偏红的深米黄色。尚未成熟的刺球经过铁媒染后会染出深灰色，果实内皮经过小苏打加明矾的熬煮后会染出红色，用树皮和枝叶会染出比染色样本稍微深一点的颜色。日晒色牢度良好。

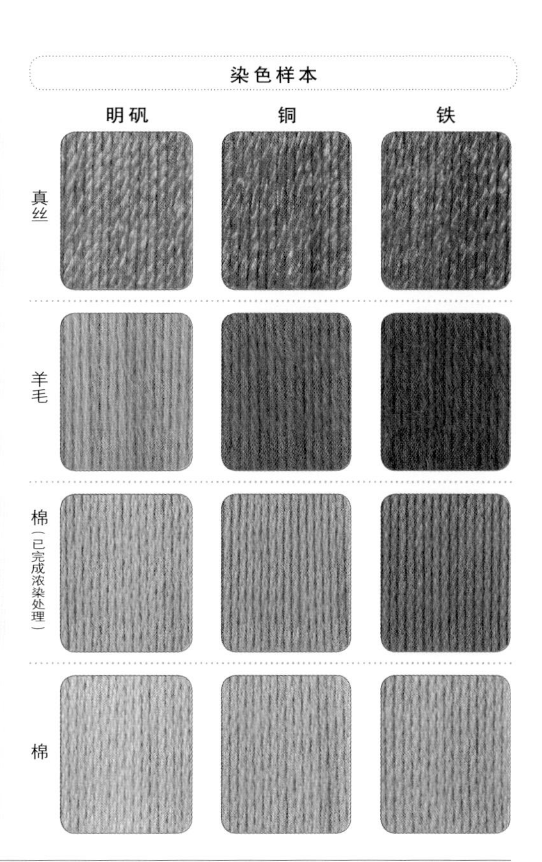

# 胡桃

- 别称：核桃
- 分类：胡桃科胡桃属
- 条件：野生
- 部位①：叶
  部位②：尚未成熟的果实
- 采集·染色日：6月30日
- 采集·染色地：爱知县
- 浓度：染料200g/线100g

**植物记录·染色要点**

胡桃是可以染出偏红色的褐色的染料植物，其中最能够染出这种颜色的是它夏季尚未成熟的果实。

采集到胡桃尚未成熟的果实后，要准备好工作手套、小刀和装有水的容器，用小刀将果实剥开后直接放入容器中进行熬煮。剥开后的未成熟果实一接触空气，很快就变成褐色，连工作手套也会被染成褐色。胡桃如果不新鲜的话就染不出深褐色，所以采集到胡桃枝叶后要立即进行熬煮。

染色样本分别用胡桃的新鲜未成熟果实和叶进行了染色对比，分别用水提取染液和碱提取染液进行了染色试验，图片中尚未成熟的果实的染色样本由用碱提取出的染液染色而成，但是染出来的颜色并没有什么变化。用不同的媒染方法染出的颜色几乎没有色差，羊毛可以染出非常漂亮的红褐色。日晒色牢度非常好。

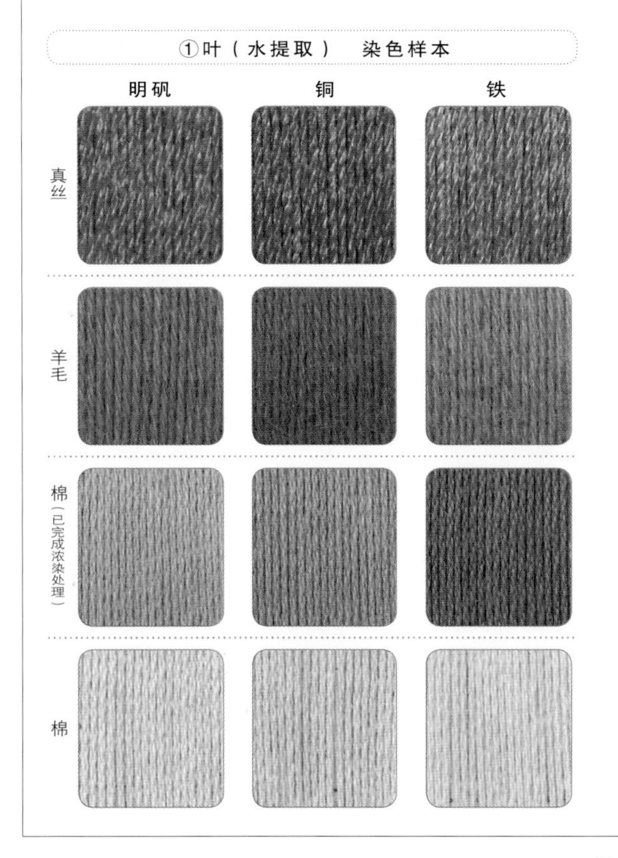


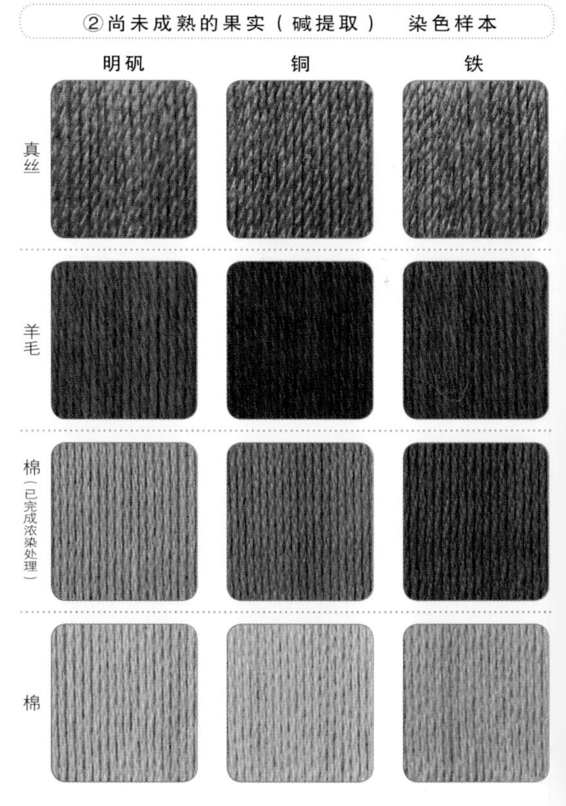

# 胡桃木烟熏碎木片

●分类：胡桃科胡桃属
●条件：市场有售
●部位：干燥心材碎木片
●染色日：6月10日
●染色地：千叶县
●浓度：染料200g/线100g

**植物记录·染色要点**

市场上出售的干燥胡桃材料有很多种，例如胡桃木心材、胡桃壳、胡桃外果壳，等等。胡桃是一种材料不够新鲜就染不出颜色的植物，如果用干燥材料还能染出褐色这样的颜色吗？抱着这样的疑问我做了10个样本的染色试验。像晒干的梅子大小的干燥果实（见p.82的图片）好像有染色的可能，但是结果并不理想。

染色样本是将烟熏碎木片经过普通熬煮染色而成的。铁媒染后会染出褐色，其他的媒染方式如果进行重复染色会染出饱满的褐色。日晒色牢度良好。

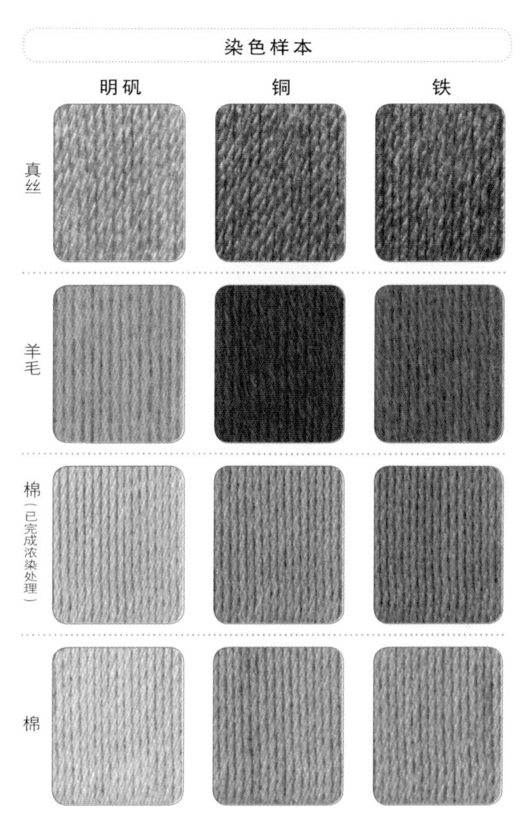


# 榉树

●别称：榉、光叶榉树
●分类：榆科榉属
●条件：栽种
●部位：新鲜枝叶
●采集·染色日：6月15日
●采集·染色地：爱知县
●浓度：染料200g/线100g

**植物记录·染色要点**

榉树木材坚硬，纹理美观，是我现在居住的埼玉县的一种常见榆科落叶乔木。从浦和到所泽市的路上就种有行道树全长17千米，共有2417棵榉树，这条路是日本最长的种有行道树的路。

染色样本是用新鲜的榉树枝叶染色而成的。可以染出从米黄色到褐色之间的颜色。采集时间不同，染色效果不同，明矾媒染后也可以染出偏红色的米黄色。棉的上色效果很好，日晒色牢度也不错。

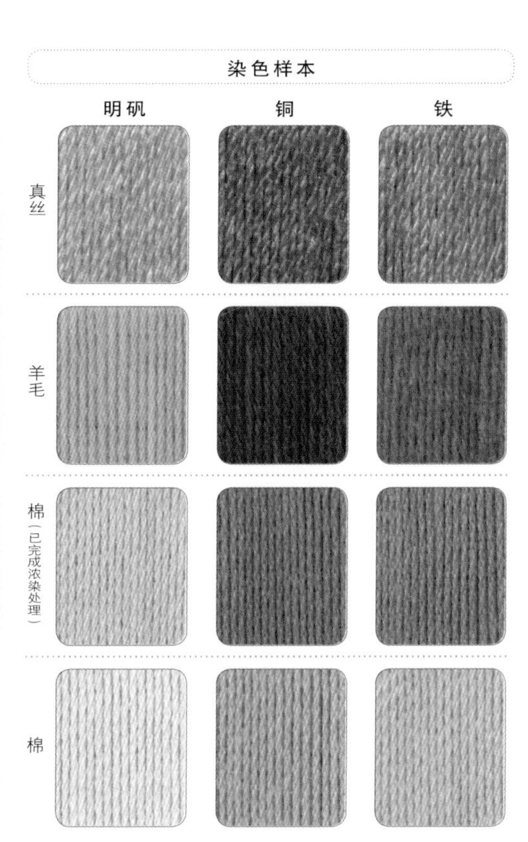

# 艳山姜

●别称：艳山红、枸姜、良姜
●分类：姜科山姜属
●条件：栽种
●方法：碱提取
●部位①：根
浓度：染料100g/线100g
●部位②：叶
浓度：染料200g/线100g
●采集日：4月1日
●采集地：冲绳县
●染色日：4月10日
●染色地：埼玉县

**植物记录·染色要点**

大家都知道冲绳的点心“鬼饼”吧。用饼粉和黑糖制作，然后用艳山姜的叶子将饼包起来放入蒸锅中蒸，可以说这是冲绳版的笹（小竹）团子。用艳山姜的叶子包裹可以起到抗菌和增香的作用。此次共有3个染色样本，分别用叶子加比例为200%的水提取的染液染色、叶子加比例为200%的碱提取的染液染色以及根部加比例为100%的碱提取的染液来染色。

这里没有列出用水熬煮叶子提取出的染液染出的染色样本，它的颜色同用碱提取根部得到的染液染出的颜色大致相同。

艳山姜在小笠原也叫作束果，有着捆扎的意思，如果想对什么物品进行捆扎，可以将身边艳山姜的叶子作系带使用。

这种能染出鲜艳颜色的植物就野生于我们身边，作为捆绑带子的替代物被日本人广泛使用。羊毛、棉经过明矾媒染后的日晒色牢度为-1～2，真丝的日晒色牢度良好。

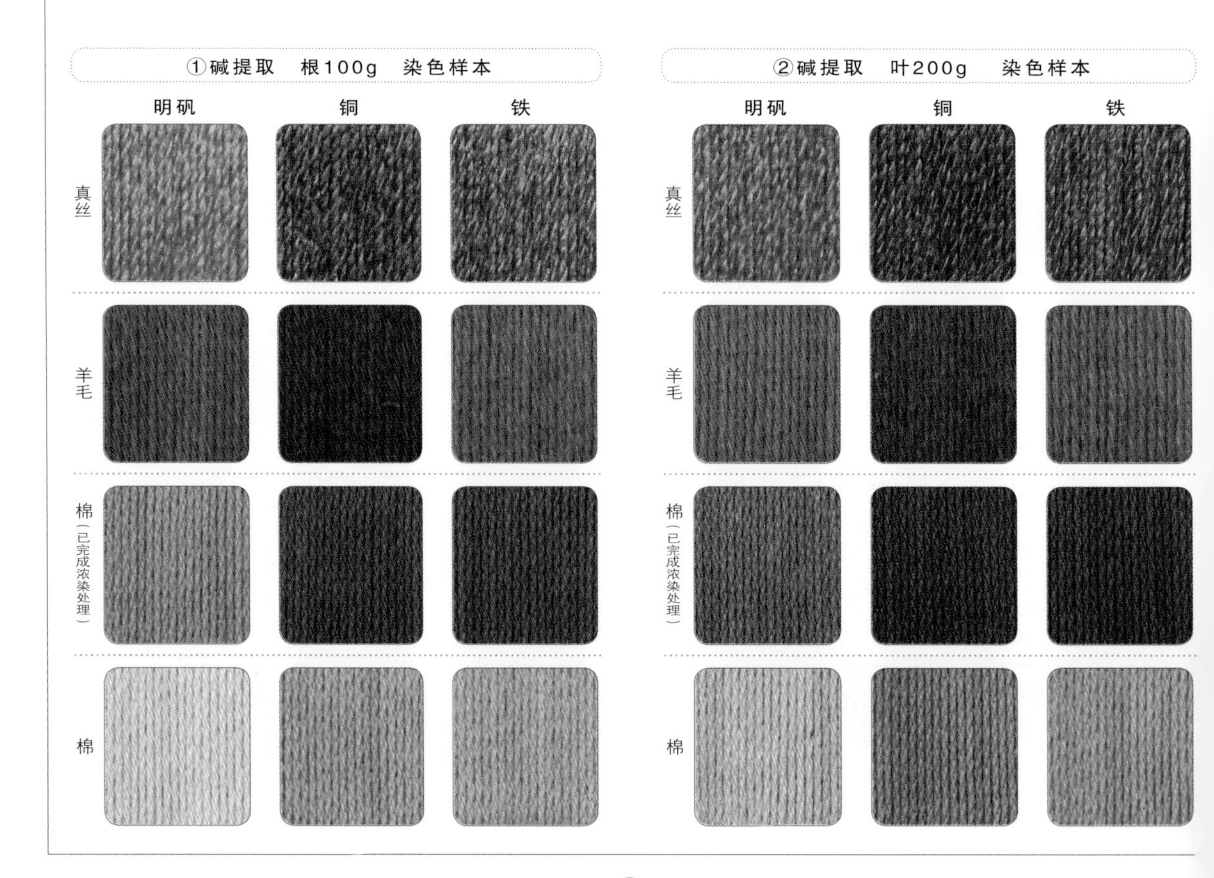

# 金松

- 别称：日本金松、伞松
- 分类：金松科金松属
- 条件：野生
- 方法①：水提取
  方法②：碱提取
- 部位：新鲜树皮
- 采集日：3月8日
- 采集地：长野县
- 染色日：3月13日
- 染色地： 埼玉县
- 浓度：染料200g/线100g

**植物记录·染色要点**

和歌山县的高野山上长有许多杉树，杉树的枝叶可用作供奉祭祀的佛花，其枝干也可用于修缮寺庙等。高野山的杉树日渐成为一种品牌，不知道何时金松（在日语中发音与“高野山的杉树”一样）就成为其学术上的名称了。

金松是一种生长迟缓的树木，一开始一年只生长10cm左右，而且在生长的过程中，金松的树皮会像换皮一样脱落。此次染色样本以金松树皮为染色材料，分别用水提取染液和碱提取染液的方法进行了染色对比。铜媒染后会增加红色的色泽，但是看起来也并没有什么特别。各种方法染色后的日晒色牢度都很好。

宠物店中也有金松的存在哟，宠物店常用的狗狗口腔清洁剂中就含有金松提取物，因为金松的有效成分可以预防宠物狗的口臭以及牙周炎等问题。

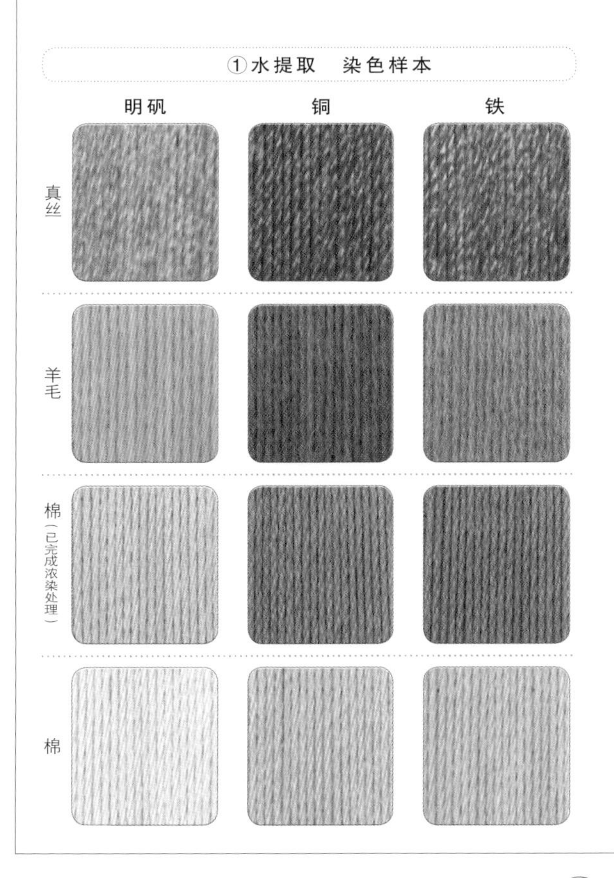


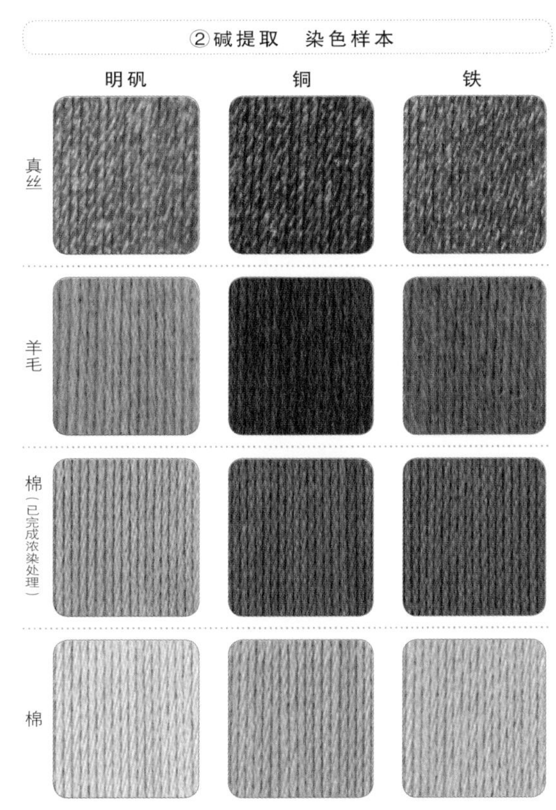

# 月橘

- 别称：九里香、七里香、千里香
- 分类：芸香科九里香属
- 条件：栽种
- 方法①：水提取
  方法②：碱提取　不中和
- 部位：新鲜枝叶
- 采集日：4月20日
- 染色日：4月26日
- 采集・染色地：埼玉县
- 浓度：染料200g/线100g

**植物记录・染色要点**

月橘的小叶呈非常漂亮的卵形，白色小花芳香浓郁，果实成熟后为朱红色，是一种非常有人气的观叶植物，在冲绳常常被用于灌木篱笆。由于月橘的枝干十分光滑，在日本也有人称之为真丝茉莉。月橘的叶子可以作咖喱等香辣调味料的配料来使用。由于其花香浓郁幽远，月橘在中国还有一个名字，叫作九里香。其果实成熟后变成朱红色，既可以生吃，也可以用来制作果酱。

我的一位朋友听说用月橘的枝叶可以染出绿色，于是自己种植了月橘，染色样本中采用的就是我从朋友那里索要而来的月橘的枝叶，并且将嫩叶分别用水提取染液和碱提取染液的方法进行了染色对比。在用水提取法染色时，真丝和羊毛经过铜媒染会染出非常漂亮的绿色。用碱提取法也会染出绿色。不管用哪种方法染色，染色后的日晒色牢度都很好。

关于月橘的得名，还有一种说法听起来非常浪漫，那就是月橘因其白色小花的香味在月夜中更加浓郁而得名。

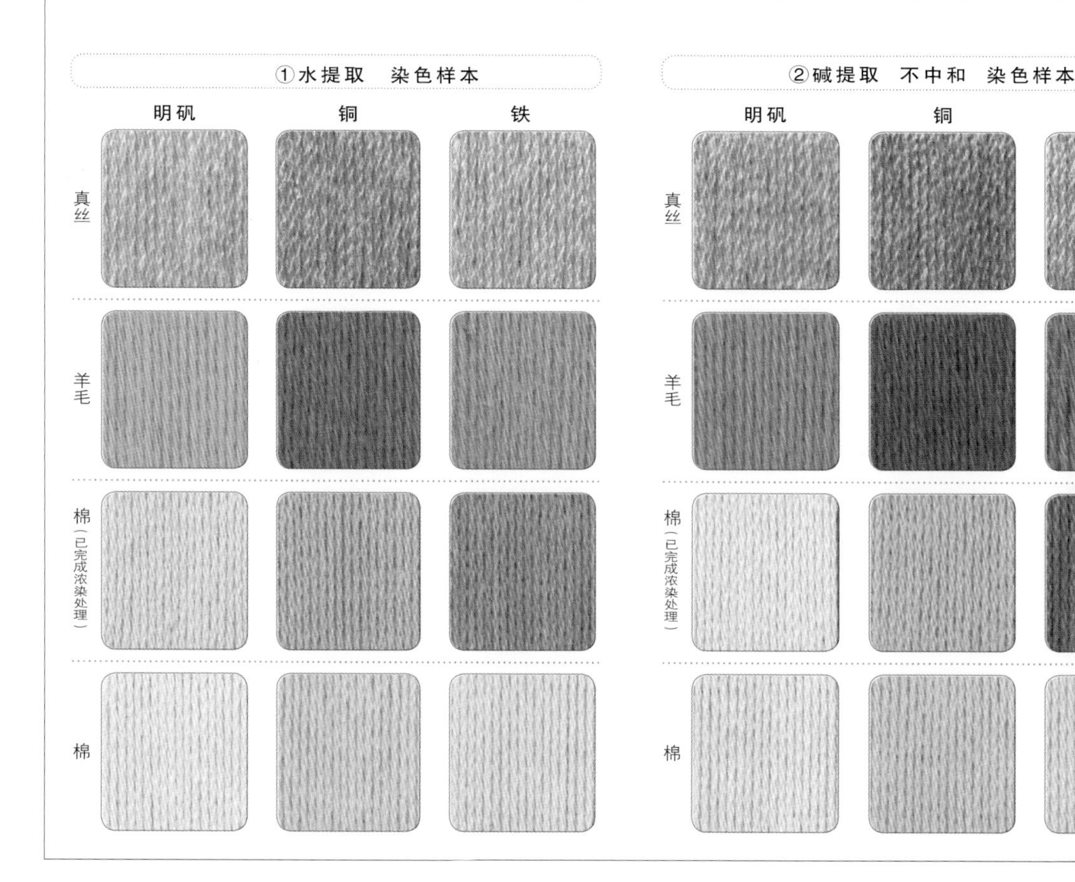

# 桑树

- 别称：桑
- 分类：桑科桑属
- 条件：野生
- 部位：新鲜叶
- 采集·染色日：7月5日
- 采集·染色地：埼玉县
- 浓度：染料200g/线100g

**植物记录·染色要点**

一提到桑树，我们会马上联想到喂蚕的桑叶，以及6月左右成熟的吃起来酸酸甜甜的黑色桑葚，其实桑树也是一种可以染出鲜艳黄色的优秀染料植物。染色样本采用了夏天结出果实之后的桑树的叶子。采集桑叶的地方在与群马县相邻的埼玉县北部地区。受到群马县养蚕业的影响，埼玉县北部有许多桑树林，而树林附近也长有许多野生的桑树。明矾媒染后可以染出黄色，铜媒染后会染出金褐色，铁媒染后会染出土黄色，这几种颜色都是富有魅力的颜色。日晒色牢度均非常好。

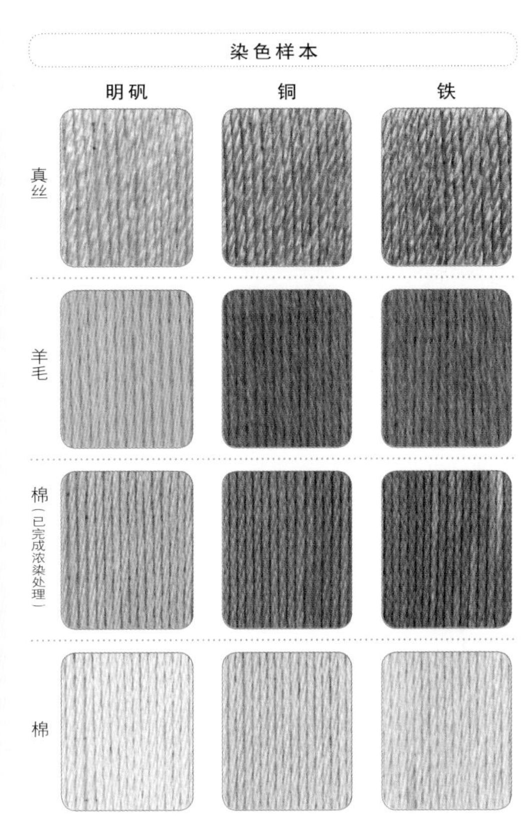


# 小构树

- 别称：楮
- 分类：桑科构属
- 条件：野生
- 部位：新鲜枝叶
- 采集·染色日：6月16日
- 采集·染色地：爱知县
- 浓度：染料200g/线100g

**植物记录·染色要点**

小构树的树皮是制作和纸的原料。不久前我得到了用于染色的小构树材料，在染色后我又剥下来树枝的表皮，将其重新放在氢氧化钠中熬煮提取出纤维质，再掺进牛奶包装盒中制作成了手作明信片。染色样本采用的是果实成熟时的小构树的新鲜枝叶，染出的颜色与同为桑科的桑树染出的颜色相类似，但是桑树染出的颜色更黄一些。日晒色牢度良好。

当小构树绿叶茂盛时可以放心地随便采集。

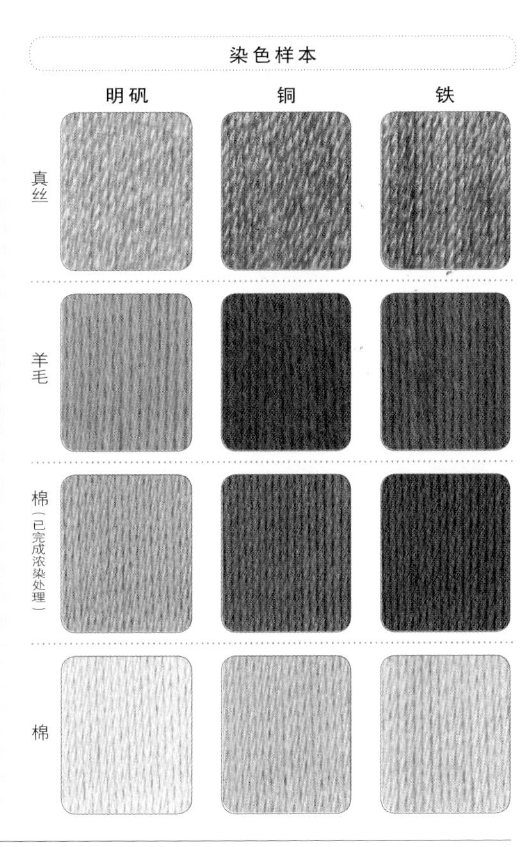

## 麻叶绣线菊

- 别称：麻叶绣球、悬铃
- 分类：蔷薇科绣线菊属
- 条件：野生
- 部位：新鲜枝
- 采集日：3月7日
- 采集地：长野县
- 染色日：3月13日
- 染色地：埼玉县
- 浓度：染料200g/线100g

**植物记录 · 染色要点**

麻叶绣线菊的花期在4月左右，白色小花堆簇在一起，像线球一样，其枝干弯曲呈拱形，看起来像是无力承担很重的东西一样。染色样本使用尚未发出新芽的新鲜枝染成。同属的粉花绣线菊的染色样本在p.97，金叶风箱果的染色样本见p.78。麻叶绣线菊和粉花绣线菊虽然同为绣线菊属植物，但它们染出的颜色截然不同，这令我很惊讶。

染色样本在染色时是将麻叶绣线菊放入水中熬煮后立即进行染色的，如果将染液放置1～2日会染出更深的颜色。日晒色牢度良好。

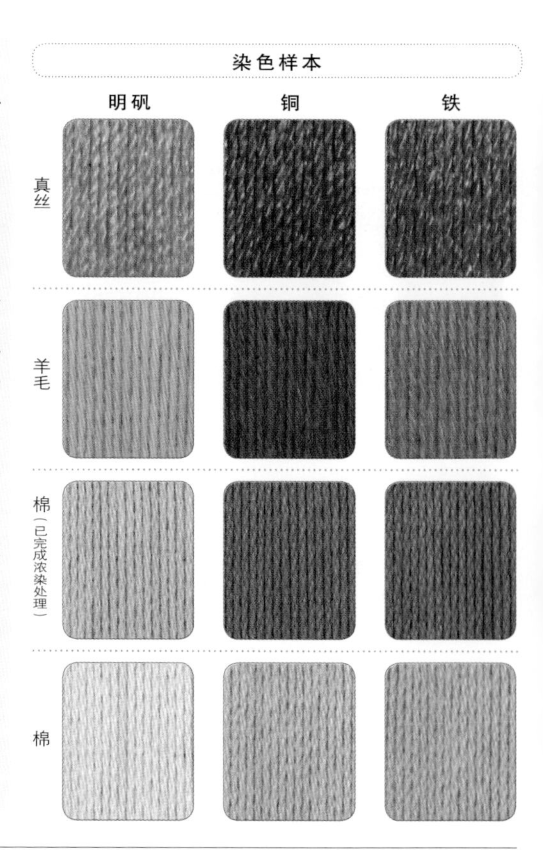


## 日本辛夷

- 别称：辛夷、皱叶木兰
- 分类：木兰科木兰属
- 条件：野生
- 部位：半干枝
- 采集日：3月12日
- 采集地：长野县
- 染色日：3月24日
- 染色地：埼玉县
- 浓度：染料200g/线100g

**植物记录 · 染色要点**

辛夷是春天来临之际第一个开花的植物。日本辛夷的花蕾和果实表面都呈现出凹凸不平的状态，如同人们握紧的拳头，所以取名辛夷（辛夷的日语发音与拳头相同）。采集与染色间隔了约两周的时间，这段时间内需要将新鲜日本辛夷放在报纸上摊开，晾成半干的状态。木兰属的树木染不出较深的颜色。p.126记录了木兰属另一种木兰的染色样本，请在染色时参照对比。日晒色牢度良好。

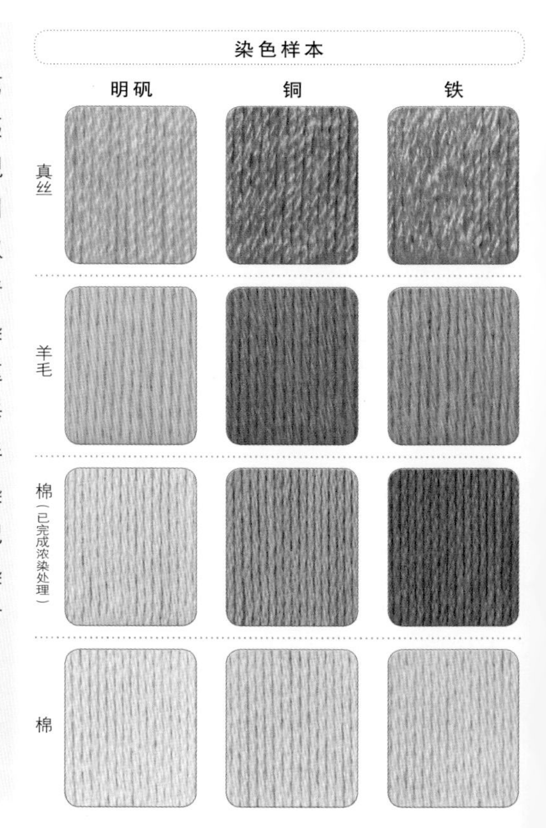

# 枹栎

- 别称：小楢
- 分类：壳斗科栎属
- 条件：野生
- 方法①：第一遍提取液
  方法②：用第一遍、第二遍提取液重复染色
- 部位：新鲜枝
- 采集日：3月11日
- 采集地：长野县
- 染色日：3月23日
- 染色地：埼玉县
- 浓度：染料200g/线100g

**植物记录 · 染色要点**

枹栎在日本是壳斗科中落叶树的总称，其中最有代表性的就是粗齿栎。粗齿栎在日文中写作“大楢”，从外形上做比较之后，枹栎在日文中便被命名为“小楢”。染色样本是用尚未发出新芽的嫩枝染色而成。我这儿有许多枹栎的嫩枝，所以在染色时做了3组染色样本进行对比，这3组染色样本分别用水提取的第一遍熬煮液进行染色、碱提取的第二遍熬煮液进行染色和水提取的第一遍、第二遍熬煮液进行重复染色。由于用碱提取法染出的颜色几乎与水提取法染出的颜色相同，所以染色样本中只列出了用第一遍提取液染色和两次提取液重复染色的染色样本。重复染色时铜媒染后染出了褐色，铁媒染后染出了灰色。日晒色牢度都非常好。

如果没有枹栎枝的话，也可以在秋天捡拾一些枹栎的果实来染色，效果也不错。

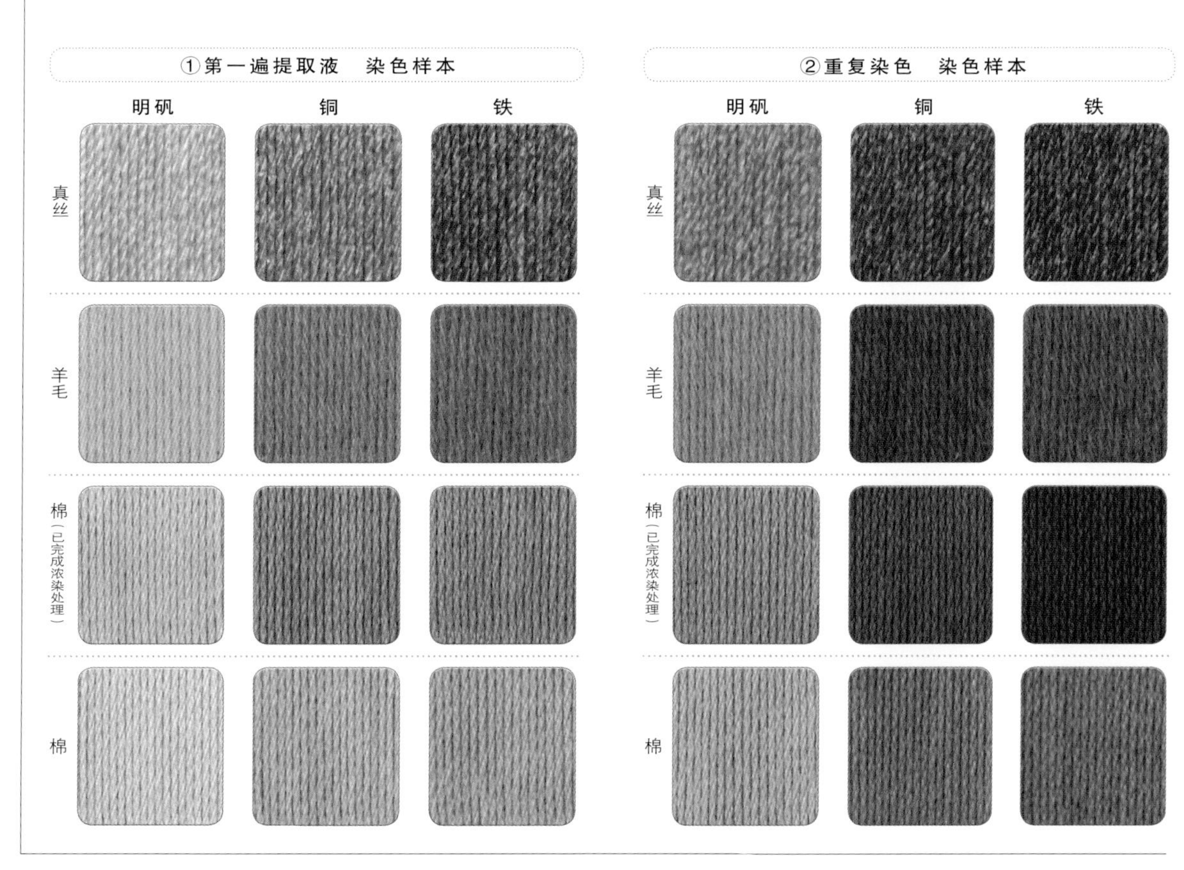

# 樱花树

- 别称：樱
- 分类：蔷薇科樱属
- 条件：栽种
- 方法①：水提取
  方法②：碱提取
- 部位：新鲜枝
- 采集·染色日：3月3日
- 采集·染色地：爱知县
- 浓度：染料200g/线100g

**植物记录·染色要点**

不怎么了解草木染的人听到用樱花来染色后一定会说道：“啊，太棒了！一定会染出非常美丽的绯红色吧。”非常遗憾，用植物染色并不一定会染出植物本身那样的颜色。我家附近的公园中种有花色纯正的八重樱，在樱花盛开的季节，一阵风吹过，樱花花瓣会如同雪花一般漫天飞舞。在本书的“花瓣染”这一部分中，我收集了一水桶的八重樱花瓣来染色。将花瓣在加入醋的水中用力揉搓，清澈的水就会变成红色，但是织物并不能染出这样的颜色。

下面的染色样本采用的是开花之前的新鲜树枝，分别用水提取法和碱提取法进行了染色对比。水熬煮出的染液会染出美丽的黄色、金褐色、灰色等颜色，而用碱提取法染色后再放入盐水中浸泡，就会染出如同樱花花瓣一般的粉红色。用水提取法染出的颜色的日晒色牢度都很好。棉在碱提取法中经过明矾媒染后会染出淡淡的颜色，但会有所褪色。真丝经过两种方法染色后的日晒色牢度都很好。

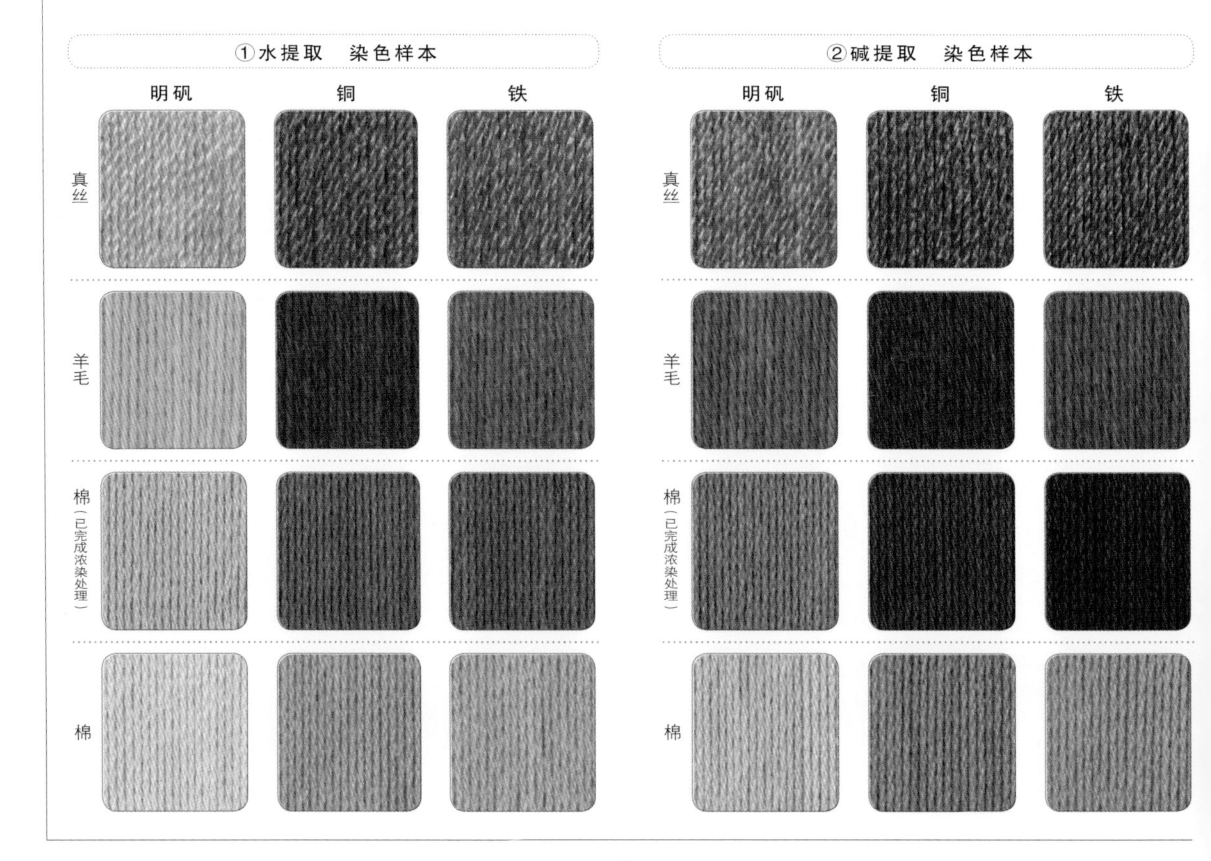

# 樱花树烟熏碎木片

●分类：蔷薇科樱属
●条件：市场有售
●方法①：水提取
　方法②：碱提取
●部位：干燥心材碎木片
●染色日：5月13日
●染色地：爱知县
●浓度：染料200g/线100g

**植物记录·染色要点**

最近流行起一股用煎盘制作熏烤料理的热潮。做法是在底部呈半球状的炒菜铁锅中放入用于熏烤的烟熏木片，木片上面放恰好能搭在锅上的铁网，在铁网上放培根和鲑鱼，盖上锅盖，用文火使烟熏木片的香味渗透进食材。每次去Home Center(日本一超市名)我都会采购一整套制作熏烤料理的材料，但其实我并没有单独制作过熏烤料理。用于增加食材香味的烟熏木片来自于天然树木的心材，我索性就把它们用作草木染的原料。

染色样本采用的是烟熏木片中的樱花树木片，分别用水提取和碱提取的方法进行染色对比。染色材料虽然不是樱花树开花之前的嫩枝，但是已经呈偏红色的某种颜色。我对这些樱花树的种类、什么时候被制作成木片之类的情况都不清楚，如果你想用樱花树染出漂亮的红色，最好使用开花之前的嫩枝。当然，也不能一概而论，但不论哪一种染色方法，染出的颜色日晒色牢度都很好。

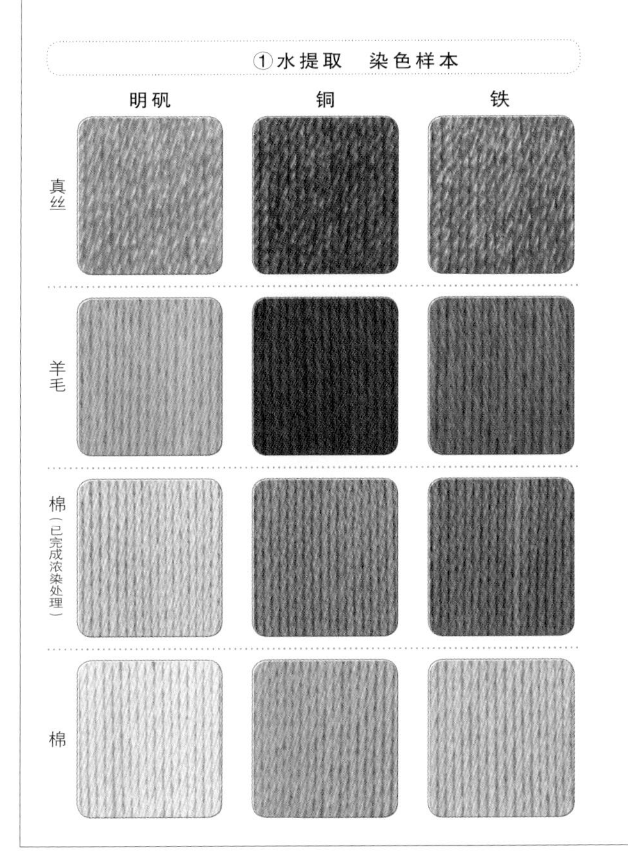


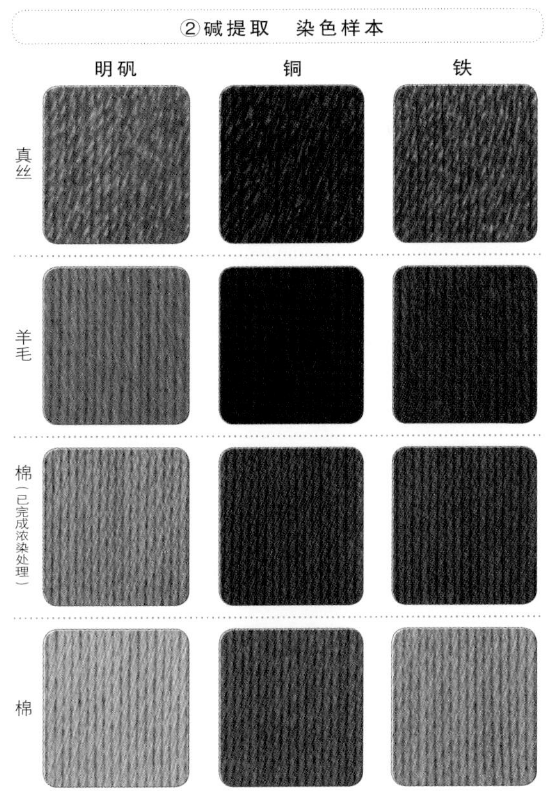

# 日本花柏

- 别称：花柏、黄杉、花柏树
- 分类：柏科扁柏属
- 条件：野生
- 方法①：水提取
  方法②：碱提取
- 部位：新鲜枝（树皮）
- 采集日：3月10日
- 采集地：长野县
- 染色日：3月15日
- 染色地：埼玉县
- 浓度：染料300g/线100g

**植物记录·染色要点**

日本花柏在外形上与日本扁柏十分相似，但是与日本扁柏相比，日本花柏的树枝较少，叶子顶端较尖，而且在生长过程中，日本花柏的树皮会脱落。染色样本采用野生花柏枝上的树皮染色而成，分别用水提取和碱提取的方法进行了染色对比。用水提取染液染色会染出偏红色的颜色，碱提取染液染出的颜色则更深一些。用这两种方法染出颜色的日晒色牢度都很好。

过去一直用于修建篱笆和围墙的树木现在几乎都用于装饰，这种树木现在被称为针叶树。大家所熟悉的圣诞树一般都由柏树装饰而成。

p.118 有用日本扁柏染色的样本，使用的是日本扁柏春天时的小枝叶。用日本花柏的枝叶也能染出与日本扁柏相同的颜色。

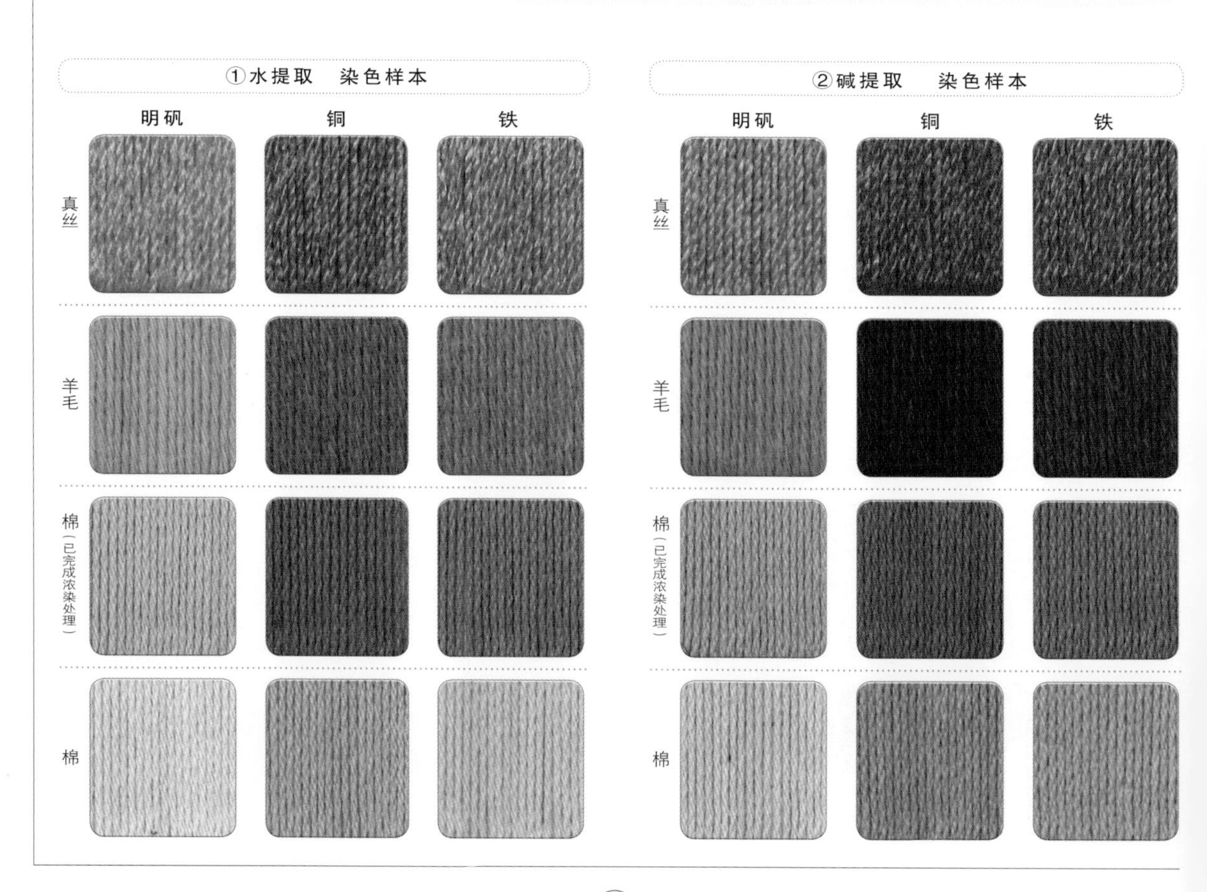

# 银叶树

- 别称：先岛苏方木
- 分类：锦葵科（小连翘科）银叶树属
- 条件：栽种
- 方法①：水提取
  方法②：碱提取
- 部位：新鲜枝叶
- 采集日：4月26日
- 采集地：冲绳县
- 染色日：5月1日
- 染色地：埼玉县
- 浓度：染料200g/线100g

**植物记录 · 染色要点**

日本西表岛上有一棵树龄达到400年的银叶树，它的长寿和形状特殊的板根，吸引了众多游客到西表岛游玩，它也因此成为西表岛有名的天然纪念物。银叶树是一种可以染出像苏方那样鲜艳的红色的树木，所以在日本又被叫作先岛苏方木。包括树叶在内，银叶树整株都很适合染色。从前人们用其根部来染红色，但是现在出于保护自然的观念，用其每年都会长出的枝、叶来染色更好。银叶树每年都会有许多种子掉落在地上，种子在湿润的土壤中会自然发芽，因此冲绳将这些种子和树苗当作特产来出售。

这里采用的是盆栽培育后移植到花园中的银叶树的新鲜枝叶，分别用水提取和碱提取的方法进行染色对比。虽然没有染出像苏木染色后那般鲜艳的红色，但是用水提取染液染出的颜色也是偏红色的。苏木经过明矾媒染后会褪色，银叶树与其不同，日晒色牢度良好。p.52有苏木的染色样本，大家可以参考一下。

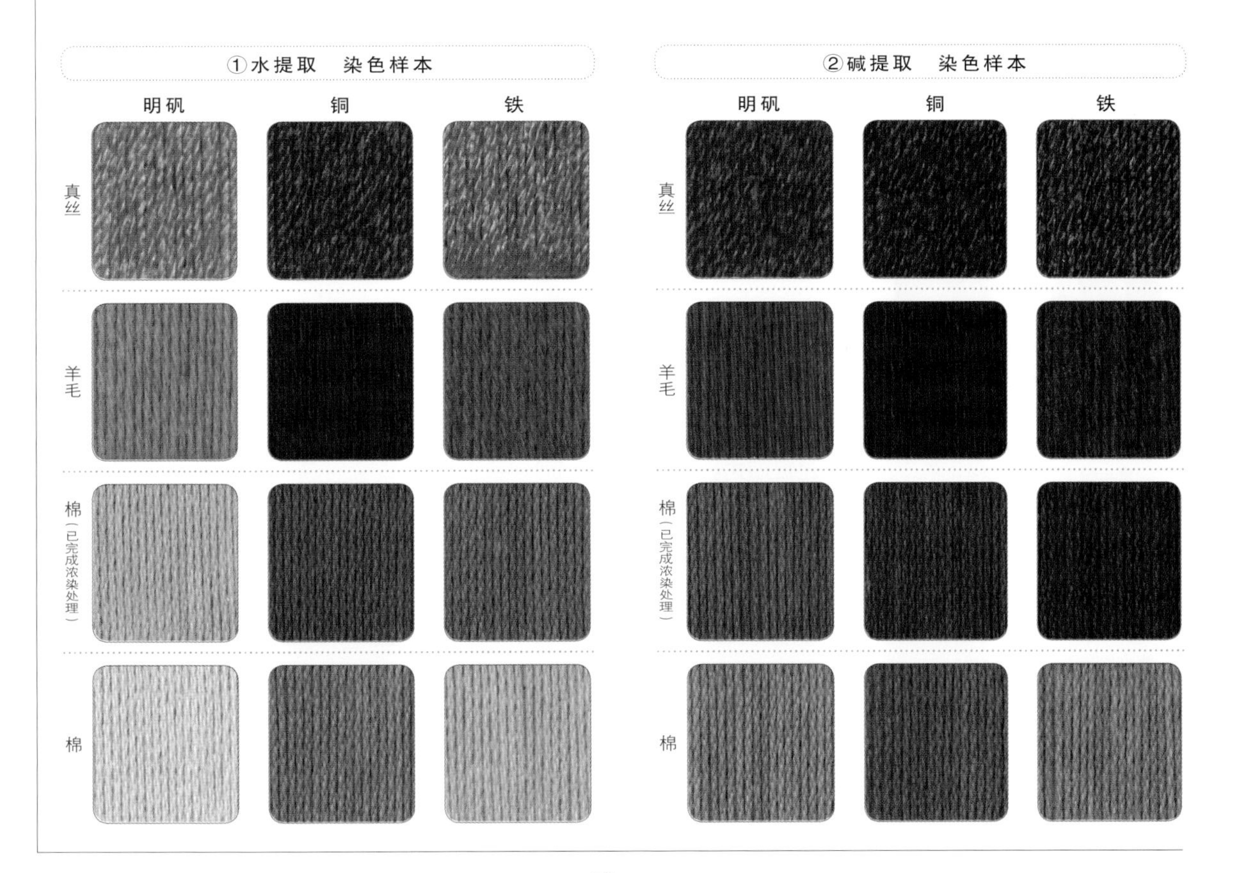

# 紫薇

- 别称：百日红
- 分类：千屈菜科紫薇属
- 条件：栽种
- 部位：新鲜枝叶
- 采集・染色日：6月29日
- 采集・染色地：埼玉县
- 浓度：染料200g/线100g

**植物记录・染色要点**

紫薇通常会开出红色的花朵，花期很长，能持续开花达100天左右，所以它还有一个名字叫作百日红。紫薇在生长过程中会脱掉原来那层树皮，树干表面十分光滑，颜色呈红色。紫薇的外形十分受人喜爱，所以我们经常能在庭院中看到作为庭院树出现的紫薇。

紫薇花有许多颜色，染色样本中使用的是用开红色花朵的紫薇开花前的枝叶。真丝和羊毛经过铁媒染后会染出暗红色。日晒色牢度为+1，日晒后整体上颜色会稍微有所加深。

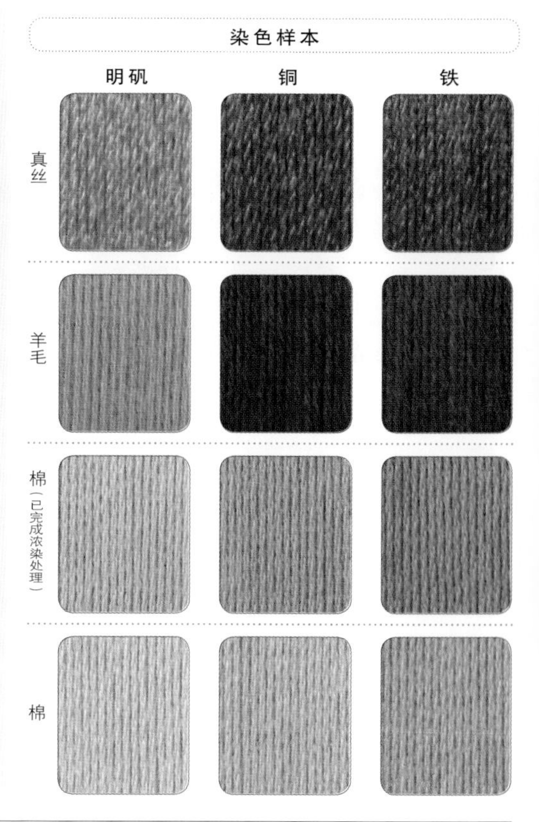


# 珊瑚树

- 别称：日本珊瑚树、法国冬青、旱禾树
- 分类：忍冬科荚蒾属
- 条件：栽种
- 部位：新鲜叶
- 采集日：4月20日
- 采集地：冲绳县
- 染色日：4月25日
- 染色地：埼玉县
- 浓度：染料200g/线100g

**植物记录・染色要点**

珊瑚树果实的外形很像珊瑚的加工品，所以该树被命名为珊瑚树。染色样本使用的是用珊瑚树嫩叶，p.73有同为荚蒾属的荚蒾的染色样本。只需要将深绿色嫩叶放在水中熬煮便可以染出粉红色、红褐色这样的颜色。荚蒾的上色效果也不错，只不过珊瑚树染出的颜色中红色更多一些。

我曾经尝试过用碱提取的方法进行染色，但是失败了。真丝的日晒色牢度良好，羊毛和棉经过明矾媒染后会稍微有所褪色。

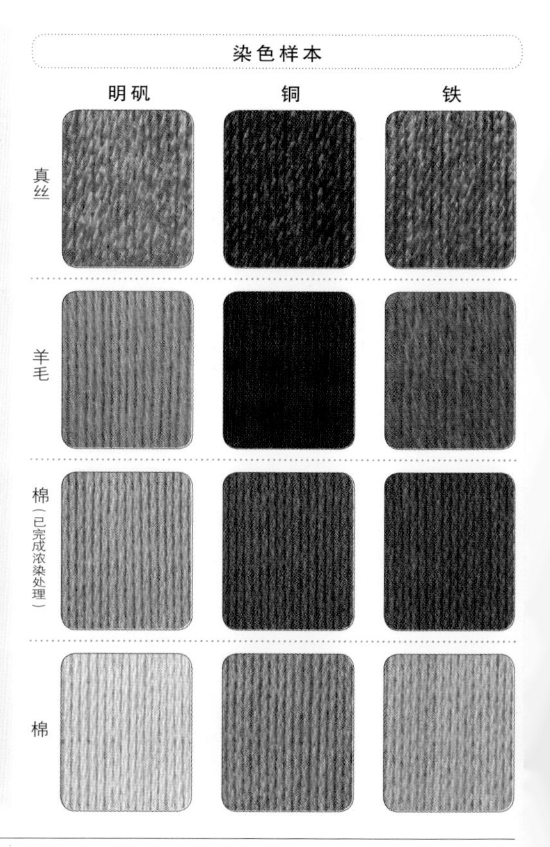

## 毒八角

●别称：红茴香、莽草
●分类：八角科八角属
●条件：栽种
●部位：新鲜枝叶
●采集·染色日：6月9日
●采集·染色地：爱知县
●浓度：染料200g/线100g

**植物记录·染色要点**

毒八角春天开花，秋天果实成熟，其果实状似八角形。八角也是同属于八角属的树木，它的果实就是大家所熟悉的中餐中必不可少的调味料——八角（大料、八角茴香）。毒八角和八角的外形十分相似，很容易认错，但是与八角不同的是，毒八角的果实含有剧毒。可以放心的是在染色过程不会出现误认的情况，因为在熬煮毒八角时会出现一股非常强烈的臭味。

染色样本使用的是新鲜枝叶，日晒色牢度为 +1，会染出偏褐色系的颜色。

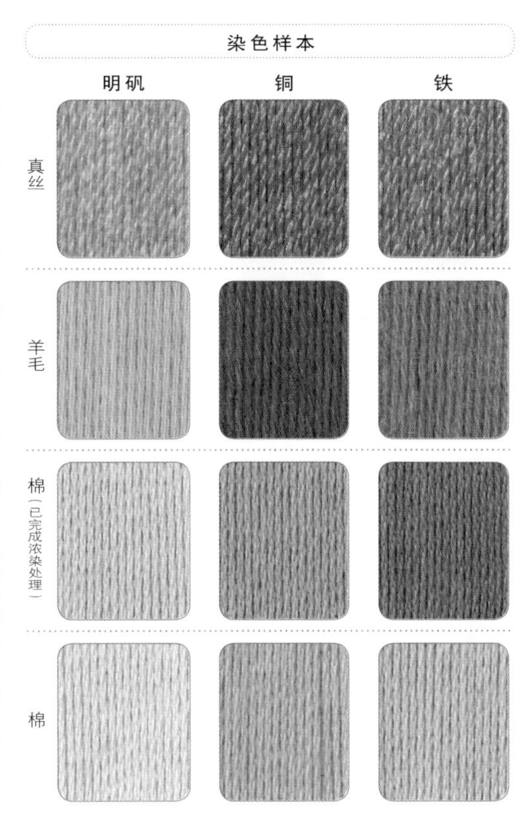


## 椴树

●别称：椴木、大叶椴
●分类：锦葵科椴树属
●条件：野生
●部位：新鲜枝
●采集日：3月8日
●采集地：长野县
●染色日：3月13日
●染色地：埼玉县
●浓度：染料200g/线100g

**植物记录·染色要点**

日本山形县的一些地区生产一种名为科布的织物，这种织物是从椴树的树皮中提取纤维纺织而成的。阿伊努人制作民族服装所用的厚司布也是用青榆和椴木的树皮制作而成的。

染色样本使用的是长出新芽之前的新鲜树枝，染出了令人惊艳的偏红色的颜色。我曾经也尝试使用碱提取的方法来染色，但是没有什么特别的颜色变化。关于日晒色牢度，除了真丝经过媒染后的日晒色牢度是 –2 之外，经过其他方式媒染的织物几乎都不会褪色。

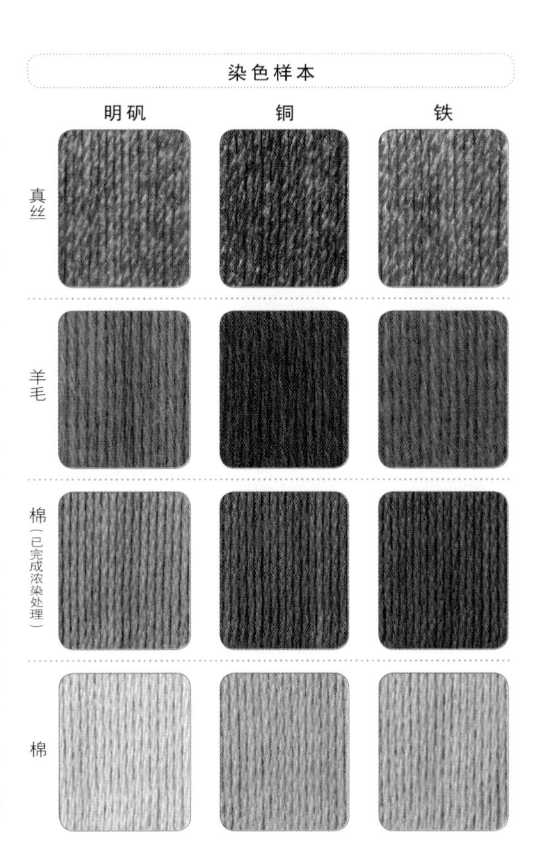

# 光蜡树

- 别称：台湾白蜡树
- 分类：木犀科梣属
- 条件：栽种
- 部位：新鲜枝叶
- 采集・染色日：5月30日
- 采集・染色地：奈良县
- 浓度：染料300g/线100g

**植物记录・染色要点**

光蜡树叶面光滑，细细的小叶簇生在一起的样子让人赏心悦目，它是最近非常有人气的一种树。光蜡树生长速度较快，其心材常被用来制作家具，市场上出售的大部分是供室内观赏的盆栽光蜡树。

染色样本采用的是为修剪树枝而剪掉的光蜡树的新鲜枝叶。羊毛的上色效果不错，明矾媒染后会染出深黄色，铜媒染后会染出金褐色，铁媒染后会染出灰色，这些都是常用的颜色。日晒色牢度都非常好。

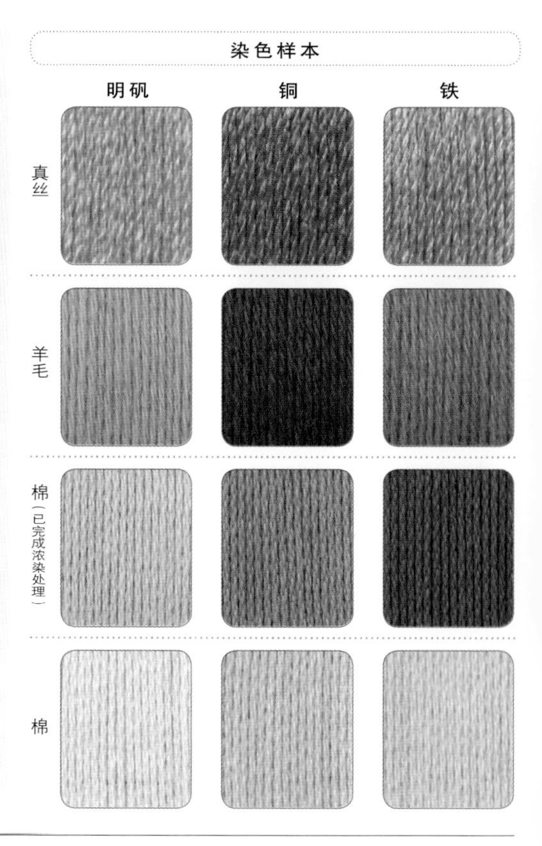


# 棕榈

- 别称：棕树、山棕
- 分类：棕榈科棕榈属
- 条件：栽种
- 部位：新鲜叶
- 采集・染色日：4月8日
- 采集・染色地：爱知县
- 浓度：染料200g/线100g

**植物记录・染色要点**

棕榈是生长于热带和亚热带地区的棕榈科常绿乔木。由于具有生长缓慢并且不需要花费过多精力和时间的优点，它也是一种常见的庭院树。

染色样本使用的是用棕榈的嫩叶，由于一枚棕榈叶相当有分量，采集时将其分成小片再用来染色就会方便许多。铁媒染后没有什么反应，明矾媒染后会染出深黄色，铜媒染后会染出金褐色，日晒色牢度都很好。虽然我还没有用棕榈树皮做过染色实验，但感觉用树皮部分也可以染出有趣的颜色。

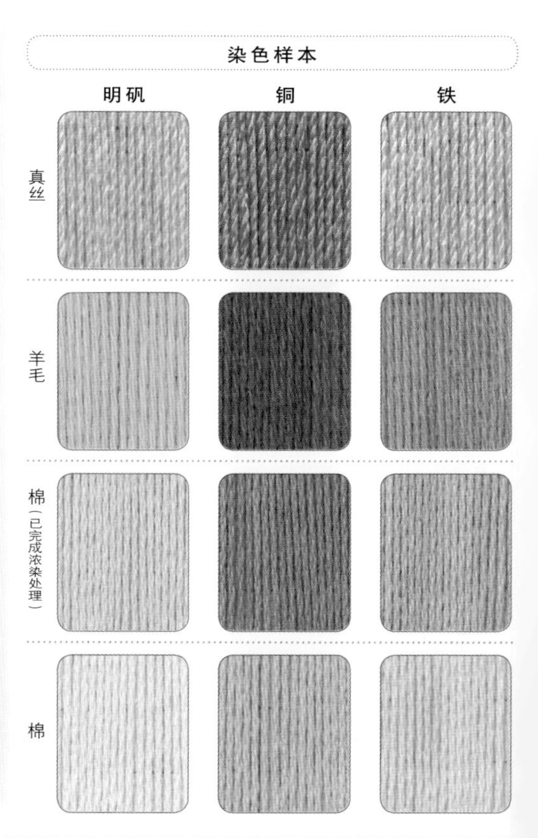

# 粉花绣线菊

- 别称：柳叶绣线菊、蚂蟥草、珍珠梅
- 分类：蔷薇科绣线菊属
- 条件：野生
- 部位：新鲜枝叶
- 采集·染色日：6月16日
- 采集·染色地：爱知县
- 浓度：染料200g/线100g

**植物记录·染色要点**

在现在的日本栃木县中南部有一个古代日本旧国，这个旧国叫作下野国，而在这里培育起来的这种植物就叫作绣线菊（日语中绣线菊和下野的发音相同）。种植绣线菊的目的就是将其作为染色植物使用。染液提取的传统方法是先将粉花绣线菊放入灰水中熬煮，然后用准备好的醋进行染色，也就是现在的酸提取法。染色样本使用的是花期结束之后的粉花绣线菊的枝叶。这里虽然没有使用古法而是采用了水提取法，但也染出了较深的颜色，日晒色牢度非常好。

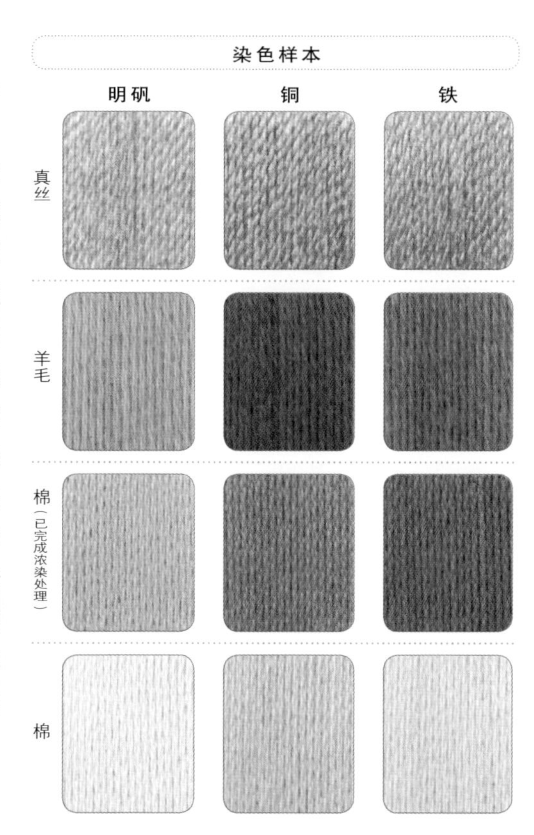


# 金银花

- 别称：银藤、金银藤、忍冬、鸳鸯藤
- 分类：忍冬科忍冬属
- 条件：野生
- 部位：新鲜枝叶
- 采集·染色日：3月3日
- 采集·染色地：爱知县
- 浓度：染料200g/线100g

**植物记录·染色要点**

每逢春天，空气里都会弥漫着金银花甜甜的香味，小时候的我会跑去摘下金银花的花朵放在嘴里吸食花蜜，正是因为这一点，它才会在日本被叫作吸葛吧。金银花一开始会开出白色花朵，而后渐渐变成黄色，这样，一根枝丫上能开出两种颜色的花，所以它也叫作金银花。金银花的英文名叫作honeysuckle，可能是因为在海外大家都很喜爱它那甘甜的花蜜吧。这里使用的是早春时节开花之前的枝叶。之前我曾用夏天的金银花来染色，但是染出的颜色多少会有些褪色，这次用早春的金银花染出的颜色则没有褪色。

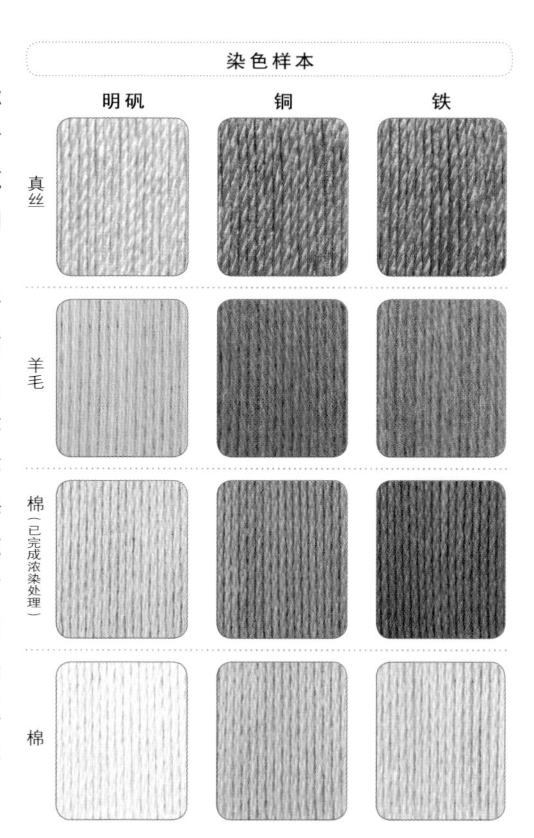

# 杜鹃（花期前）

- 别称：映山红、尺无树
- 分类：杜鹃花科杜鹃属
- 条件：栽种
- 方法①：水提取
  方法②：碱提取
- 部位：新鲜枝叶、花蕾
- 采集・染色日：4月21日
- 采集・染色地：埼玉县
- 浓度：染料200g/线100g

**植物记录・染色要点**

杜鹃在日本也叫作尺无树，这是由于其枝丫弯弯曲曲的，能伸直的部分连一尺（约33cm）都不到。染色样本是用带有花蕾的杜鹃的枝叶染色而成的，分别用水提取和碱提取的方法进行了染色对比。这里用来染色的是能开出红色花朵的属于原有品种的杜鹃。杜鹃原本只能开出白色、粉红色和黄色的花朵，现在改良后的品种则能开出很多颜色，包括蓝色、紫色等。这种经过改良的园艺品种统一叫作西洋杜鹃。

水提取后又经过媒染的颜色没有太大变化。棉的上色效果不错。杜鹃是一种日晒色牢度良好的染料植物。碱提取后染出的颜色也没有什么变化，整体颜色偏红，特别是铜媒染后会染出深红褐色。用碱提取法染色的棉在媒染后的日晒色牢度为 –1。真丝染色后的日晒色牢度良好。

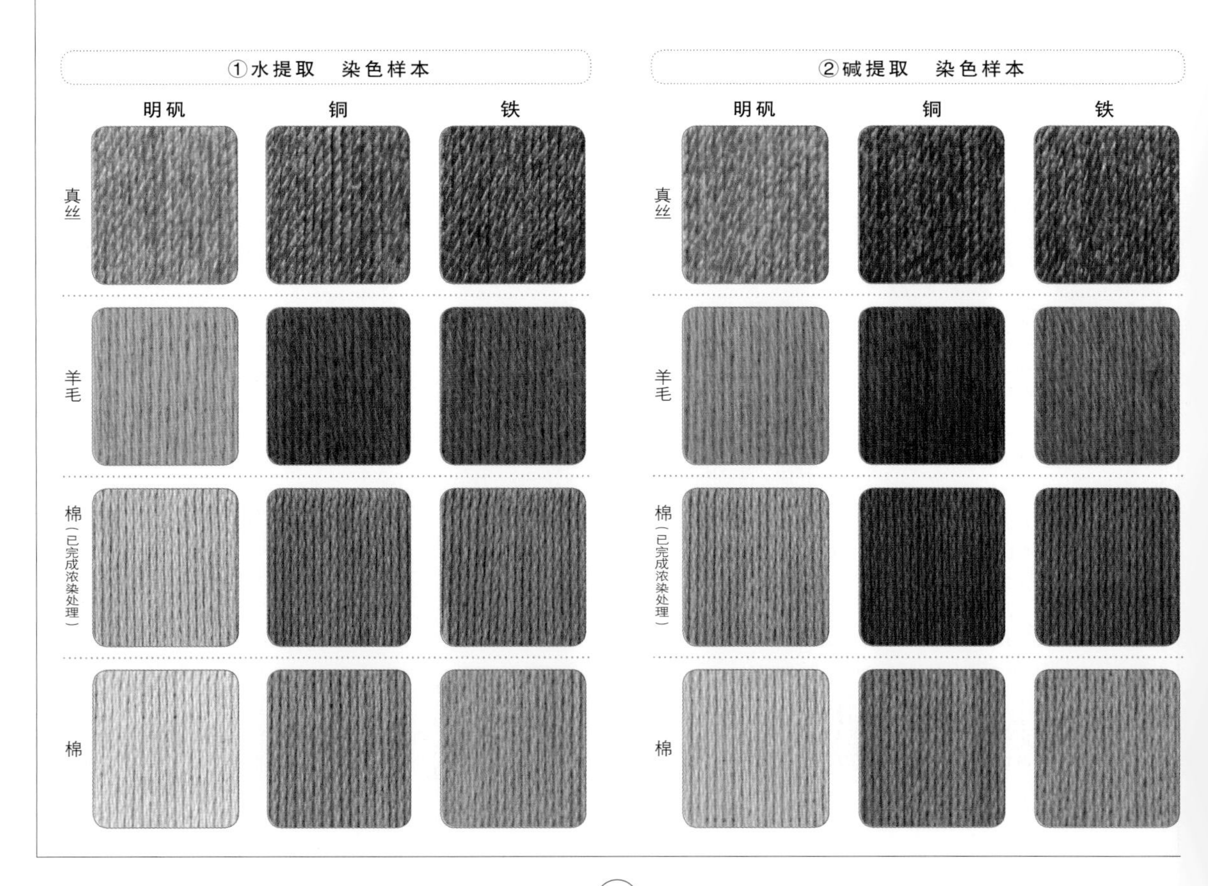

# 三椏乌药

●别称：檀香梅、郁金花
●分类：樟科山胡椒属
●条件：野生
●方法①：提取后直接染色
　方法②：提取3日后染色
●部位：半干枝
●采集日：3月11日
●采集地：长野县
●染色日：3月21日
●染色地：埼玉县
●浓度：染料200g/线100g

**植物记录·染色要点**

三椏乌药是一种会在天气尚未完全转暖时开出黄色小花的树木。由于其花朵颜色鲜艳，它的日文名字叫作郁金花（中文名：三椏乌药）。三椏乌药在日本还被称为檀香梅，从名字中就可以看出它会散发出浓郁的香味。染色样本采用的是花开之前的三椏乌药的嫩枝。拿到嫩枝后不能马上染色，要将嫩枝放置10天左右让其达到半干的状态，不过，即使过了这么多天，三椏乌药的枝丫还微微留有一些香气。染色样本仅经过一次染色就染出了如图所示的如此深的颜色。我尝试过将染液放置3天后再进行染色，但是染出的颜色没有太大变化，我也尝试过用碱提取法提取染液进行染色，染出的颜色也还是一样。三椏乌药是一种即使在水中熬煮后立即染色，也能染出很好的颜色的树木。真丝用两种染色法染色后的日晒色牢度都很好。羊毛和真丝经过明矾媒染有所褪色，但是偏红色的深色系颜色即使稍微有些褪色，也改变不了其美丽的本质。三椏乌药是一种我很喜欢的可作染料的树木，我会经常用它来染色。

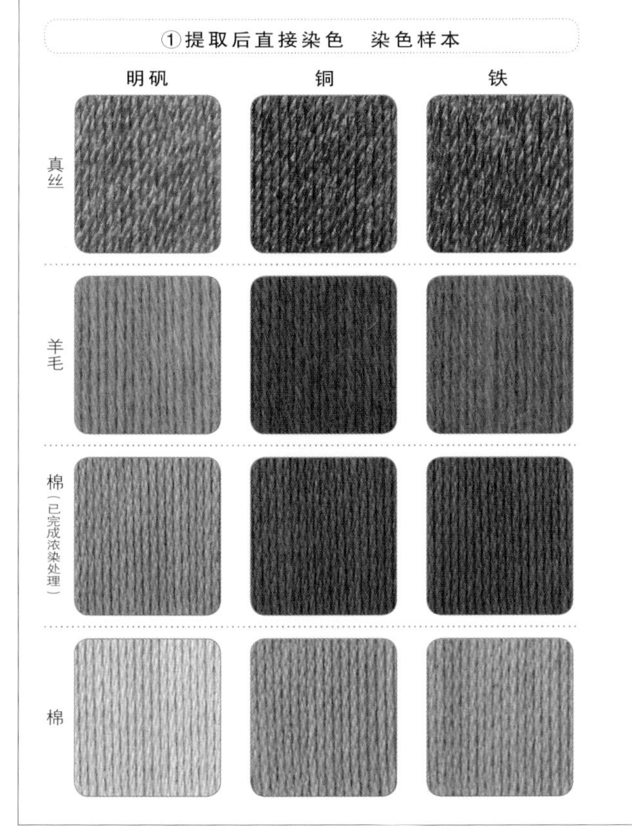


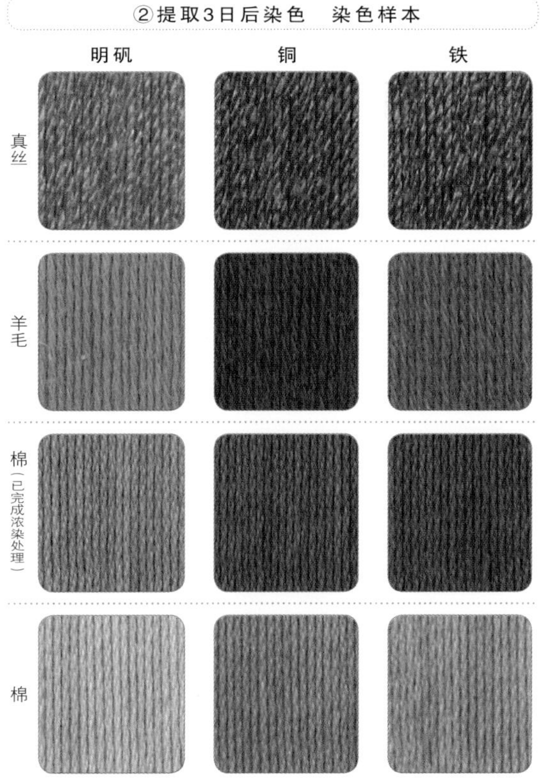

# 石斑木

- 别称：车轮梅、雷公树
- 分类：蔷薇科石斑木属
- 条件：野生
- 方法①：水提取
  方法②：碱提取
- 部位：新鲜枝干
- 采集日：4月20日
- 采集地：鹿儿岛县
- 染色日：5月11日
- 染色地：爱知县
- 浓度：染料200g/线100g

**植物记录·染色要点**

石斑木别称车轮梅，是日本奄美大岛制作大岛抽丝所必不可少的染料植物，其树皮含色素，心材也可以染色。奄美大岛的大岛抽丝即采用泥染的方法用石斑木来染色：将用石斑木染液染过的线浸入富含铁的稀泥里，一浸一拿反复操作50～60次便可染出黑色。染色样本采用的是奄美大岛野生石斑木的木材（直径15cm），分别用水提取和碱提取的方法进行染色对比。在奄美大岛，人们用石斑木染色时会在熬煮液中加小苏打，这就是我们所说的碱提取法。

水提取染液染色后日晒色牢度为+1，碱提取染液染色后真丝的日晒色牢度良好，羊毛和棉的日晒色牢度为–1。石斑木会开出像樱花一样美丽的花朵，在受污染的环境中也能存活，生命力很强，因此在关东地区常被用作行道树。如果您想用干燥的心材碎片染色，在市场上就可以买到。

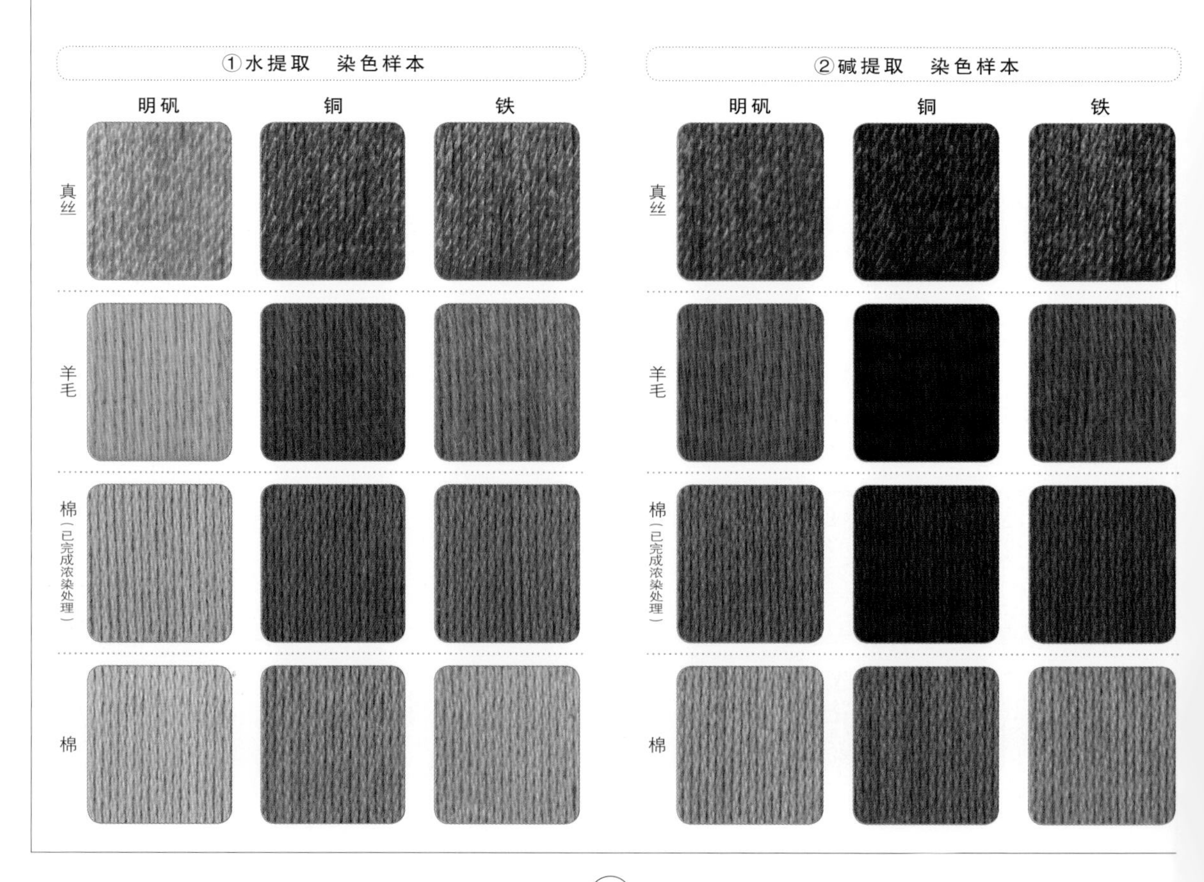

# 杉树

- 别称：杉
- 分类：杉科杉属
- 条件：栽种
- 方法①：水提取
  方法②：碱提取
- 部位：新鲜小枝叶
- 采集·染色日：4月6日
- 采集·染色地：爱知县
- 浓度：染料200g/线100g

**植物记录·染色要点**

杉树自古以来就作为染料植物来使用。在生长过程中，杉树整个枝干的树皮会纵向裂成长条状脱落，以前的人会用这些脱落的树皮来染色。杉树的树干纹理直，结构细致，广泛用于建筑、家具、手工艺品等行业。杉树是日本特产的树木，各种具有特色的杉树遍布日本。现在人们也会利用将杉树加工成木材时剩下的下脚料进行染色。大家或许很难弄到杉树的树皮，所以染色材料大多采自栽种的杉树，用其修剪下来的小枝叶也可以染出十分漂亮的颜色。染色样本就是用新鲜的小枝叶染色而成的，分别用水提取和碱提取的方法进行了染色对比，后者染出的颜色中红色的存在感更强。两种染色方法中，羊毛和棉经过明矾媒染后颜色都会有所褪色，但日晒色牢度良好。

用新鲜杉树枝叶熬煮出的液体表面浮有大量油，所以为了不将线和棉布等弄脏，建议在熬煮出染液后先用布过滤一下再进行染色。

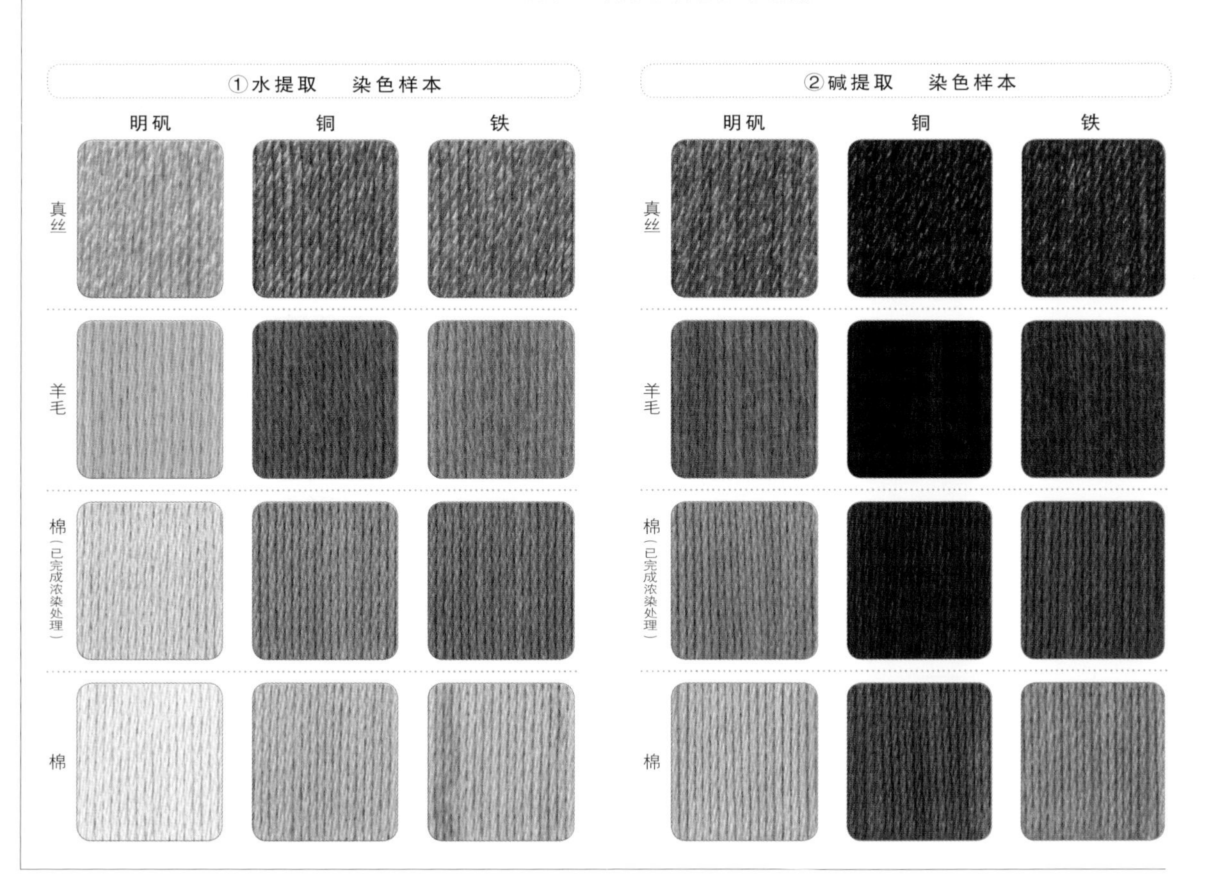

# 李子树

- 别称：山李子
- 分类：蔷薇科李属（樱属）
- 条件：野生
- 方法①：普通李　水提取
  方法②：红叶李　碱提取
- 部位：新鲜枝
- 采集日：3月8日
- 采集地：长野县
- 染色日：3月12日
- 染色地：埼玉县
- 浓度：染料200g/线100g

**植物记录 · 染色要点**

我收到了两种李属植物的新鲜树枝，一种是普通李，另一种是红叶李。它们虽然同属李属植物，但不同的是普通李叶片呈绿色，而红叶李的树叶在花期及果期时呈红褐色。普通李和红叶李的花形都酷似樱花，不过普通李通常开出白色的小花，而红叶李花朵中心带点红色。我收到的都是尚未发芽的枝丫，不管哪一种，经水熬煮后都会染出从偏褐色的红粉色到红褐色之间的不同的颜色。

我分别用水提取和碱提取的方法对普通李和红叶李进行染液提取，共染出4种样本。书中只记录了颜色差距最为明显的两种，即水提取的普通李染液和碱提取的红叶李染液的颜色样本。与普通李相比，红叶李染出的颜色更深，不管是哪种李子树，其碱提取液染出的颜色中，红色都会加深。

用这两种方法染出的颜色日晒色牢度均良好。

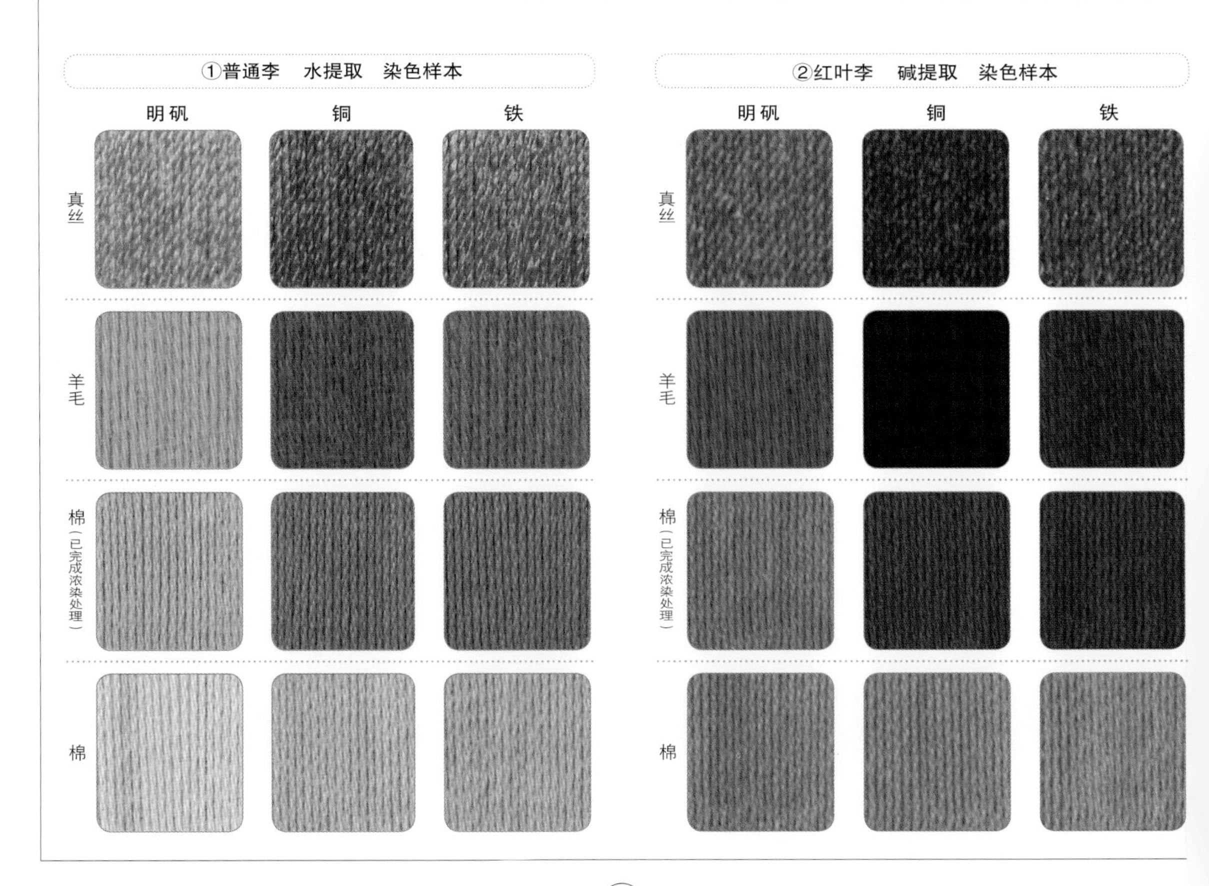

# 三叶海棠

- 别称：山茶果、野黄子、山楂子
- 分类：蔷薇科苹果属
- 条件：栽种
- 部位：新鲜枝叶
- 采集・染色日：7月1日
- 采集・染色地：爱知县
- 浓度：染料200g/线100g

**植物记录・染色要点**

三叶海棠到了春天会开出像苹果花一样的花朵，早秋时节结出的果实直径为1cm左右，由于其外形酷似苹果，所以在日本也被称为小苹果、小梨。三叶海棠的树皮自古以来就是染黄色的染料和绘画材料。三叶海棠也是常见的庭院树。

染色样本使用的是花期之后的枝叶，而非树皮，染出了偏红色的深黄色。虽然羊毛经过媒染后颜色会稍微有些褪色，但整体的日晒色牢度良好。

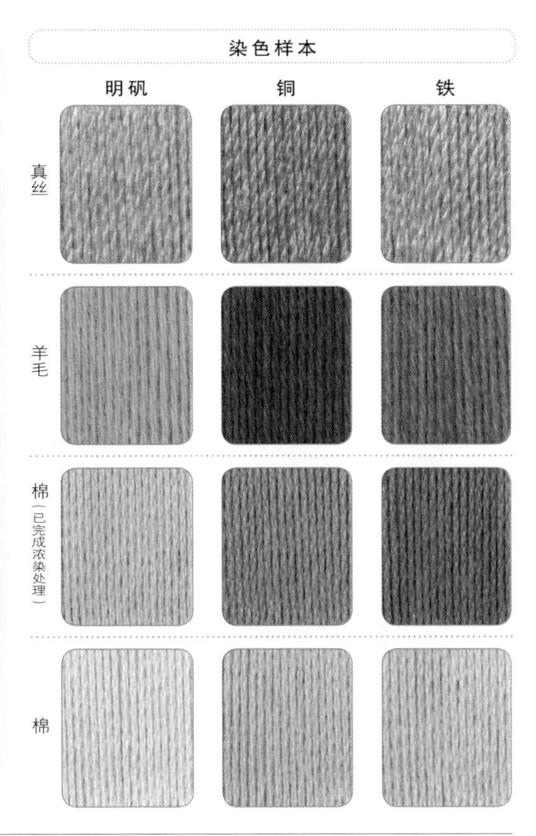


# 楝树

- 别称：苦楝、紫花树、森树
- 分类：楝科楝属
- 条件：栽种
- 部位：新鲜枝叶
- 采集・染色日：6月15日
- 采集・染色地：爱知县
- 浓度：染料200g/线100g

**植物记录・染色要点**

初夏时节会开出淡紫色花瓣的楝树是公园里常见的一种落叶乔木。比起花朵，楝树的果实更能吸引人的眼球，即使是秋天枝杈上树叶稀疏的时候，金黄色如同银杏般的小小果实还是会挂满枝头，让人赏心悦目。成熟的黄色果实叫作苦楝子，是一味具有调理肠胃功能的中药。

染色样本是用花期结束之后的新鲜枝叶染色而成的。媒染后的颜色没有明显变化，只是会染出稍微带点蓝色透明感的黄色和茶绿色。日晒色牢度良好。

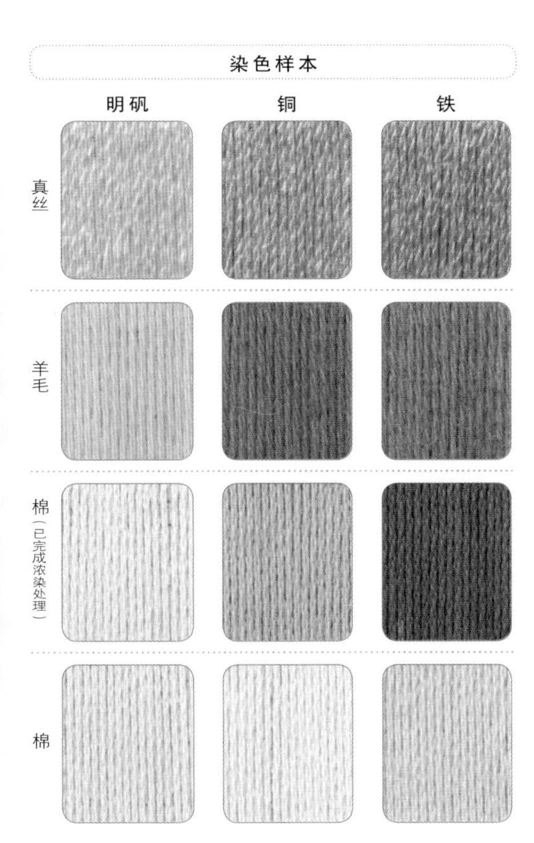

# 具柄冬青

- 别称：长梗冬青
- 分类：冬青科冬青属
- 条件：野生
- 部位：干燥落叶
- 采集・染色日：3月11日
- 采集・染色地：奈良县
- 浓度：染料200g/线100g

**植物记录・染色要点**

具柄冬青是一种可以染出从粉红色到红褐色之间的不同颜色的染料植物。不管是将水提取染液放置数日，还是用碱提取染液染色，总感觉染液的颜色随时都会发生变化。

染色样本采用的不是新鲜的绿叶，而是被风吹落的枯叶，会发出沙沙声的完全干燥的树叶。不用绿色树叶也能染出染色样本的这种颜色，这可以算是我的一大发现。日晒色牢度非常好。

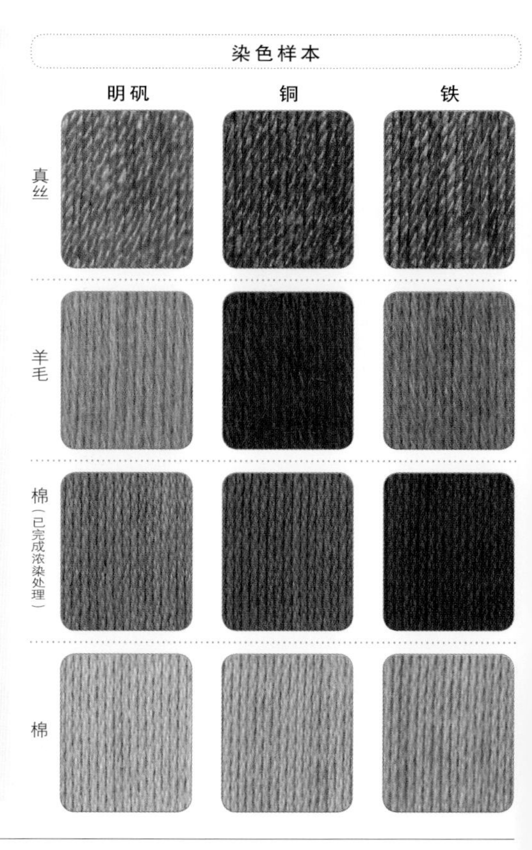

# 竹子

- 别称：竹
- 分类：禾本科
- 条件：野生
- 部位：新鲜枝叶
- 采集・染色日：3月18日
- 采集・染色地：爱知县
- 浓度：染料200g/线100g

**植物记录・染色要点**

竹子品种众多，日本大概有600多个品种。如果说日本人最喜欢的颜色是青蓝色，那么日本人最喜欢的植物应该就是竹子了。据说静冈县有一个种植了500多种竹子的竹园，我一直想去参观。染色样本采用的是野生竹子的枝叶，但是这竹子是什么品种尚不得知。可以知道的是不管什么种类的竹子，都可以染出鲜艳的深黄色。

由于竹子具有生长速度较快且易于采集的特点，所以您可以不用客气随便采集。竹叶染出的颜色日晒色牢度很好，所以有机会请一定尝试一下。

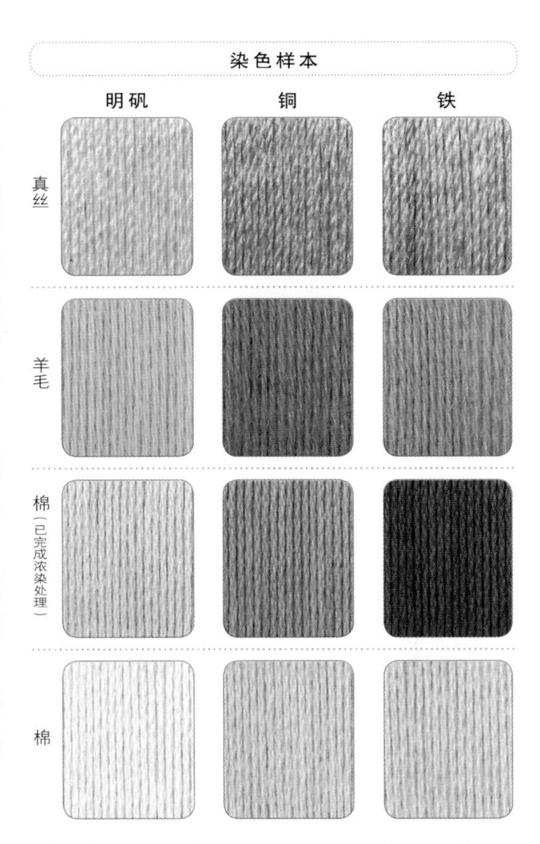


# 竹笋

- 分类：禾本科
- 条件：栽种
- 部位：新鲜皮
- 采集日：4月22日
- 染色日：4月26日
- 采集・染色地：埼玉县
- 浓度：染料300g/线100g

**植物记录・染色要点**

每年春天我都会收到朋友寄来的一大箱竹笋，听说将刚挖出的新鲜竹笋立即放入热水中烫煮一下会比较好，所以有时也会收到煮过的竹笋。今年我收到的是带有外皮的新鲜竹笋。大家都知道，煮过竹笋的水就是灰水。这样的话说不定可以用来染色。在这种想法的驱使下，我染出了书中的染色样本。我选用了颜色尽可能深的大约300g的竹笋外皮，将其放入水中熬煮，但只染出了非常淡的颜色，即使用碱提取染液来染色，结果也是一样。染出的颜色都会稍微有点褪色。

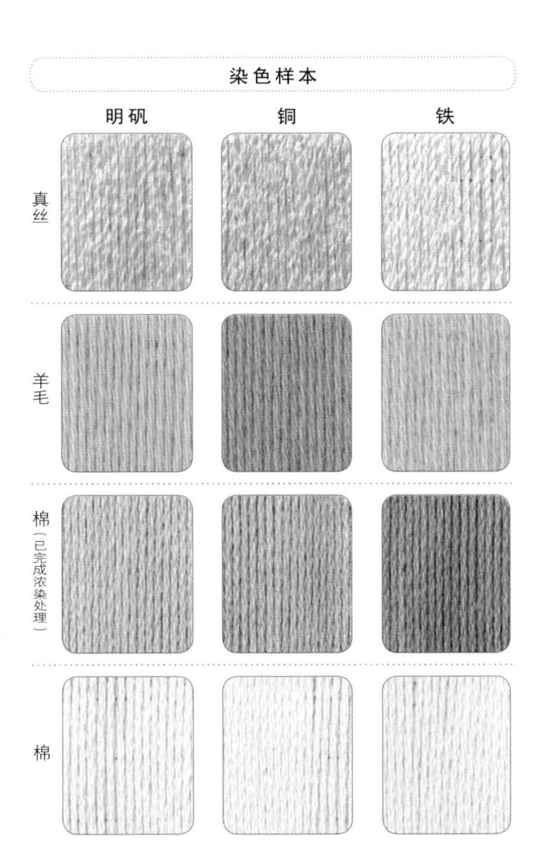

# 杜鹃（花期后）

- 别称：映山红、尺无树
- 分类：杜鹃花科杜鹃属
- 条件：栽种
- 部位：新鲜枝叶
- 采集日：5月30日
- 染色日：5月31日
- 采集・染色地：千叶县
- 浓度：染料200g/线100g

**植物记录・染色要点**

杜鹃是大家都非常熟悉的一种植物，常见于路边及庭院的花坛中。包括园艺种类在内，杜鹃约有1000个品种，杜鹃花期在4月中旬，5月正是杜鹃花的最佳观赏时间。

染色样本采用的是花期结束之后的新鲜枝叶。不同媒染方法染出的颜色截然不同，例如明矾媒染后会染出黄色，铜媒染后会染出褐色，铁媒染后会染出灰色。这是一种很有趣的身边常见的染料树木。日晒色牢度很好。

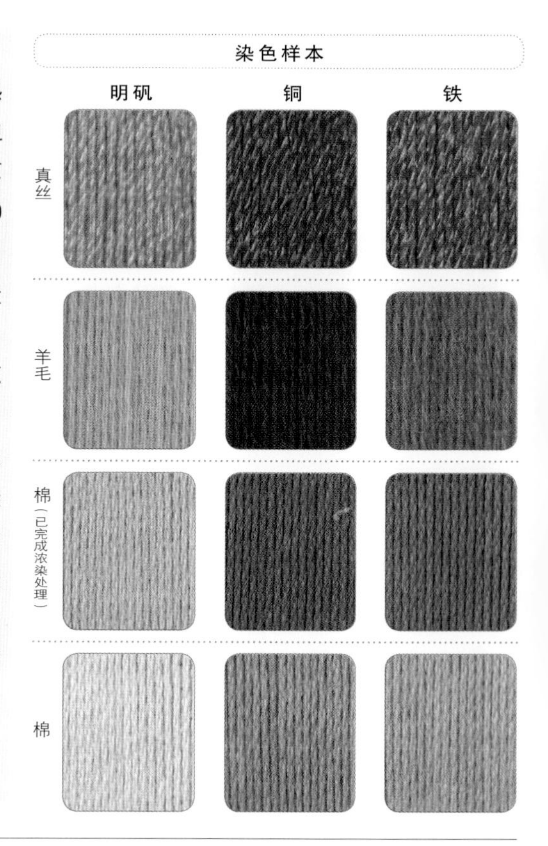


# 常春藤

- 别称：土鼓藤
- 分类：五加科常春藤属
- 条件：野生
- 部位：新鲜枝叶
- 采集・染色日：3月28日
- 采集・染色地：爱知县
- 浓度：染料200g/线100g

**植物记录・染色要点**

常春藤是一种常见的观叶植物，我们经常会发现有野生常春藤攀缘在栅栏上。常春藤是常绿攀缘灌木，叶子形状极具特点，很容易被发现和采集。

染色样本是用野生的常春藤染色而成的，染出的颜色没有什么特点，但是日晒色牢度非常好。在我以前的家中种有同属常春藤属的西洋常春藤，每次对其进行修剪时都会用它进行染色，染出的颜色同野生常春藤相同，而且不论什么季节染出的颜色都一样。

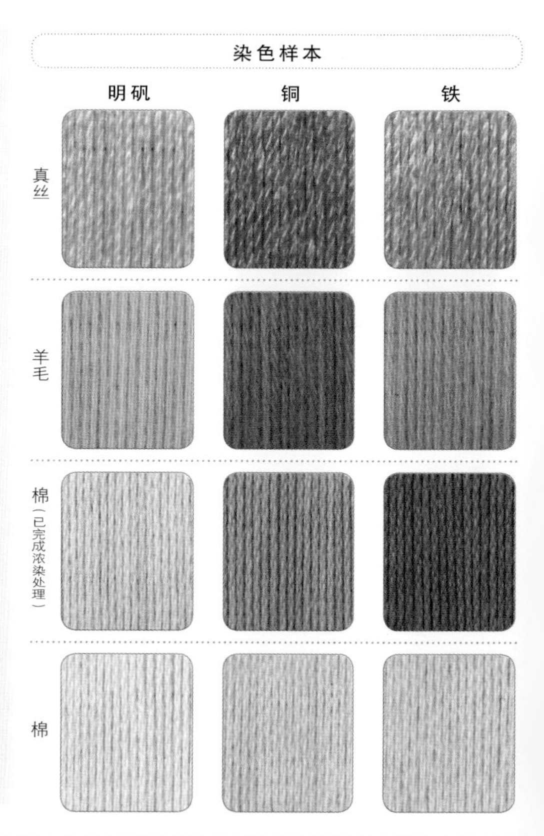

# 日本榛

- 别称：角榛、榛子
- 分类：桦木科榛属
- 条件：野生
- 部位：半干枝
- 采集日：3月12日
- 采集地：长野县
- 染色日：3月24日
- 染色地：埼玉县
- 浓度：染料200g/线100g

**植物记录 · 染色要点**

大家都很熟悉榛子吧，日本榛与欧洲榛是近似种。日本榛与其他榛的果实类似，1cm 大小的榛子可以直接食用。日本榛的果实外面还有一层果苞，它会裂开一条缝，里面的果实像是要从这条缝隙里崩裂出来似的。

染色样本使用的是花开之前的嫩枝，从采集到染色约两周时间都是半干的状态，染出了较深的颜色。有趣的是真丝经过铁媒染会染出偏紫色的颜色。日晒色牢度都很好。

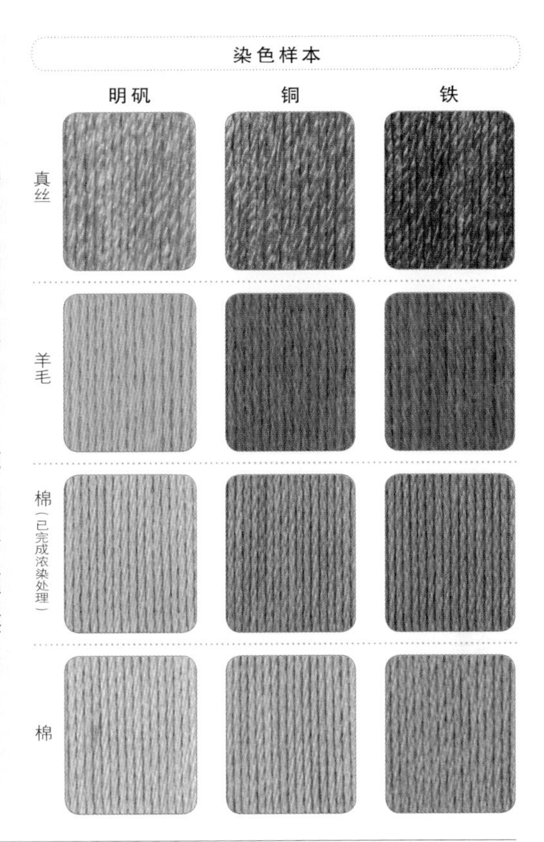


# 野山茶

- 别称：山茶花、茶花
- 分类：山茶科山茶属
- 条件：野生
- 部位：新鲜枝叶
- 采集 · 染色日：5月5日
- 采集 · 染色地：奈良县
- 浓度：染料200g/线100g

**植物记录 · 染色要点**

日本原产野山茶（山茶花）的用途有很多，种子可以食用，也可以用来提取头油，叶和花经过干燥之后可作有滋养健体功效的花茶来冲泡饮用。而且，将野山茶燃烧后的灰烬放于热水中，搅拌后澄清，上层的清液就是常用于染制黄八丈的媒染剂。

染色样本采用的是野山茶的枝叶。明矾媒染后可以染出从米色到黄色之间的不同的颜色，铜媒染后可染出褐色系颜色，铁媒染后可染出从枯草色到灰色之间的不同的颜色。日晒色牢度都很好。

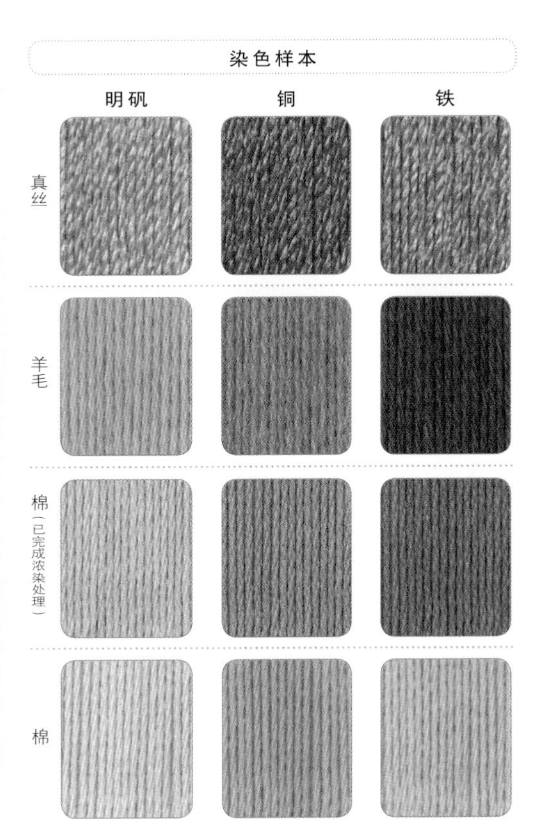

# 垂丝卫矛

- 别称：吊花、球果卫矛
- 分类：卫矛科卫矛属
- 条件：野生
- 部位：新鲜枝
- 采集日：3月12日
- 采集地：长野县
- 染色日：3月14日
- 染色地：埼玉县
- 浓度：染料200g/线100g

**植物记录 · 染色要点**

虽然垂丝卫矛在初夏会开出美丽的淡绿色小花，但是不管怎么说，最引人注目的还是它在秋天结出的果实。初夏时节的每一朵淡绿色小花都会变成一个又一个鲜艳的紫红色果实，从裂口处就可以看到里面朱红色的种子，这个样子实在是太可爱了。最近渐渐也能在树丛中看到垂丝卫矛的园艺品种。染色样本使用的是垂丝卫矛尚未发出新芽的嫩枝，虽然在采集之后放置了 2 天才拿来染色，但是很遗憾，只染出了淡淡的颜色。真丝的日晒色牢度良好，但是羊毛和棉染色后会有所褪色。

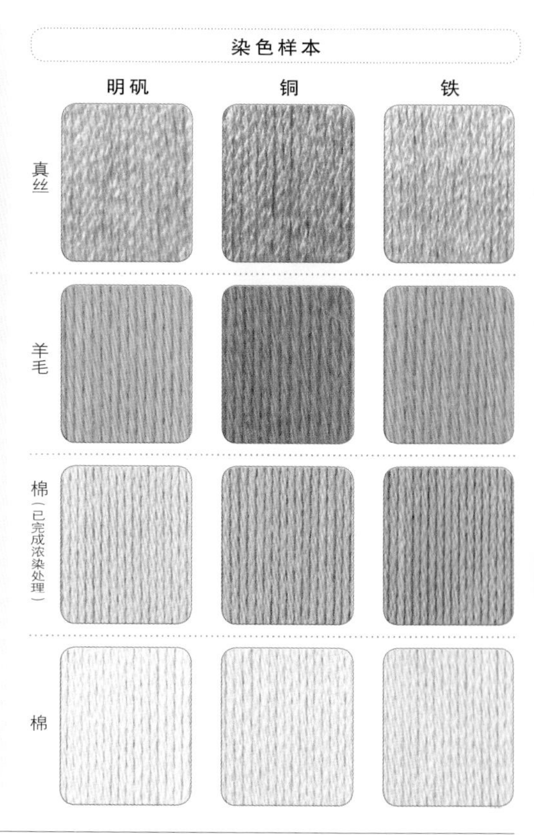


# 络石藤

- 别称：石鲮、明石、悬石
- 分类：夹竹桃科络石属
- 条件：野生
- 部位：新鲜枝叶
- 采集 · 染色日：6月18日
- 采集 · 染色地：爱知县
- 浓度：染料200g/线100g

**植物记录 · 染色要点**

络石藤是蔓生植物，不断用其藤蔓上的气根攀附缠绕在其他树木上生长。6 月络石藤会开出状似排气扇中风扇叶的花朵，很容易就能找到它。络石藤中带有斑点或者红叶的园艺品种，也常被用作插花的原材料。染色样本是用正处于花期的络石藤的新鲜枝叶染色而成的。

染出的颜色是较淡的黄色、枯草色、深灰色，日晒色牢度都非常好。

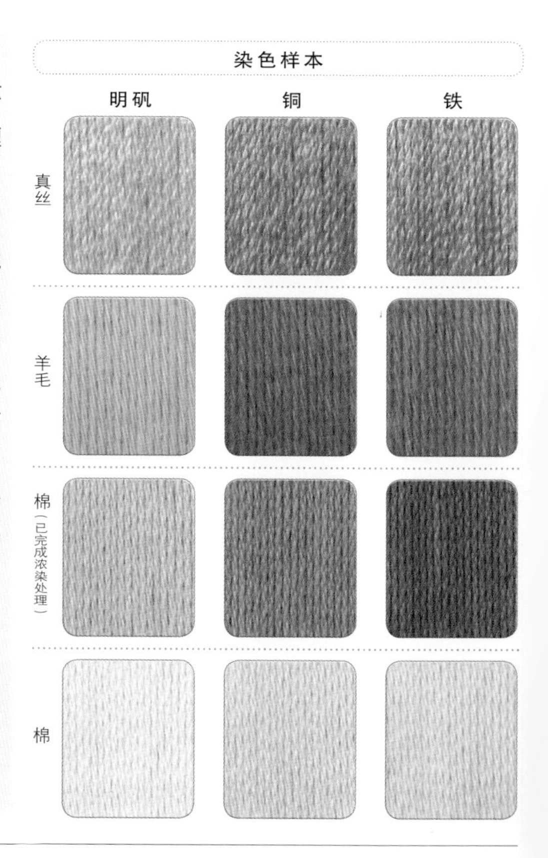

# 光叶蔷薇

●别称：维屈蔷薇、魏氏蔷薇
●分类：蔷薇科蔷薇属
●条件：野生
●部位：新鲜枝叶
●采集·染色日：5月5日
●采集·染色地：奈良县
●浓度：染料300g/线100g

**植物记录·染色要点**

光叶蔷薇是日本野蔷薇的一种，野生于沙土地等环境中。虽然和同属于蔷薇属的野蔷薇很相似，但是花期比野蔷薇要晚一个月左右，而且野蔷薇的刺较少，所以更容易采集。

染色样本使用野生光叶蔷薇的枝叶染色而成。可能由于染色材料是花开之前的枝叶的缘故，染出的颜色较深。真丝、羊毛、棉的日晒色牢度都不错。经过铁媒染后会染出偏红色的灰色。

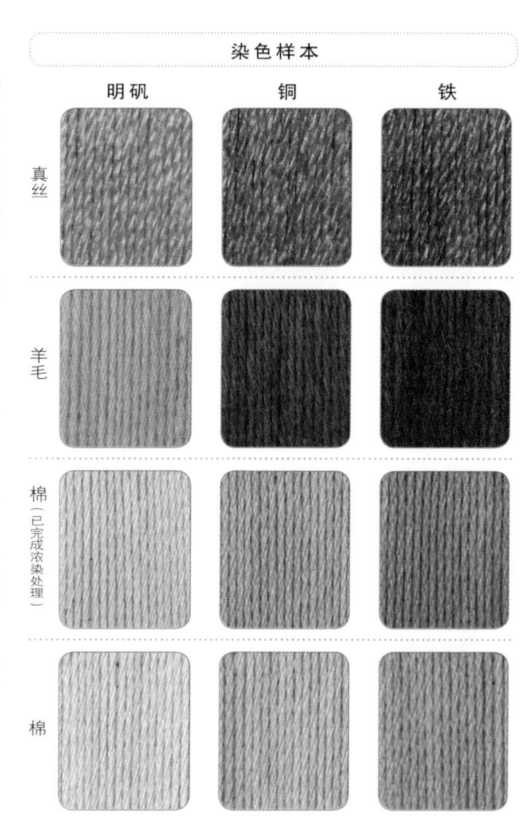


# 日本七叶树

●别称：七叶枫树、开心果
●分类：七叶树科七叶树属
●条件：野生
●部位：半干枝干
●采集日：3月11日
●采集地：长野县
●染色日：3月20日
●染色地：埼玉县
●浓度：染料200g/线100g

**植物记录·染色要点**

染色样本使用尚未发芽的日本七叶树的枝干染色而成。从采集到染色一直以半干的状态放置了大约10天的时间。明矾媒染后染出了橙色，铜媒染后染出了红褐色，铁媒染后染出了偏红色的深灰色，日晒色牢度都非常好。其同属的欧洲七叶树经常被用作行道树。如果您家附近的行道树中有欧洲七叶树，那么在定期修剪时就可以轻松收集到大量的染色原料。

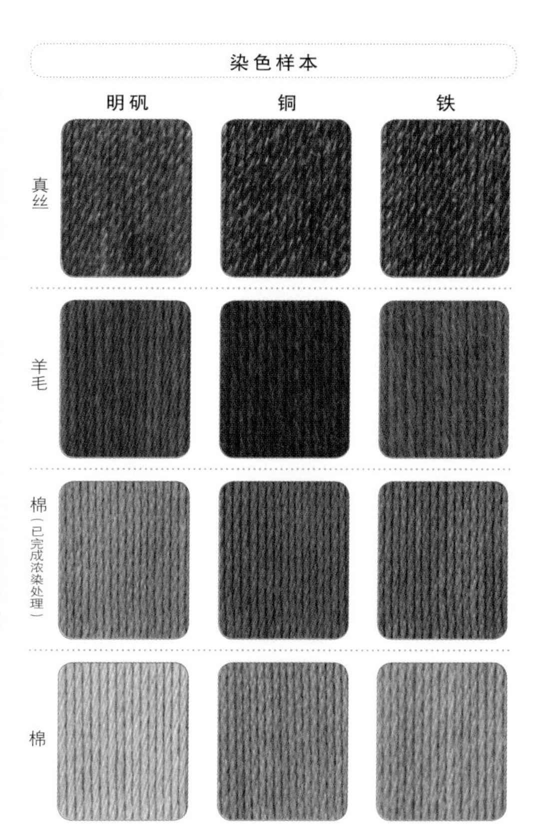

# 枣树

- 别称：枣、红枣
- 分类：鼠李科枣属
- 条件：野生
- 部位：新鲜枝
- 方法①：水提取
  方法②：碱提取
- 采集日：3月10日
- 采集地：长野县
- 染色日：3月14日
- 染色地：埼玉县
- 浓度：染料200g/线100g

**植物记录 · 染色要点**

一提到枣树，我就联想到了参鸡汤（韩国的药膳汤类料理），但是药膳汤中并没有放入枣树的红色果实。

据说由于到了夏季发出新芽的样子很像日本茶具中的枣（薄茶器），所以这种植物被命名为枣树。在4～5月，枣树会开出样子普通的淡黄色小花，到了秋天会结出暗红色的果实。枣树的果实是可以生吃的。

染色样本使用尚未抽出新芽的嫩枝染色而成，并分别用水提取和碱提取的方法进行染色对比。如果采集的时间刚刚好，即使用水提取的方法来染色，也可以染出偏红色的漂亮颜色。用碱提取的方法染出的颜色中红色更浓一些，但不是特别明显。如果有时间的话，将用水熬煮后的染液放置1～2天，染液的颜色会更深。但是将用碱提取的染液同样放置1～2天，染液颜色则没有什么变化。除了经过铜媒染的真丝以外，其他的日晒色牢度为-1。特别是羊毛，经过明矾媒染后很容易褪色。

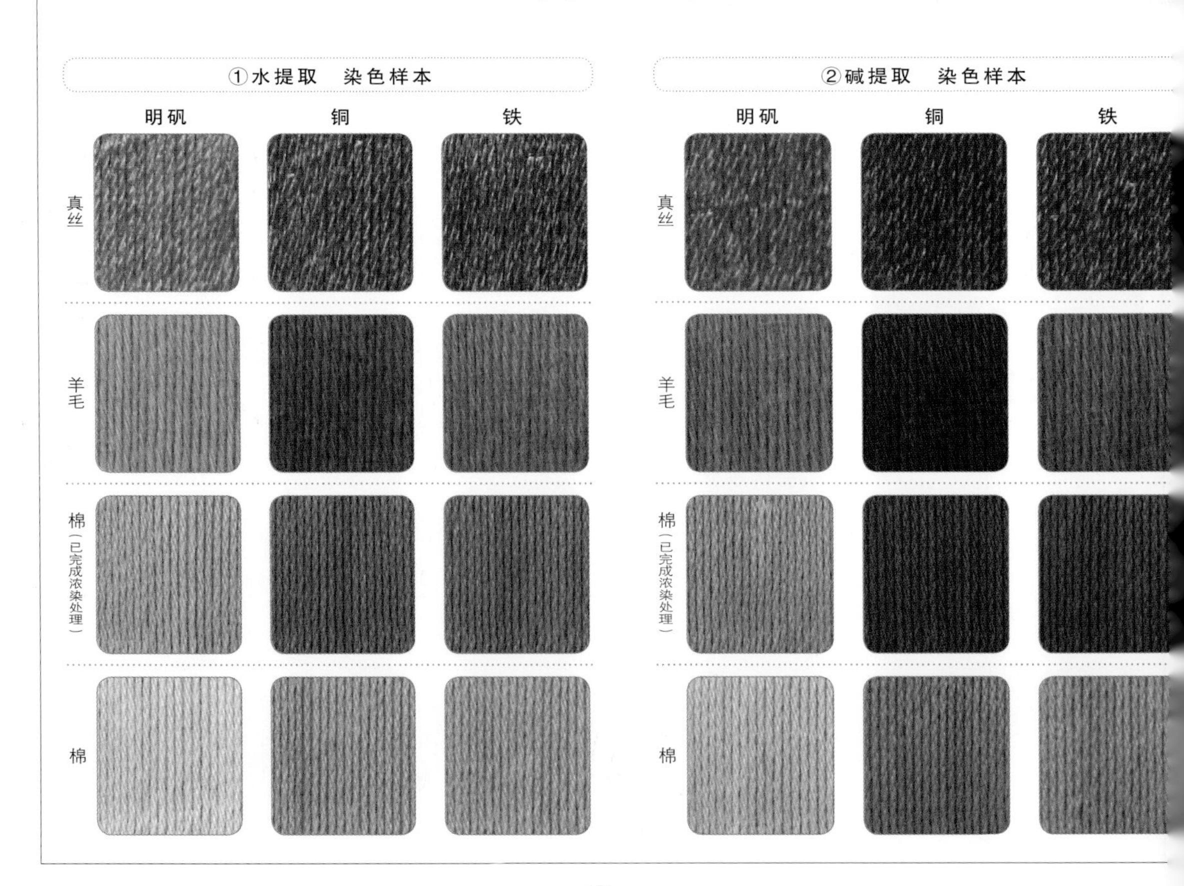

# 花楸树

- 别称：绒花树
- 分类：蔷薇科花楸属
- 条件：野生
- 部位：新鲜枝
- 采集日：3月11日
- 采集地：长野县
- 染色日：3月22日
- 染色地：埼玉县
- 浓度：染料200g/线100g

**植物记录 · 染色要点**

我上大学时曾在初秋时节去旭川旅游，当时被街边那一棵棵被红红的果实压弯了枝条的花楸树和它的红叶感动得一塌糊涂。花楸树一般常作为行道树来栽种，不仅是旭川，北海道有很多城市都指定花楸树为市树。

染色样本使用的是尚未发出新芽的嫩枝，用碱提取的方法染色而成。实际上没必要用碱提取的方法来染色，用水提取的方法也能染出同样的颜色。虽然羊毛和棉经过明矾媒染后稍微有些褪色，但是其他的日晒色牢度均良好。

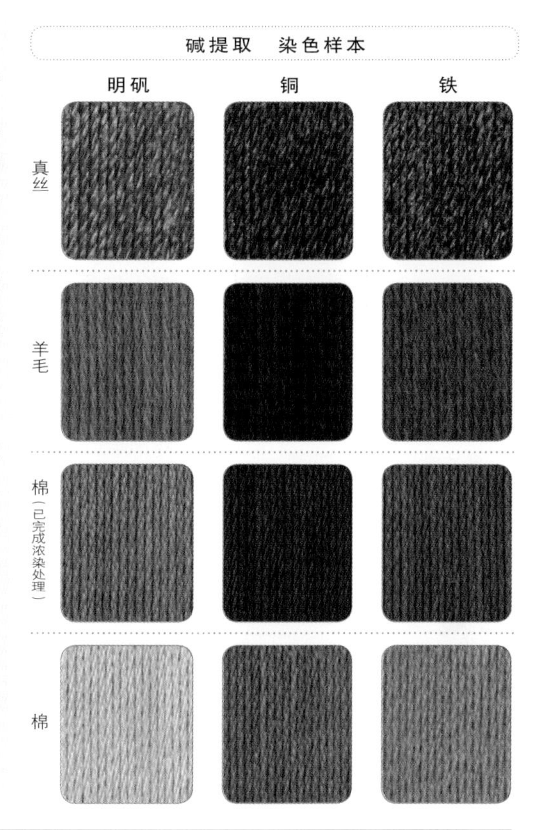


# 茅莓

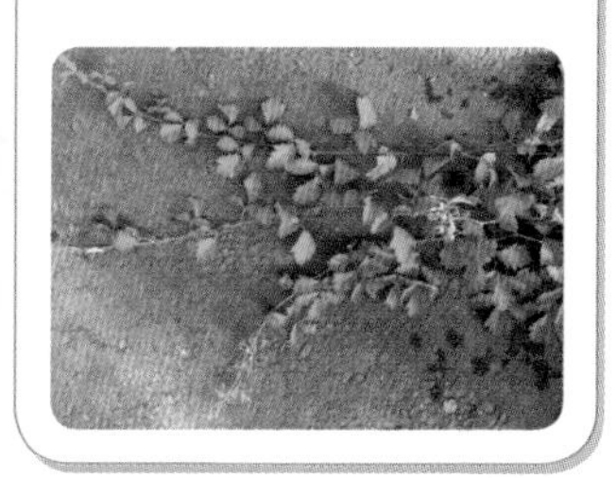

- 别称：苗代莓、五月莓
- 分类：蔷薇科悬钩子属
- 条件：野生
- 部位：新鲜地上部分
- 采集 · 染色日：6月17日
- 采集 · 染色地：爱知县
- 浓度：染料200g/线100g

**植物记录 · 染色要点**

每逢在水田中撒播稻种的时节，茅莓的果实就要成熟了。与开白色五瓣花的蓬虆不同，茅莓只会开出紫红色的花。

染色样本使用采集果实后的茅莓的地上部分染色而成。染出的颜色和蓬虆一样，但是茅莓染色后的日晒色牢度为 +2。染出的颜色经过阳光照射后会加深，特别是经过明矾媒染的织物尤其明显。听说将提取后的染液放置几天再进行染色，染出的颜色会更深。

蓬虆的染色样本见p.81。

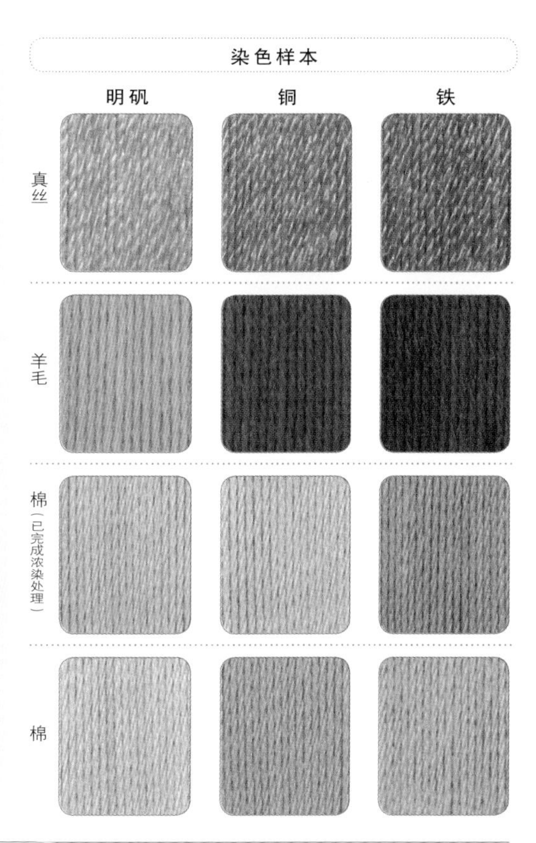

## 日本毛女贞

- 别称：女贞子
- 分类：木犀科女贞属
- 条件：野生
- 部位：新鲜枝叶
- 采集·染色日：6月15日
- 采集·染色地：爱知县
- 浓度：染料200g/线100g

**植物记录·染色要点**

秋天是日本毛女贞收获的季节。日本毛女贞的紫色果实很像老鼠的粪便，再加上它的叶子类似细叶冬青，所以这种植物被取名为日本毛女贞（日语发音和老鼠冬青一样）。日本毛女贞的果实对小鸟来说非常美味，经常被小鸟衔在嘴里和花粉一起撒在空地中。

染色样本使用的是初夏的新鲜枝叶。虽然染出的颜色较淡，但是日晒色牢度良好。如果用日本毛女贞的成熟果实进行染色，会染出比染色样本更偏褐色的颜色。用果实的碱提取染液染色可能会染出更有趣的颜色。

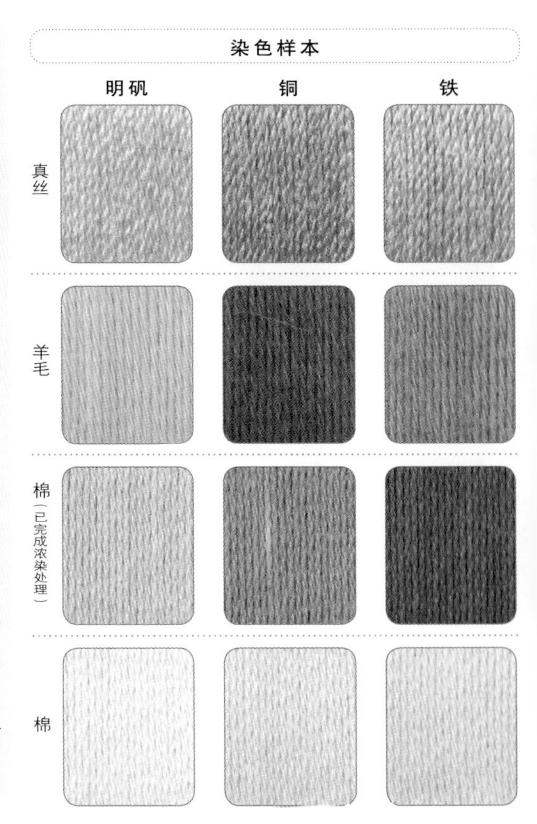


## 凌霄

- 别称：紫葳、喇叭花
- 分类：紫葳科凌霄属
- 条件：栽种
- 部位：新鲜花
- 采集·染色日：7月7日
- 采集·染色地：爱知县
- 浓度：染料200g/线100g

**植物记录·染色要点**

凌霄是凌霄属攀缘藤本植物，到了夏天会依次绽放出鲜艳的橘黄色花朵。藤蔓上长出的气根会缠绕攀附在其他树木或者墙壁上。由于其花形看起来像喇叭，所以在日本也称之为喇叭花。

染色样本使用花瓣染色而成。虽然用水熬煮后染出的颜色较淡，但是可以在熬煮前将花瓣放入冰箱冷冻保存，这样花色就会变深。虽然我还没有尝试用碱提取染液染色的方法，但是感觉用这种方法可以染出更棒的颜色。

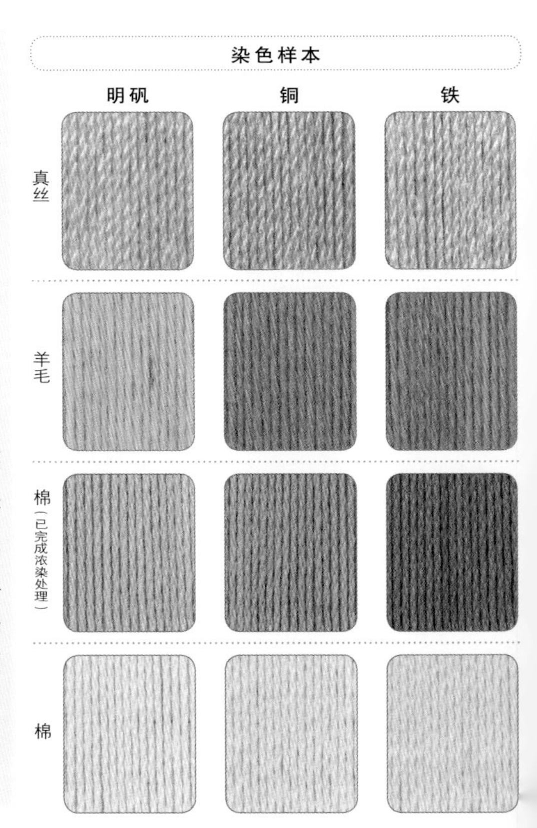

# 绒花树

- 别称：合欢、合欢树、蓉花树
- 分类：豆科合欢属
- 条件：野生
- 方法①：水提取
  方法②：碱提取
- 部位：新鲜枝叶
- 采集·染色日：6月18日
- 采集·染色地：爱知县
- 浓度：染料200g/线100g

**植物记录·染色要点**

绒花树复叶互生，叶片像是会睡觉一般，日落而合，日出而开，所以取名为绒花树（日语意为会睡觉的树）。在日本，不同地区对其称呼也不同，有合欢刺拐棒、一百针、五加参等别称。从梅雨期结束到夏季期间开出的花朵纤细美丽，花色从粉红色到白色不一。花朵上如同羽毛或者绒毛般的部分实际上不是花瓣，而是发达的雄蕊。

染色样本使用6月的绒花树的新鲜枝叶染色而成，并分别用水提取和碱提取的方法进行染色对比，两者的染色结果大致相同。这个时期的绒花树也可以用碱提取的方法染出绿色。如果在5L水中加入5g无水碳酸钠制成染液进行染色，就可以染出偏绿的颜色，而用氢氧化钠这样的强碱则可以染出鲜明的绿色。不管是用水提取染液染色还是用碱提取染液染色，染出的颜色的日晒色牢度都很好。

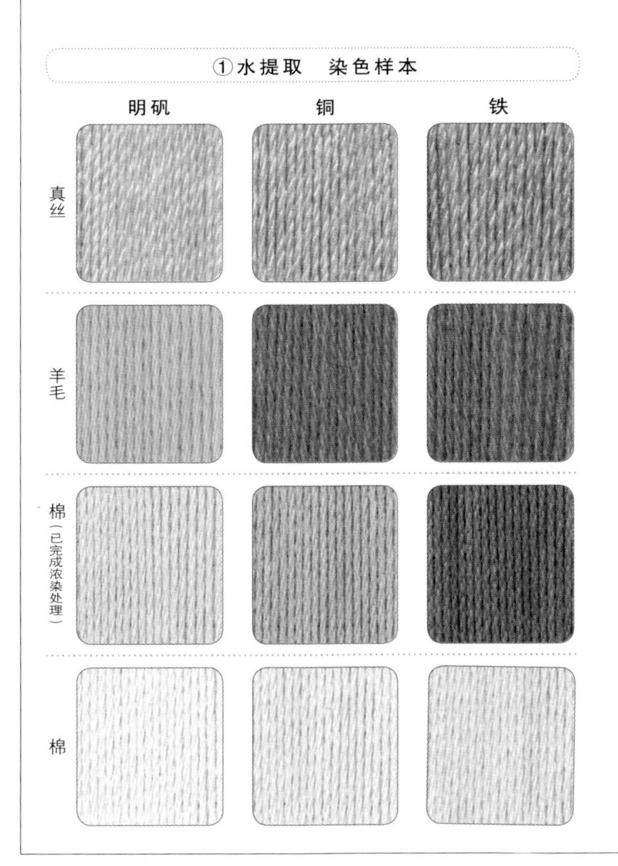


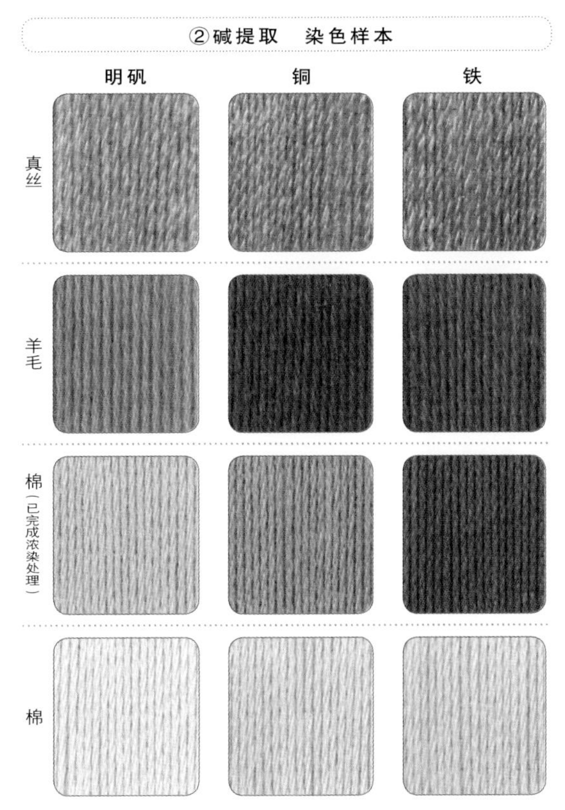

# 胡枝子

●别称：萩、胡枝条、扫皮
●分类：豆科胡枝子属
●条件：野生
●部位：新鲜枝叶、花
●采集・染色日：6月17日
●采集・染色地：爱知县
●浓度：染料200g/线100g

**植物记录・染色要点**

染色样本使用会在 6 月开出紫红色花朵的胡枝子的枝叶和花染色而成。虽然胡枝子是日本的“秋天七草”之一，但胡枝子并不是草，而是一种豆科灌木。被选入“秋天七草”的植物有一个共同点，即都是药草。据说将干燥后的胡枝子煎汁饮用，对缓解某些更年期特有的妇科病有很好的效果。

胡枝子能染出从米色到褐色系之间的不同颜色。不同的媒染方法染出的颜色也不一样。虽然整体上染出的颜色较淡，但是日晒色牢度非常好。

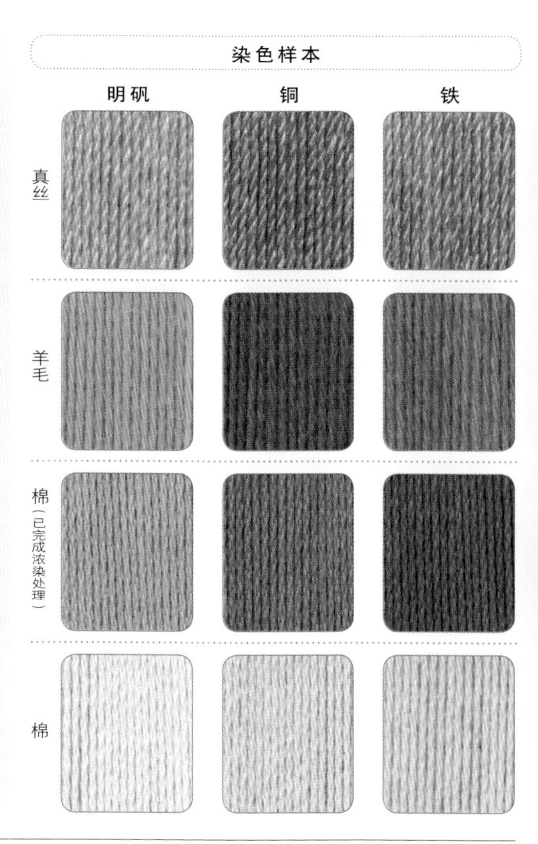


# 青荚叶

●别称：花筏、叶上珠
●分类：山茱萸科青荚叶属
●条件：野生
●部位：半干枝
●采集日：3月12日
●采集地：长野县
●染色日：3月22日
●染色地：埼玉县
●浓度：染料200g/线100g

**植物记录・染色要点**

青荚叶是叶子与众不同的一种树。由于它的叶上面中脉上长有花序，叶片中间会开出淡绿色的小花，而到了秋天，叶片中间就会结出果实。成熟的黑色果实可以直接食用。

染色样本使用早春时节尚未发出新芽的树枝染色而成。采集后并没有直接进行染色，而是先放在报纸上晾了 10 天左右。染色时材料处于半干状态，染出了非常鲜艳的黄色。日晒色牢度良好。我也尝试过用碱提取染液进行染色，染出的颜色同用水提取染液染出的没有什么不同。

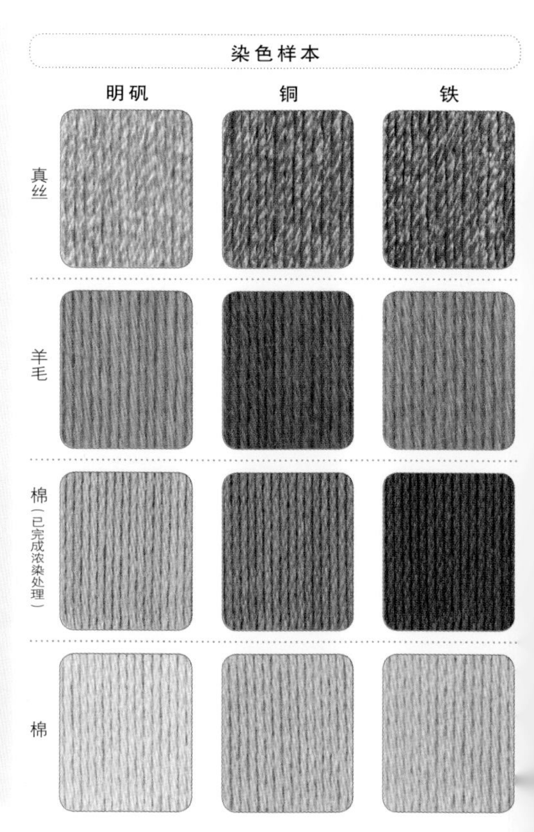

# 玫瑰

- 别称：刺玫花、赤蔷薇花、海桂
- 分类：蔷薇科蔷薇属
- 条件：野生
- 部位：新鲜枝
- 采集日：3月7日
- 采集地：长野县
- 染色日：3月10日
- 染色地：埼玉县
- 浓度：染料200g/线100g

**植物记录·染色要点**

玫瑰是蔷薇的原种之一，同蔷薇一样用途十分广泛。玫瑰花香浓郁，可用于制作香水和精油，干燥后的果实可制作富含维生素 C 的花茶。玫瑰最适合用来染色的部分是其根部，可以染出深褐色，常用于秋田八丈这样的绢织物的染色。

此次没有挖到玫瑰的根部，所以染色样本使用的是尚未发出新芽的新鲜枝。铜媒染、铁媒染可以染出褐色系这种较深的颜色，日晒色牢度良好。玫瑰是对棉上色效果不错的植物。

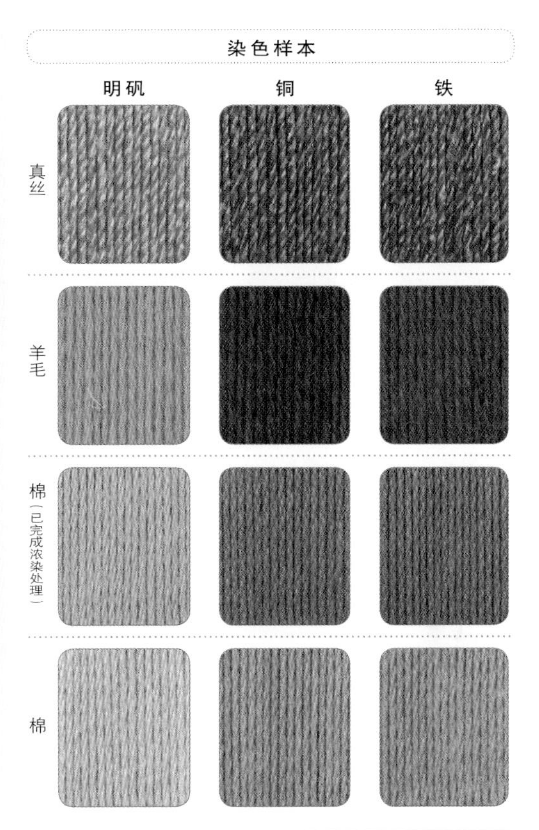


# 刺槐

- 别称：洋槐
- 分类：豆科刺槐属
- 条件：栽种
- 部位：新鲜枝叶
- 采集·染色日：6月9日
- 采集·染色地：爱知县
- 浓度：染料200g/线100g

**植物记录·染色要点**

每年5月，刺槐都会开出下垂的一串串白色花序。由于其外形类似槐树但又有刺，所以在日本被称为针槐，在中国叫作刺槐。刺槐和槐树一样，到了收获的季节树上都会垂挂着豆荚，二者叶子的形状也非常相似，但是它们有一个很大的不同点就是刺槐染不出槐树那样的鲜艳的黄色。

染色样本使用花期结束之后的新鲜枝叶染色而成。染出的颜色是带有透明感的米色系颜色，而且日晒色牢度良好。如果想参照用槐树花蕾和枝叶染出的染色样本，请见 p.154。

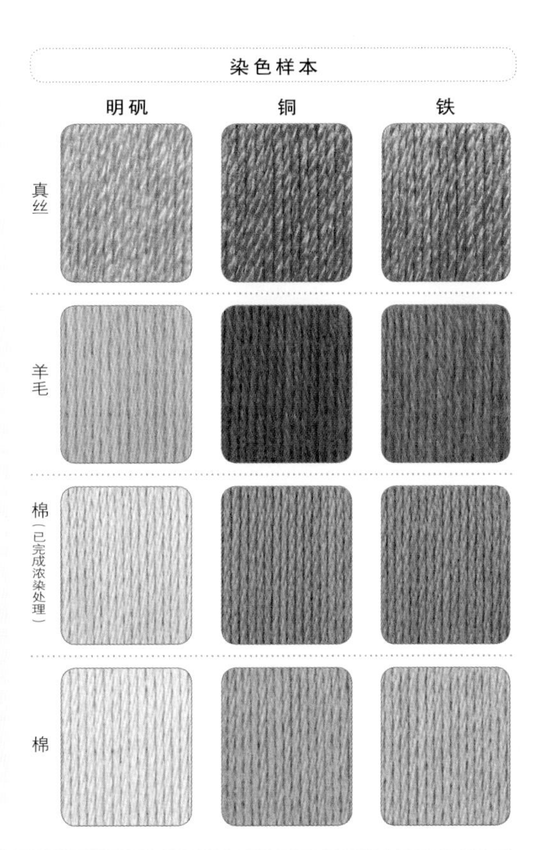

# 草珊瑚

- 别称：九节花
- 分类：金粟兰科草珊瑚属
- 条件：栽种
- 部位：新鲜枝叶、果实
- 采集・染色日：7月6日
- 采集・染色地：埼玉县
- 浓度：染料200g/线100g

**植物记录・染色要点**

草珊瑚在冬季依然枝叶青翠繁茂，并能结出红色果实。它在日本叫作千两，有吉利、好兆头之意，常用于新年装饰。有一种名为硃砂根的树，在日本叫作万两，虽然与草珊瑚同科，但是果实的样子有所不同。草珊瑚的红色果实向上生长，但硃砂根的果实从枝头垂下，向叶片下方生长。由于硃砂根的果实比草珊瑚的重，草珊瑚被叫作千两，硃砂根就被称为万两。染色样本使用的是刚结出青色果实的枝叶。与用叶片染色相比，用树枝染出的颜色更深。真丝、羊毛染色后日晒色牢度良好。

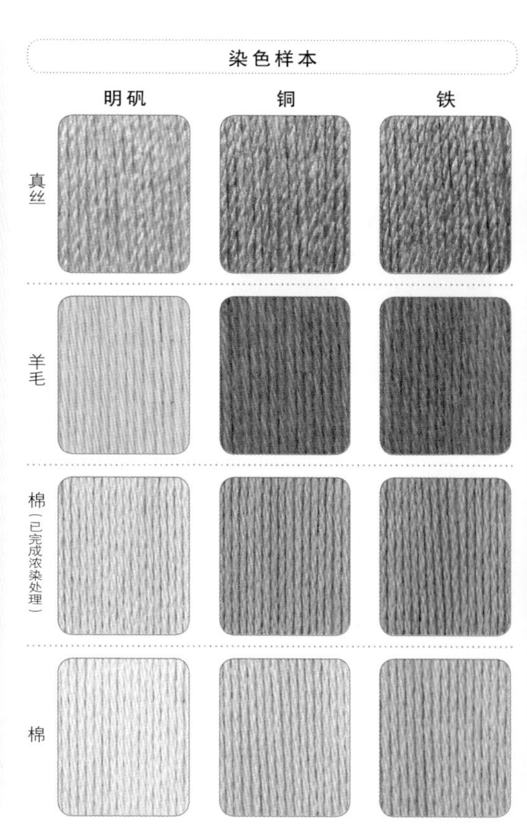


# 多花狗木

- 别称：花水木、狗木、欧亚山茱萸
- 分类：山茱萸科山茱萸属
- 条件：栽种
- 部位：新鲜枝叶
- 采集日：6月20日
- 染色日：6月21日
- 采集・染色地：千叶县
- 浓度：染料200g/线100g

**植物记录・染色要点**

多花狗木春天开花，秋天结出红色的果实，叶子也会变为红色，非常有趣。多花狗木是山茱萸科中花朵最引人注目的一种落叶小乔木，其花色有白色、粉色和红色三种。染色样本使用的是红色花朵凋落之后长出嫩芽的枝叶。因为用叶片熬煮出的染液是灰水，所以要将染液过滤后再拿来染色。棉的上色效果不错，且染出了较深的颜色。明矾媒染后日晒色牢度为 +1，经过日晒后颜色会加深，其他的日晒色牢度良好。多花狗木最适合染色的时间是 9 月长出花芽的时候，但这时采集过多会影响其第二年开花。

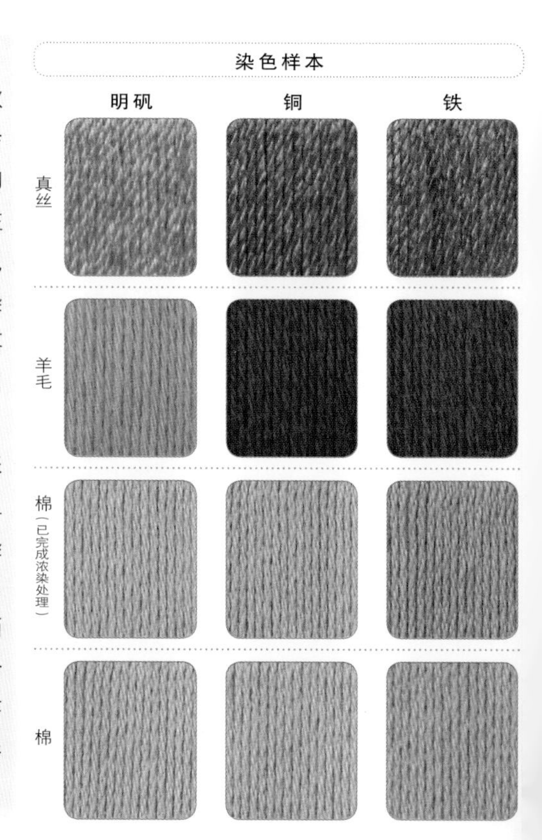

# 阔叶十大功劳

- 别称：柊南天
- 分类：小檗科十大功劳属
- 条件：野生
- 部位：新鲜枝叶
- 采集・染色日：3月3日
- 采集・染色地：爱知县
- 浓度：染料200g/线100g

**植物记录・染色要点**

该植物的叶子外形与柊树的叶子一样，叶缘有刺状锯齿，果实又同南天竹的果实类似，所以它在日本被称为柊南天，也就是我们所说的阔叶十大功劳。这是一种易于栽种的庭院常见常绿乔木。

染色样本使用早春的新鲜枝叶染色而成。真丝染色后的日晒色牢度为+2，颜色变深后鲜艳度就会减少。即使到了冬天，阔叶十大功劳的果实也和南天竹一样不会变红，但是叶子会变成红叶。大家可以尝试一下用冬天的红叶进行染色，看看会是什么样的效果。

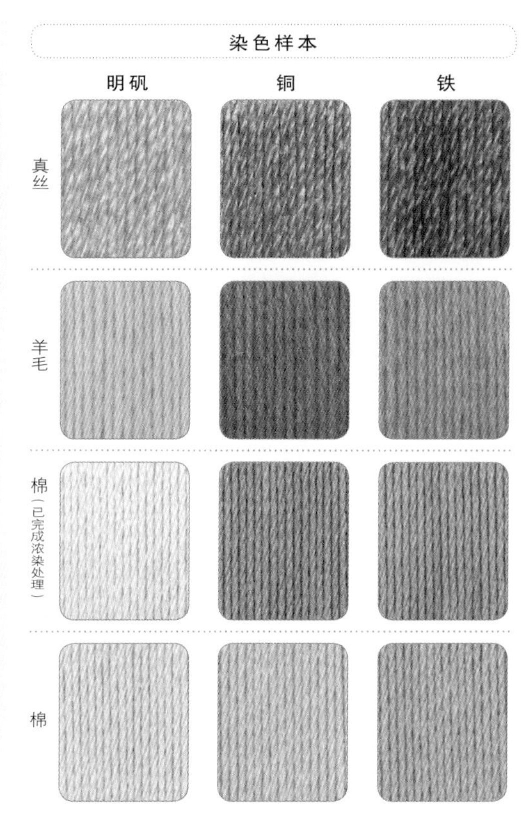


# 柃木

- 别称：海岸柃、野桂花、细叶菜
- 分类：山茶科柃木属
- 条件：野生
- 部位：新鲜枝叶、果实
- 采集・染色日：4月21日
- 采集・染色地：奈良县
- 浓度：染料200g/线100g

**植物记录・染色要点**

柃木自古以来常用于祭神活动，由于同为神龛装饰植物的“杨桐”只适合于生长在关东以南的地方，所以在关东的鲜花店中出售的“杨桐”大多就是我们所说的柃木。

染色样本使用野生柃木的枝叶和果实染色而成。本以为果实只经过一次熬煮，不能提取出色素，没想到却意外地染出了很好的颜色。明矾媒染后的日晒色牢度只有-2，铁媒染和铜媒染后颜色变深，多少增加了些茶色。需要注意的是，用柃木熬煮出的染液会散发出少许恶臭。

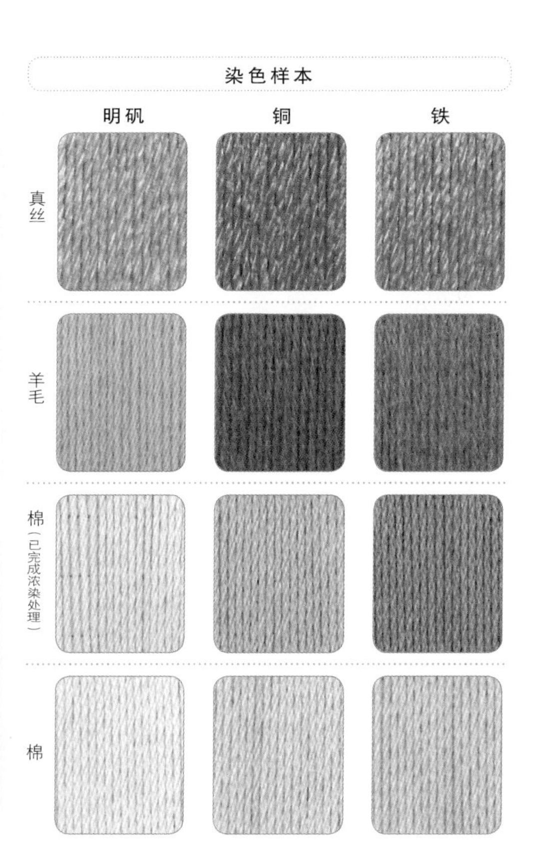

# 日本扁柏

- 别称：白柏、钝叶扁柏
- 分类：柏科扁柏属
- 条件：栽种
- 部位：新鲜小枝叶
- 采集·染色日：4月6日
- 采集·染色地：爱知县
- 浓度：染料200g/线100g

**植物记录·染色要点**

日本扁柏是大家非常熟悉的树木，它原产于日本。一提到日本扁柏很多人就会联想到有安眠效果的扁柏精油，日本扁柏的香气并没有那么足，所以只能专门用扁柏树叶提取精油。

染色样本使用日本扁柏的新鲜小枝叶染色而成。小枝的表皮和树干的皮一样，经过熬煮后产生的染液是碱性灰水，将线放入这样的染液中会造成染色不均匀，所以在染色之前要对这种染液进行过滤。几种织物材料的染色效果都非常好，日晒色牢度也不错。

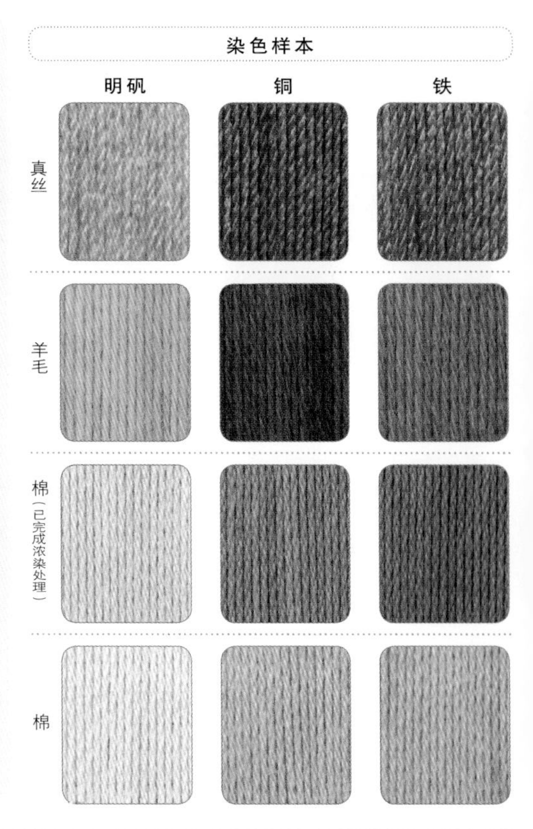


# 金银木

- 别称：胯杷果
- 分类：忍冬科忍冬属
- 条件：野生
- 部位：新鲜枝
- 采集日：3月8日
- 采集地：长野县
- 染色日：3月13日
- 染色地：埼玉县
- 浓度：染料200g/线100g

**植物记录·染色要点**

初夏时节，金银木会以2个一组的形式成对开放白色花朵。到了夏末，花朵会变成红色的果实。由于果实也会2个一起连着生长，样子很像葫芦，所以在日本也被称为葫芦树。

染色样本使用的是冬眠期中的新鲜树枝。虽然染色结果没有出现有特色的颜色，但日晒色牢度都很好。

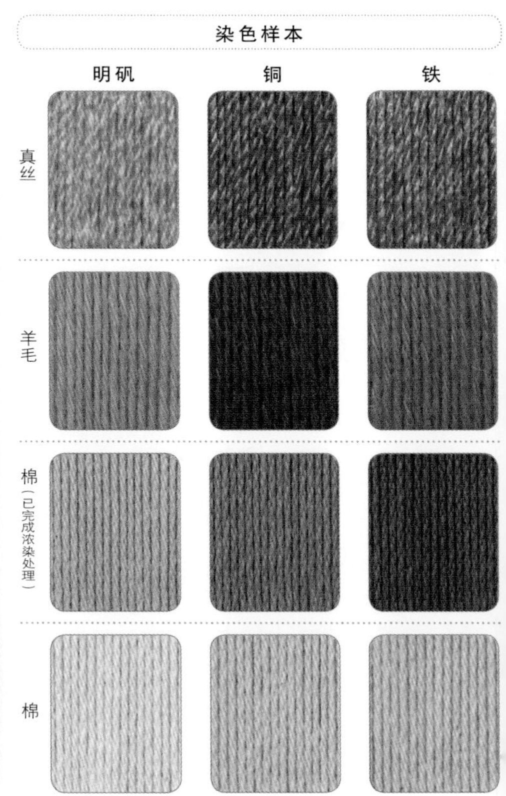

# 火棘

- 别称：火把果、红子刺
- 分类：蔷薇科火棘属
- 条件：栽种
- 方法①：水提取
  方法②：碱提取
- 部位：新鲜枝叶
- 采集・染色日：3月16日
- 采集・染色地：爱知县
- 浓度：染料200g/线100g

**植物记录・染色要点**

火棘有两种，一种是原产于中国的“橘拟”（日语名），另一种是原产于欧洲的“常磐山栌子”（日语名）。染色样本使用结红色果实的“常磐山栌子”染色而成。

火棘到了10月果实成熟、变红，之后叶子凋落只有果实挂在枝头的情况会一直持续到翌年2月。我们经常可以在园艺店中看到结有红色果实的迷你火棘盆栽。

染色样本使用的是尚未开花的新鲜枝叶，并分别用水提取和碱提取的方法进行染色对比。使用水提取方法的染色样本是将熬煮过的染液立即进行染色，如果将染液放置几天染出颜色中红色应该更深。明矾媒染后的日晒色牢度为+1。染后的织物受到阳光强烈直晒的刺激后，颜色会偏红且加深。使用碱提取方法的染色样本中，明矾媒染后的日晒色牢度为-1，稍有褪色，但由于原来的颜色足够深，即使褪色也会充分保留偏红的色调。

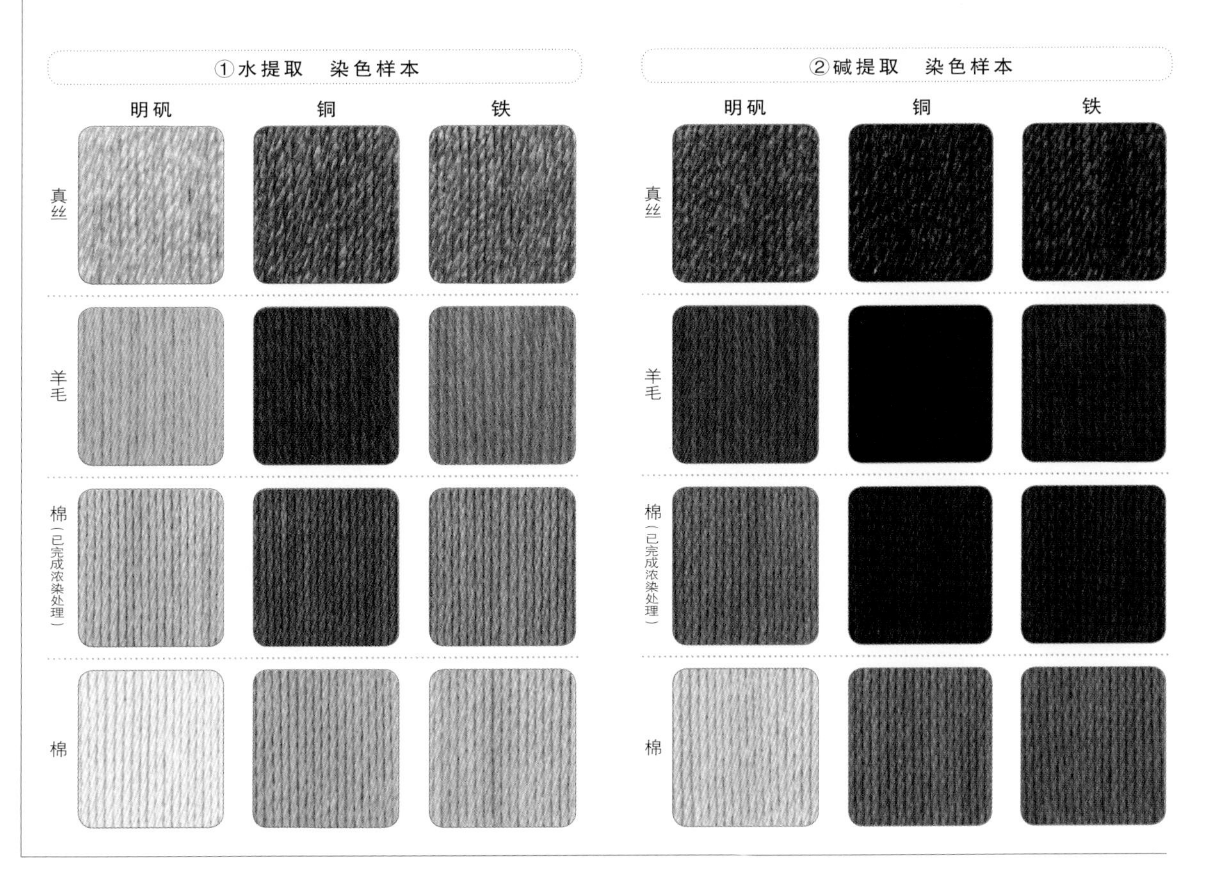

# 枇杷

- 别称：芦橘
- 分类：蔷薇科枇杷属
- 条件：野生
- 方法①：水提取
  方法②：碱提取
- 部位：新鲜枝叶
- 采集·染色日：6月7日
- 采集·染色地：埼玉县
- 浓度：染料200g/线100g

**植物记录·染色要点**

染色样本使用的是新鲜枇杷枝叶，并用水提取和碱提取的方法进行染色对比。用水熬煮后立即进行染色的话，铜媒染后多少有点偏粉红色，用碱提取的方法染色后整体颜色均明显偏红。将用水熬煮后的染液放置几天，染出的颜色会更深，但如果要追求更好的效果，就需要用干枇杷叶来染色。为了回答“用不同方法进行干燥的枇杷叶染色后有什么不同”的疑问，我对太阳晒干的枇杷叶和用微波炉强制干燥的枇杷叶进行比较，与太阳晒干的枇杷叶相比，用微波炉干燥的枇杷叶染出的颜色更深，可见干燥速度快的方式染出的颜色更好。

水提取染液染色后日晒色牢度良好。用碱提取染液染色时，棉和羊毛经过明矾媒染后日晒色牢度为 -2，虽有点偏红，但会褪色。染料店里售有干枇杷叶，市场上出售的枇杷茶也可用来染色。

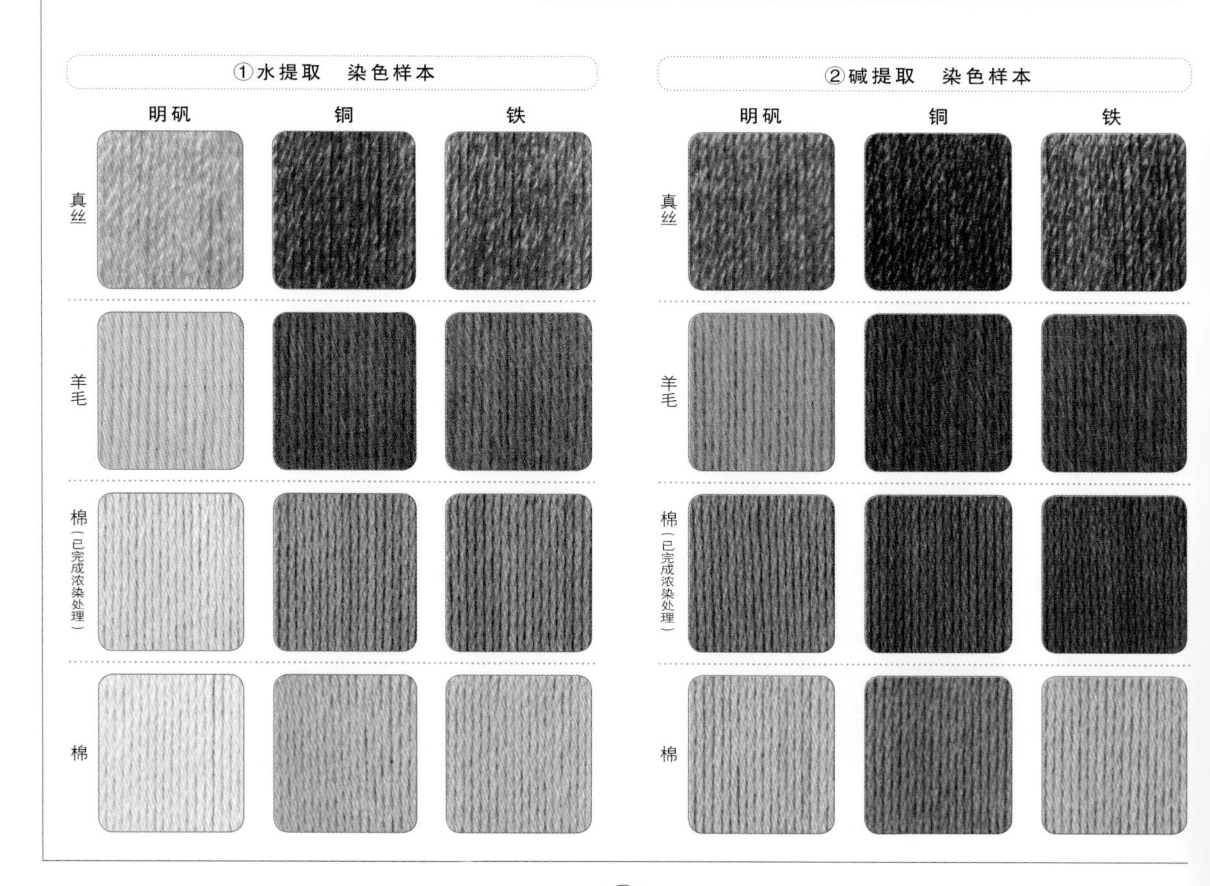

# 福木

● 别称：福树
● 分类：藤黄科藤黄属
● 条件：栽种
● 部位①：新鲜枝叶
  采集日：4月2日
  浓度：染料200g/线100g
● 部位②：干燥树皮
  采集期：20年前
  浓度：染料100g/线100g
● 染色日：4月11日
● 染色地：埼玉县

**植物记录 · 染色要点**

我之前收到了冲绳的朋友寄来的福木的树皮和树叶。不记得当时因为什么原因将福木砍倒并把树皮剥下来，那已经是20年前的事情了！朋友留言说“到现在还想用它来染色”。我收到的这些树皮较厚，而且朋友周到地将其充分干燥后切成了块状。我戴着工作手套，单手拿着铁锤，十分兴奋。一般来说，是用福木的树皮进行染色，但是出于保护自然的目的，最近我多用树叶进行染色，所以朋友将在庭院中栽种的福木的树叶也一并寄了过来。朋友在留言中写到“注意树液！”从树皮的切口处会流出浓厚的白色树液，触碰后有黏糊糊的感觉。将树叶熬煮之后，这种浓厚的白色液体会牢牢地粘在不锈钢上，很难清洗。关于日晒色牢度，明矾媒染后多少有些褪色，但是已染出的鲜艳的黄色色调不会变。

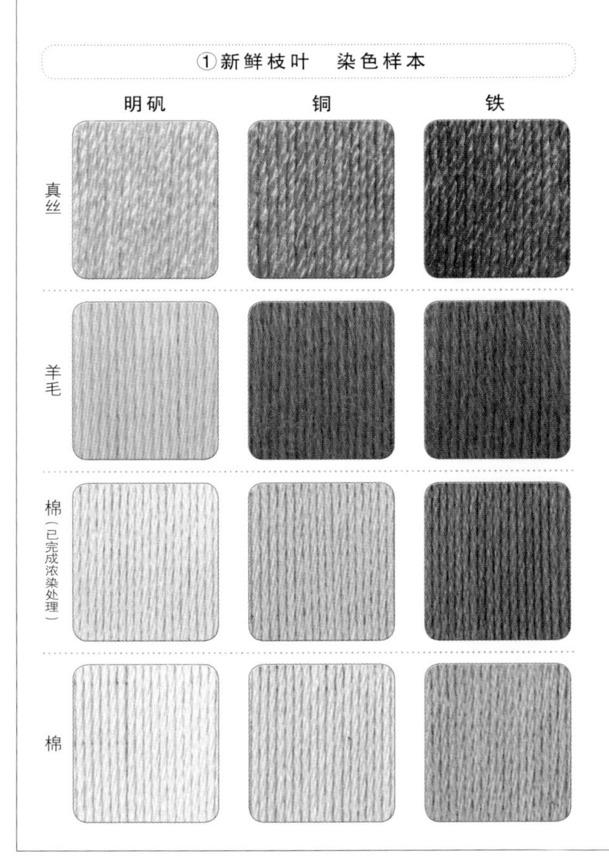


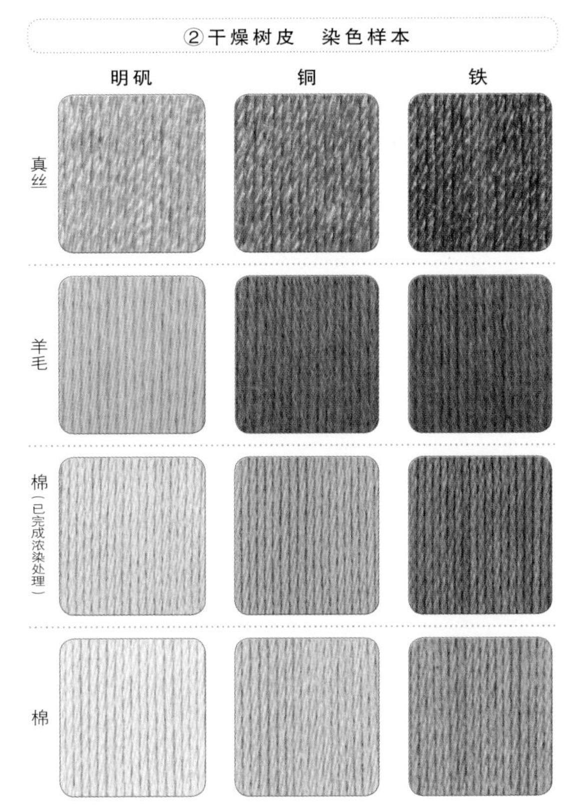

# 紫藤

- 别称：藤萝
- 分类：豆科紫藤属
- 条件：野生
- 部位：新鲜枝叶
- 采集・染色日：6月15日
- 采集・染色地：爱知县
- 浓度：染料200g/线100g

## 植物记录・染色要点

紫藤是一种会在4～5月垂落下一串串穗状花序的豆科蔓生落叶树。紫藤花有紫色、白色和红色三种，无论使用哪一种花色的紫藤，染出的颜色都是一样的。紫藤花在枝头开久了会变成残花，由于紫藤是一种观花藤本植物，应及时剪去残花。紫藤果实有一定药用价值。

染色样本使用花开之后的繁茂枝（藤蔓）叶染色而成。因为紫藤是庭院树木的基本品种，所以比较容易获取材料。明矾媒染后会染出明黄色，铜媒染后会染出从米色到褐色的不同的颜色。日晒色牢度都不错。

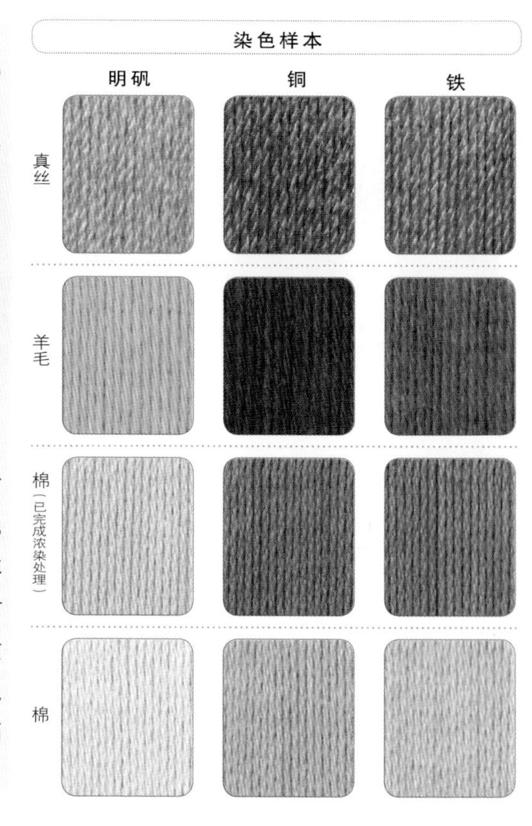

Trees

# 红叶石楠

- 品种：光叶石楠、红罗宾石楠
- 分类：蔷薇科石楠属
- 条件：栽种
- 部位：新鲜嫩芽
- 采集日：5月1日
- 染色日：5月2日
- 采集·染色地：埼玉县
- 浓度：染料200g/线100g

**植物记录·染色要点**

我们将石楠中新芽颜色为红色的品种都叫作红叶石楠。我家院子的篱笆中也有红色叶子的石楠，但是新芽颜色不如红罗宾（西洋石楠）那般火红艳丽。染色样本使用的是在修剪红罗宾时趁机剪下的红色嫩芽。

用初秋的枝叶可以染出褐色系颜色。当只用新芽染色时，真丝和羊毛经过明矾媒染会染出绿色系颜色。羊毛经过明矾媒染后会有所褪色，其他的日晒色牢度还不错。

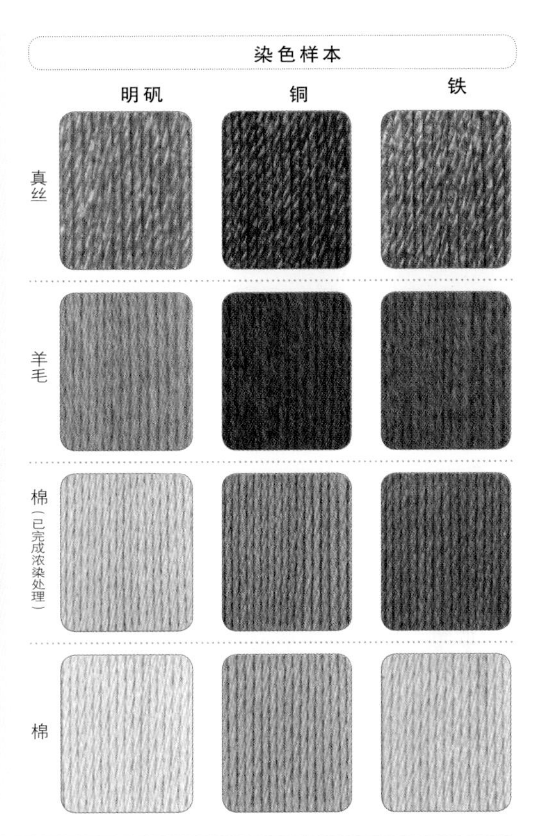


# 金缕梅

- 别称：满作、木里香、牛踏果
- 分类：金缕梅科金缕梅属
- 条件：栽种
- 部位：新鲜枝叶
- 采集日：6月9日
- 染色日：6月10日
- 采集·染色地：爱知县
- 浓度：染料200g/线100g

**植物记录·染色要点**

每逢冬季，金缕梅在褐色残叶尚未完全凋落之际就会开出美丽的花朵。金缕梅有许多园艺品种，花色各异，以金黄色为主，花瓣如缕，形状与一般花瓣不同，非常有趣。

染色样本使用初夏枝繁叶茂时的新鲜枝叶染色而成。棉的上色效果不错，铁媒染后会染出偏紫色的灰色，非常有特点。

日晒色牢度为+1。棉染色后颜色会变深。将染液熬煮后放置几天再进行染色，效果会更好。

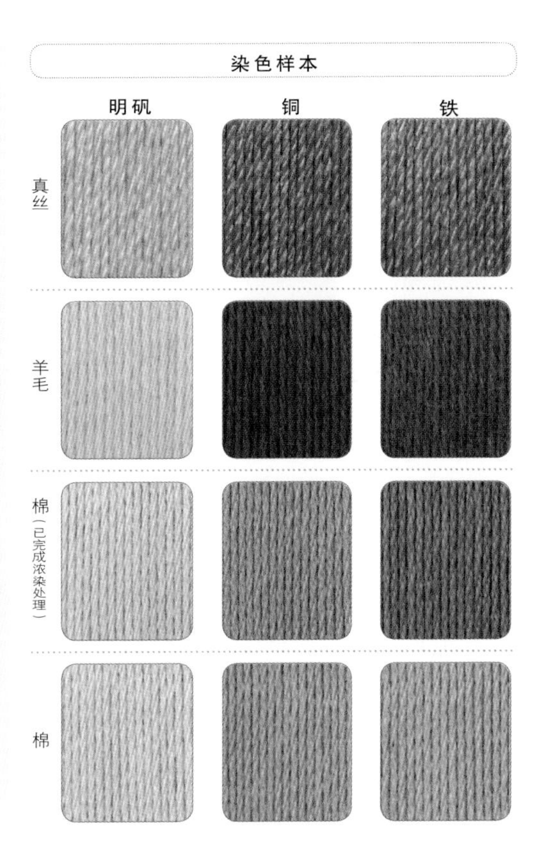

# 柑橘

- 别称：蜜橘
- 分类：芸香科柑橘属
- 条件：栽种
- 部位：新鲜枝叶
- 采集日：3月7日
- 染色日：3月8日
- 采集·染色地：千叶县
- 浓度：染料200g/线100g

**植物记录·染色要点**

柑橘种类众多，用于庭院栽种的柑橘品种几乎都是温州柑橘。

染色样本使用私人庭院中栽种的柑橘的新鲜枝叶染色而成。收获完果实的柑橘树状态最为疲惫，但是意外地染出了如图所示的稳定的颜色。

与染色样本相比，同属于芸香科的月橘（千里香）染出的颜色整体偏绿。下一次我也要尝试用碱提取的方法进行染色。日晒色牢度非常好。

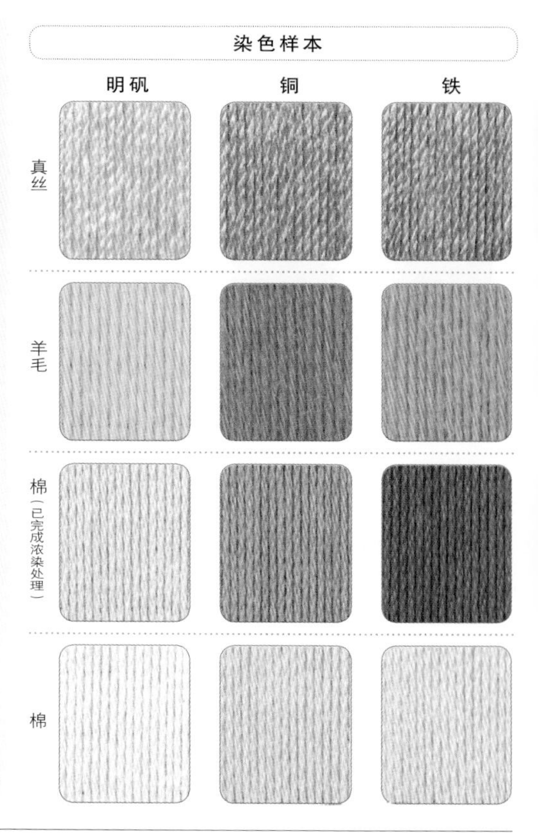


# 灯台树

- 别称：水木、女儿木
- 分类：山茱萸科灯台树属
- 条件：野生
- 部位：新鲜枝叶
- 采集日：6月24日
- 染色日：6月25日
- 采集·染色地：爱知县
- 浓度：染料200g/线100g

**植物记录·染色要点**

灯台树又称水木，据说是由于春天树木发芽时大量吸收土地中的水分，以至于将枝头折断后树中的汁液会不断地滴落下来。

染色样本使用花期结束后的野生灯台树的枝叶染色而成。山茱萸科中花色最引人注目的当属多花狗木，其染色样本见p.116。虽然存在同一时期染色地区不同，以及栽种条件不同等差异，但是染出的颜色的日晒色牢度是一样的。棉上色效果不错，真丝和羊毛经过铁媒染会染出红铜色。

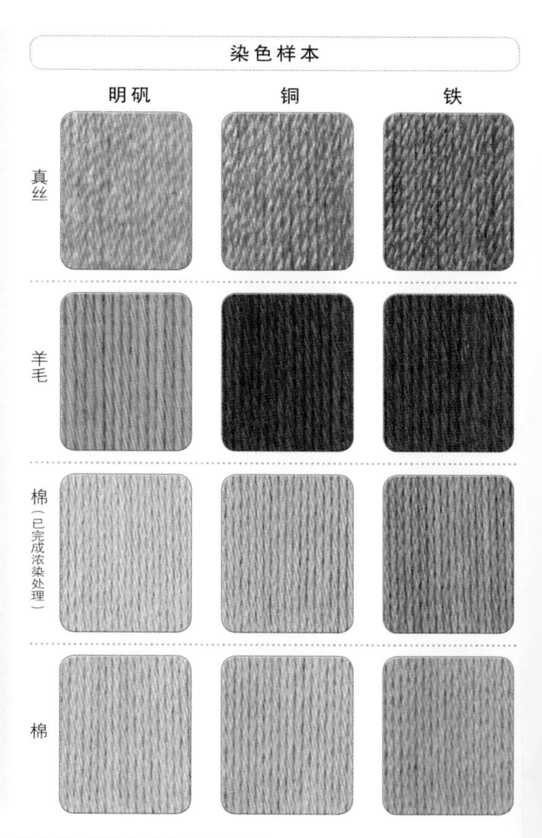

# 野木瓜

●别称：绕绕藤、假荔枝
●分类：木通科野木瓜属
●条件：栽种
●部位：新鲜叶
●采集·染色日：4月10日
●采集·染色地：奈良县
●浓度：染料200g/线100g

**植物记录·染色要点**

野木瓜是木通科藤本常绿灌木。这种蔓生性的植物生长速度快，但与木通（在有些地方也叫野木瓜）不同的是，野木瓜是常绿灌木，所以常用于公园栽种以及搭在栅栏和藤架上形成篱笆。

到了秋天，野木瓜会结出类似木通的紫色果实，因为果实摘下后可以存放一段时间，所以也常作为插花的素材来使用。

染色样本使用尚未开花的绿叶染色而成。日晒色牢度良好。如果用绿叶和树枝（藤蔓）一起染色，效果会更好。

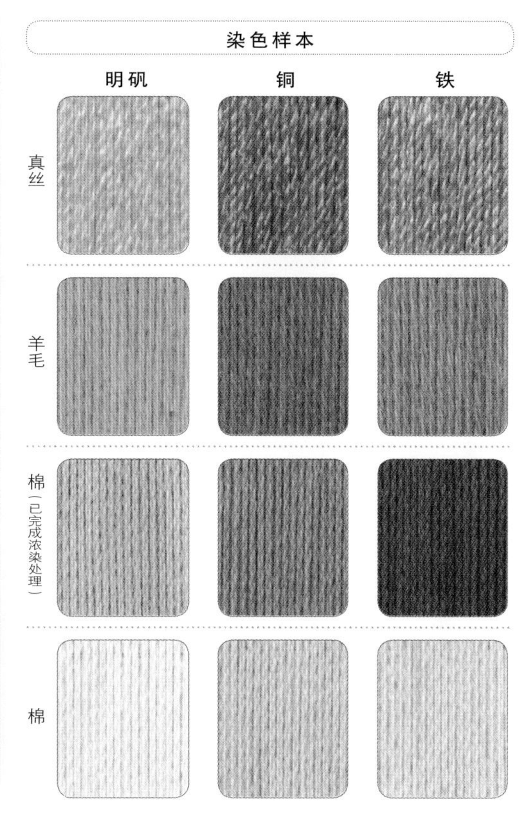


# 紫珠

●别称：紫式部、白棠子树
●分类：马鞭草科紫珠属
●条件：野生
●部位：新鲜枝叶
●采集·染色日：6月18日
●采集·染色地：爱知县
●浓度：染料200g/线100g

**植物记录·染色要点**

为了能欣赏到秋冬之际紫珠那成熟的紫色果实，我特意在家中用花盆栽种了几棵紫珠。有一种叫作白棠子树（日文中写作“小紫”）的植物是紫珠的近缘品种，比紫珠小一点，实际上市场上出售的大多都是这种叫作白棠子树的植物。

染色样本使用开花之前的枝叶染色而成。用紫珠染出的颜色都是温柔的颜色，例如明矾媒染后会染出奶油色，铜媒染后会染出深米黄色，铁媒染后会染出灰色系颜色。日晒色牢度良好。

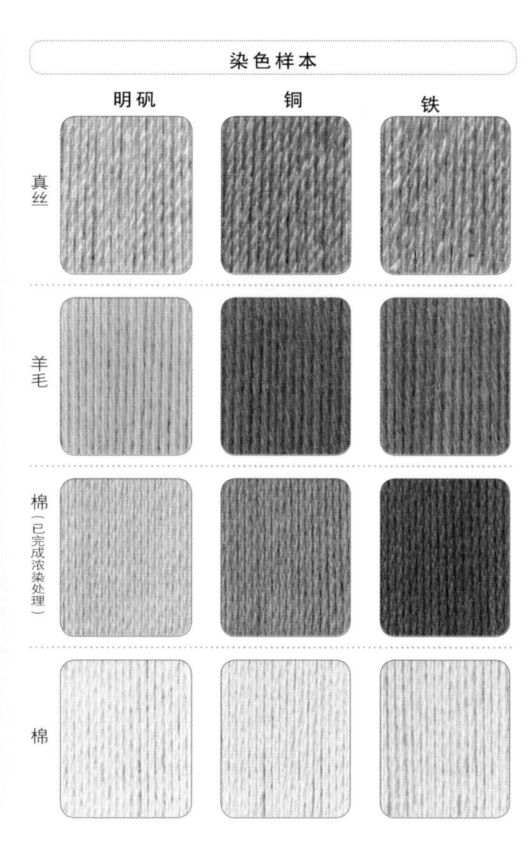

# 木兰

- 别称：木兰花、玉兰
- 分类：木兰科木兰属
- 条件：野生
- 部位：新鲜枝
- 采集日：3月7日
- 采集地：长野县
- 染色日：3月10日
- 染色地：埼玉县
- 浓度：染料200g/线100g

**植物记录 · 染色要点**

木兰花开，意味着春天的到来。不仅在日本，木兰在全世界都是受人喜爱的树种。

染色样本使用长野县山中野生木兰的树枝染色而成。留有残雪的枝头上尚未长出花蕾，不知具体品种是紫玉兰还是白玉兰。经过仔细地熬煮之后只能染出极淡的颜色。木兰染色后的日晒色牢度良好。

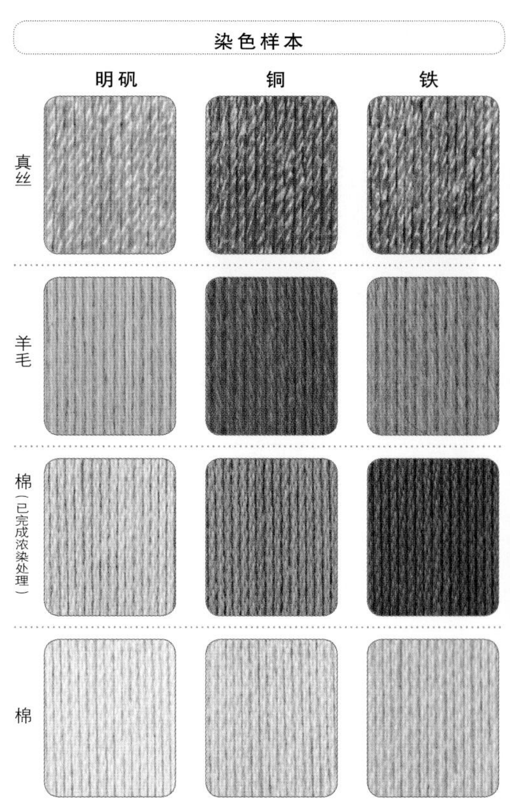


# 悬铃木

- 别称：法国梧桐
- 分类：悬铃木科悬铃木属
- 条件：栽种
- 部位：新鲜枝叶
- 采集 · 染色日：7月1日
- 采集 · 染色地：爱知县
- 浓度：染料200g/线100g

**植物记录 · 染色要点**

悬铃木是悬铃木属众多品种的树木的总称。长有大叶的三球悬铃木即法国梧桐，是世界四大行道树之一，日本的行道树中数量最多的就是悬铃木属的树木。

染色样本使用夏天的树枝和绿叶染色而成，不过即使只用树枝也可以染色。其中最有特色的是铜媒染，它可染出褐色系颜色。棉比较容易上色。行道树每年都要进行固定修剪，到那时去路边挑选合适的染色材料非常方便。棉经过明矾媒染日晒色牢度为 +1，而且颜色会变深。其他的日晒色牢度良好。

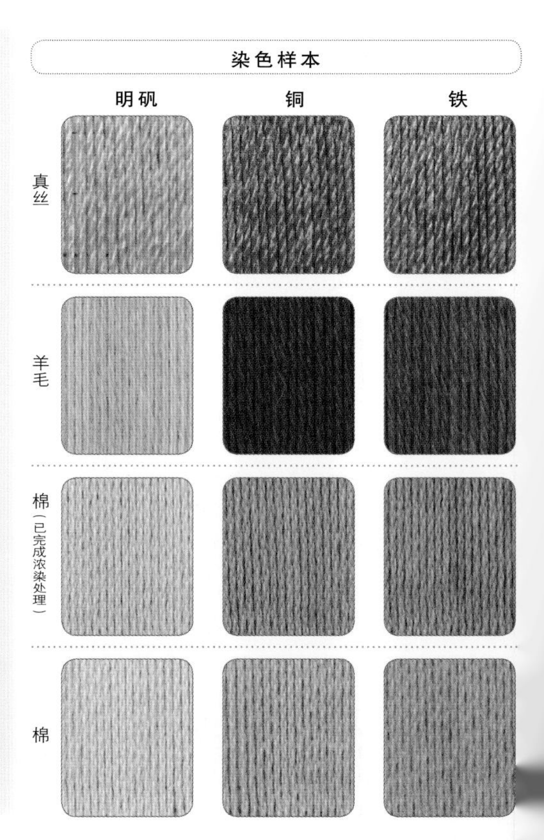

# 木槿

- 别称：木棉
- 分类：锦葵科木槿属
- 条件：栽种
- 部位①：新鲜叶
  方法：碱提取　不中和
- 部位②：新鲜枝
  方法：水提取
- 采集·染色日：6月8日
- 采集·染色地：埼玉县
- 浓度：染料200g/线100g

**植物记录·染色要点**

我家花坛里的木槿枝叶繁茂，所以我对这种会在夏天开出淡紫色花朵的植物非常熟悉。将掉在地上的落花收集起来放在冰箱冷冻室里冷冻一下，花的颜色会变绿，用这种染料对真丝围巾进行染色，会染出淡紫的颜色。

染色样本使用尚未开花的木槿染色而成，分别用树枝和绿叶进行染色对比。树枝用水提取的方法染色，可以染出一种淡淡的偏绿的颜色。绿叶用碱提取的方法染色，不论是铜媒染还是铁媒染，都会染出带有透明感的绿色。虽然木槿枝叶繁茂，但是由于其叶片太小，仅仅采集足量的叶片就相当辛苦。

关于木槿的碱提取染色法的具体内容见 p.198。羊毛经过明矾媒染会有些褪色，其他的日晒色牢度良好。

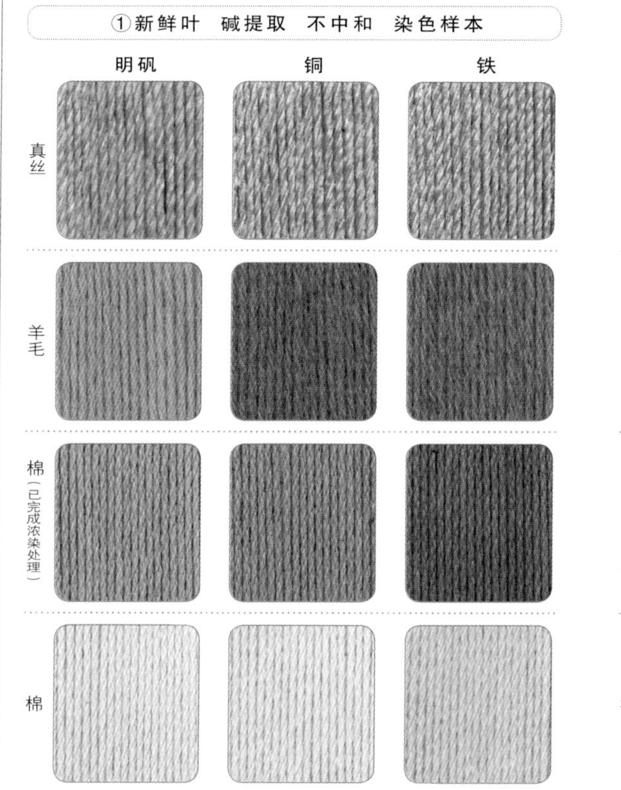


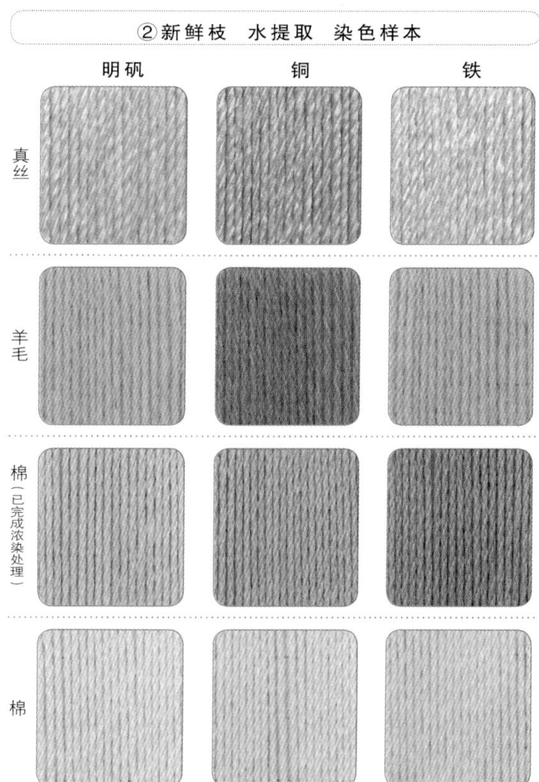

# 槭树

●别称：红叶
●分类：槭树科槭属
●条件：栽种
●方法①：新鲜枝　水提取
采集・染色日：7月1日
浓度：染料200g/线100g
●方法②：冷冻红叶　酸提取
采集日：7月1日
染色日：7月3 日
浓度：染料300g/线100g
●采集・染色地：埼玉县

**植物记录・染色要点**

染色样本使用我家院子里的槭树染色而成。槭树有200多个品种，我家院子里的是一年四季都有红叶的品种，但是具体名字我却不知道。虽然说一年四季都有红叶，但是夏天时它的叶子是带点绿色的红色，到了秋天才会完全变成漂亮的红色。

叶子呈红色是由花青素造成的，红色花瓣中通常富含这种色素。染色样本分别用槭树的叶片和树枝进行染色对比。树枝用水提取的方法进行普通的染色。叶片用酸提取的方法进行染色。

将采集好的红叶放入冰箱冷冻室，2天后，原本发绿的树叶就会变成暗红色。用暗红色的树叶熬煮染液时放入5mL的醋酸，棉就能被染出粉红色系的颜色。详细过程见p.176。

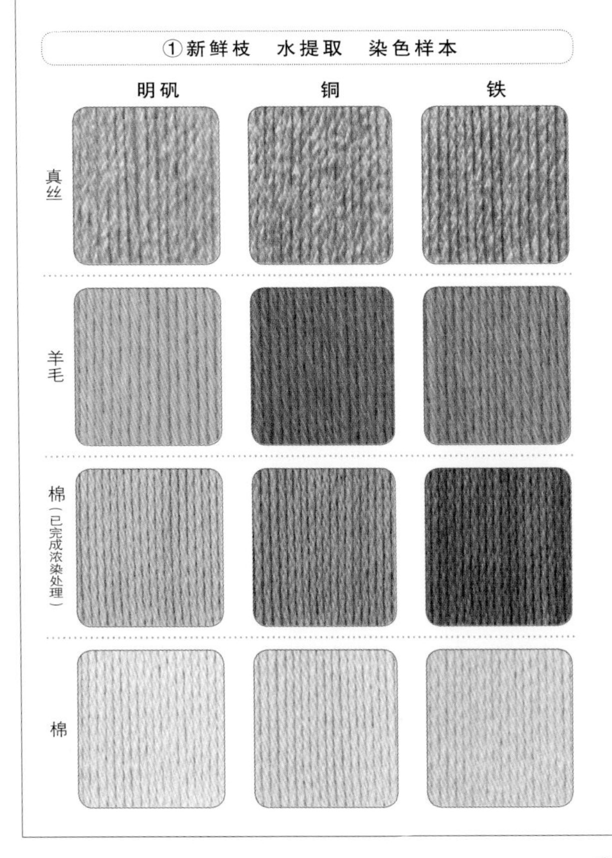


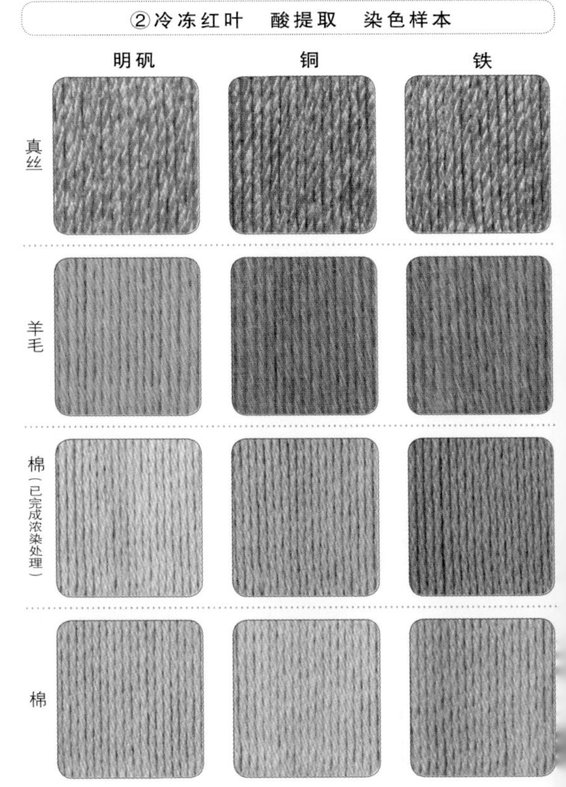

# 八角金盘

- 别称：八手、金刚纂
- 分类：五加科八角金盘属
- 条件：栽种
- 部位：新鲜叶
- 采集·染色日：4月13日
- 采集·染色地：爱知县
- 浓度：染料200g/线100g

**植物记录·染色要点**

八角金盘叶子的形状像手掌，从基部逐渐扩展出椭圆形裂片，寓意良好，从前是和风住宅庭院中必栽的植物之一。如今，八角金盘的叶子又有生意红火、招财纳福的寓意，几乎每家和风店的门前都会有一盆八角金盘。

八角金盘无需天天日晒，还可净化空气，养起来简单省事。用其叶子熬煮的水沐浴，还对风湿病有不错的疗效。以前我家院子里种有八角金盘，我时常用它来染色。虽然染出的颜色并不深，但是日晒色牢度良好。

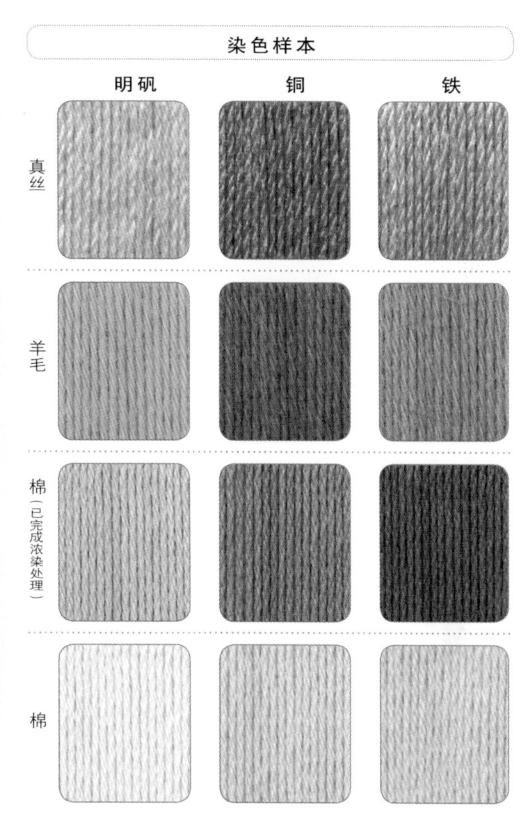


# 雪球荚蒾

- 别称：粉团荚蒾
- 分类：忍冬科荚蒾属
- 条件：野生
- 部位：新鲜枝
- 采集日：3月10日
- 采集地：长野县
- 染色日：3月15日
- 染色地：埼玉县
- 浓度：染料200g/线100g

**植物记录·染色要点**

每年5～6月雪球荚蒾都会绽放出绣球般硕大的白色絮状花朵。夏天时它的果实为鲜艳的红色，成熟后变黑。

染色样本使用尚未长出新芽的雪球荚蒾的嫩枝染色而成。用水提取的染液可以染出染色样本中的红颜色。明矾媒染后的日晒色牢度为-2，真丝的日晒色牢度良好。有兴趣的话可以尝试一下用成熟的果实进行染色。

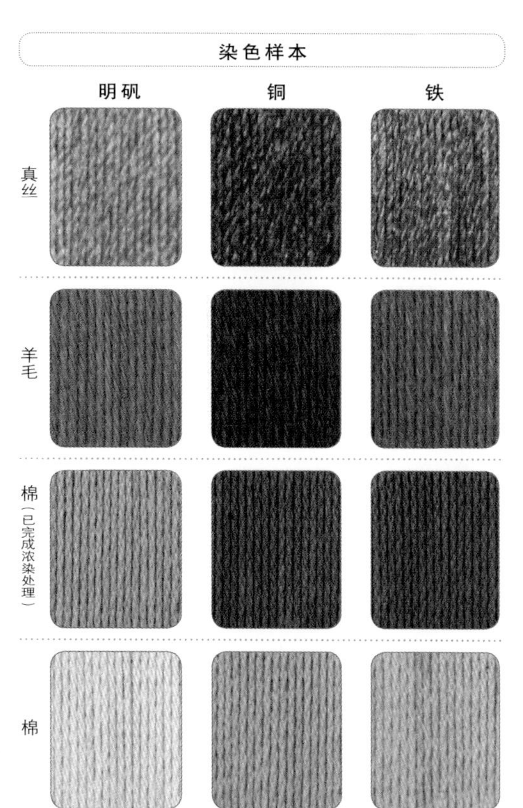

# 柳树

- 分类：杨柳科柳属
- 条件：野生
- 部位：新鲜枝叶
- 采集・染色日：6月16日
- 采集・染色地：爱知县
- 浓度：染料200g/线100g

**植物记录・染色要点**

据说杨柳科的树木种类达600多种。日本的柳树，特别是行道树中的柳树大多是垂柳。

一提到柳树很多人就会联想到河边栽种的树木，我家附近的小河边也有几棵野生的垂柳。柳叶的颜色很受人喜爱，人们常用柳色（带点灰色的黄绿色）这个词特指柳叶的颜色。用柳叶可以染出偏粉色的米色。

染色样本使用柳树繁茂的新鲜枝叶染色而成，日晒色牢度良好。用树皮则可以染出偏红色的褐色系颜色。

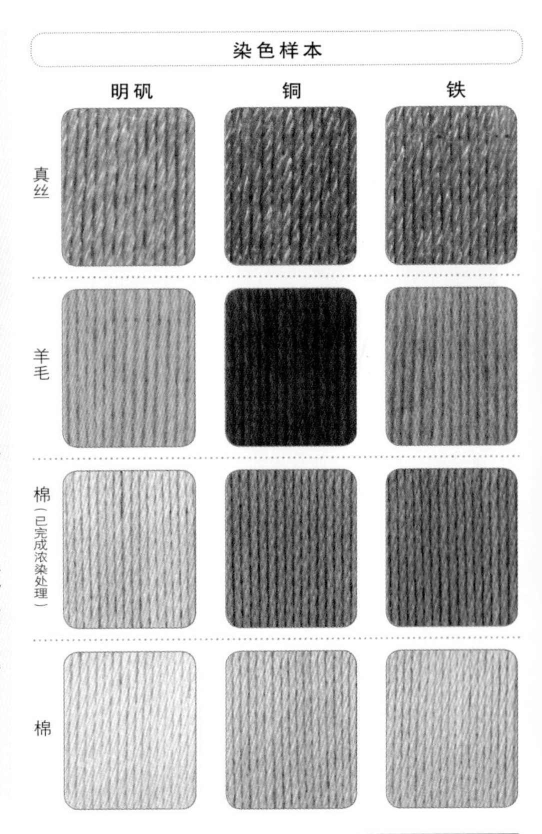


# 土肉桂

- 别称：天竺桂、玉桂
- 分类：樟科樟属
- 条件：野生
- 部位：新鲜枝叶
- 采集・染色日：3月18日
- 采集・染色地：爱知县
- 浓度：染料200g/线100g

**植物记录・染色要点**

关于土肉桂这个名字的由来有两种说法，一种说法认为它是长在草丛里的肉桂，另一种说法则表示这是质量次于肉桂一等的一种东西。土肉桂和锡兰肉桂的树皮常用于制作点心和香辛料。土肉桂不如肉桂那么香，要将树叶揉搓之后才能闻到好闻的香气。

染色样本使用野生土肉桂的新鲜枝叶染色而成。染色结果中最有特点的就是铁媒染后染出的银灰色。锡兰肉桂的染色样本见p.138。土肉桂染后的日晒色牢度良好。

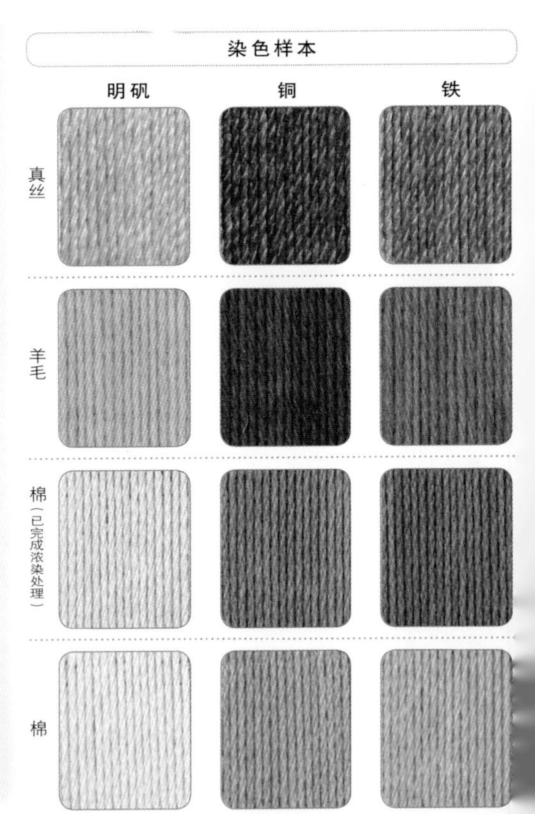

# 棣棠

- ●别称：蜂棠花
- ●分类：蔷薇科棣棠花属
- ●条件：野生
- ●部位：半干枝
- ●采集日：3月11日
- ●采集地：长野县
- ●染色日：3月23日
- ●染色地：埼玉县
- ●浓度：染料200g/线100g

**植物记录·染色要点**

染色样本使用经过十几天通风干燥变成半干状态的尚未发出新芽的棣棠树枝染色而成，染出的颜色并不深。染色结果中比较有特点的是经过明矾媒染的样本，染出了米色，以及经过铁媒染的样本，染出了褐色系颜色。

棣棠花如其名（日语中“棣棠”与“黄色”发音相同），每年4～6月都会开出黄色的花朵。如果选择在花期进行染色，应该会染出黄色更重的颜色吧。日晒色牢度良好。

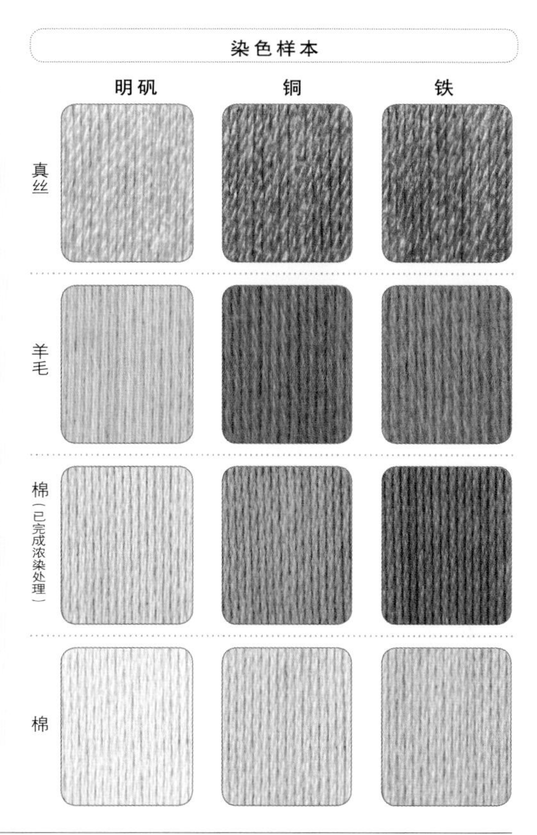


# 香橙

- ●别称：蟹橙
- ●分类：芸香科柑橘属
- ●条件：野生
- ●部位：新鲜枝叶、果实
- ●采集·染色日：7月6日
- ●采集·染色地：埼玉县
- ●浓度：染料200g/线100g

**植物记录·染色要点**

一般来说，芸香科树木的共同特点为绿叶较为厚实、果实成熟后为黄色以及通常为常绿乔木。本以为这次会染出深黄色，却意外地只是染出了淡淡的颜色。

染色样本采用的是属于园艺品种的花橙，将其枝、叶以及直径约为1cm的尚未成熟的果实一起熬煮，进行染色。虽然花橙是香橙的一种，但与一般的香橙还是有一些不同，花橙结果时间早，庭院树木大多使用花橙。染出的颜色较淡，在染色过程中隐约可闻到花橙的香气，我十分享受这一过程。日晒色牢度良好。

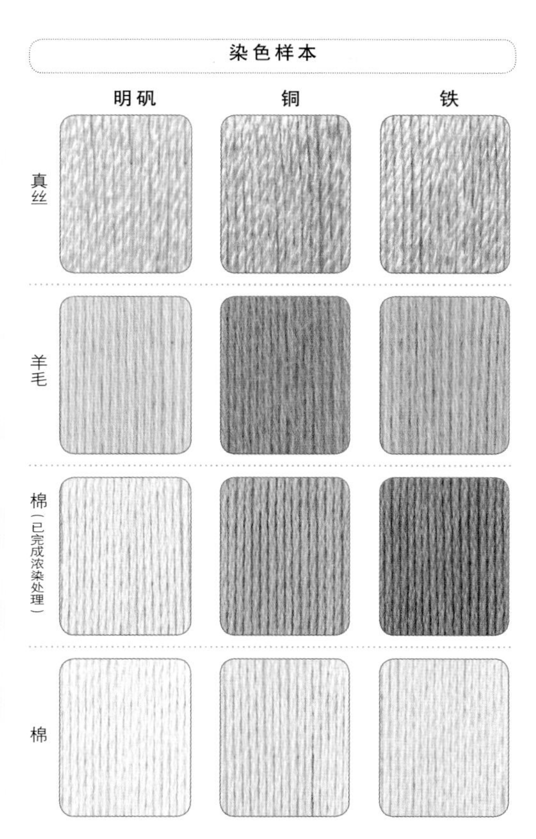

# 交让木

- 别称：山黄树、弓弦叶
- 分类：交让木科交让木属
- 条件：栽种
- 部位：新鲜枝叶
- 采集・染色日：7月1日
- 采集・染色地：爱知县
- 浓度：染料200g/线100g

**植物记录・染色要点**

一般常绿乔木都是等旧叶全部凋落后长出新叶，但是交让木却是新叶长出后旧叶再凋落，故有“交让”之称。交让木有长辈见证孩子的成长，一代一代地继承繁衍下去的寓意，因此，在日本人们也会将交让木叶片放在圆形年糕下，充当正月供神的装饰品。

染色样本使用夏季的枝叶染色而成。初夏过后旧叶凋落后的这段时期最适合染色，可以染出从米色到褐色之间的不同的颜色。日晒色牢度较好。

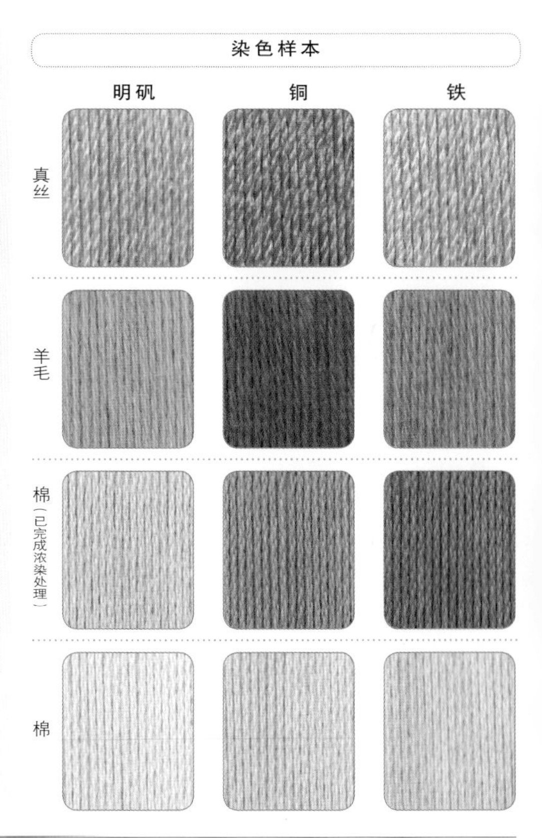


# 鹅掌楸

- 别称：百合树、马褂木、郁金香树
- 分类：木兰科鹅掌楸属
- 条件：野生
- 部位：新鲜枝叶
- 采集・染色日：6月17日
- 采集・染色地：爱知县
- 浓度：染料200g/线100g

**植物记录・染色要点**

鹅掌楸在日本也叫作百合树，树如其名，鹅掌楸开出的花朵形似百合，当然也有人认为像郁金香，所以它还有个别称叫作郁金香树。鹅掌楸常作为行道树栽种于道路两旁，但是它开出的花实在是太不显眼了。

鹅掌楸的花期为 5 ~ 6 月，偏绿色的黄色花朵隐藏在向上伸展的大叶片里，如果不认真观察的话很难发现。

染色样本使用花期结束之后的枝叶染色而成。日晒色牢度良好。

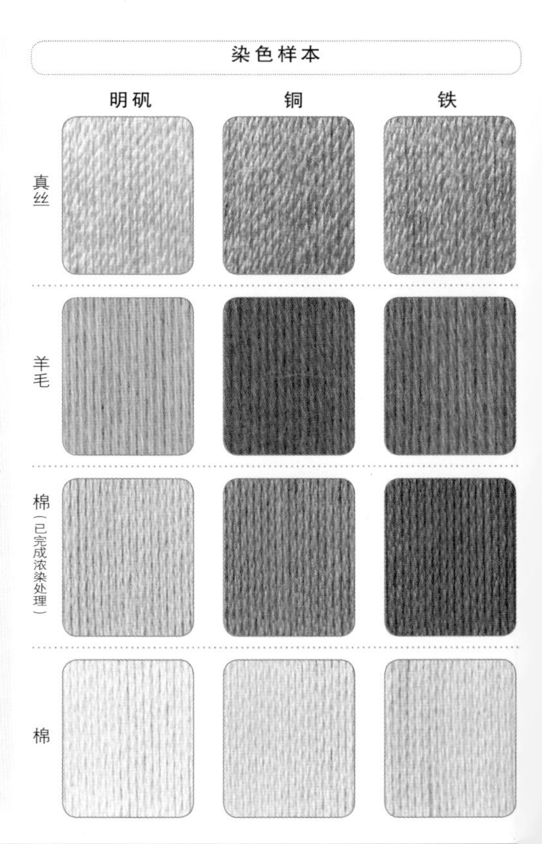

# 苹果树枝、苹果树烟熏木片

- 分类：蔷薇科苹果属
- 条件①：栽种　新鲜小枝
  采集期：2月
  采集地：青森县
  染色日：3月9日
  染色地：埼玉县
  浓度：染料300g/线100g
- 条件②：市场出售　干燥心材碎木片（p.134）
  水提取
- 条件③：市场出售　干燥心材碎木片（p.134）
  碱提取
  染色日：4月9日
  染色地：埼玉县
  浓度：染料200g/线100g

**植物记录·染色要点**

我收到父母寄来的从苹果树上修剪下来的树枝，他们在青森经营一个苹果园，获取这些很方便。为方便使用，我将这些树枝截成5cm左右的小段。这里面包含多个品种的苹果树的木材。如无新鲜树枝，也可从市场上购买用于烧烤的心材碎木片。

本书列举三种染色样本：用苹果树小枝染色的样本和将心材碎木片用水提取和碱提取的方法分别染色的样本。小枝染出的颜色较淡，心材碎木片可染出从偏红的米色到褐色之间的不同的颜色，碱提取染液染出的颜色几乎没有变化。所有染色样本的日晒色牢度都很好。

日本最近出现一个新的“红苹果”品种叫作“御所川原”，其树枝、果肉及花朵都是漂亮的红色。该品种的苹果常被用于制作果酱等。果园为获得更好的大小均匀的果实，在果实幼小的时候会摘掉一些。可买一些这种富含红色素的苹果来染色，会染出漂亮的粉红色。

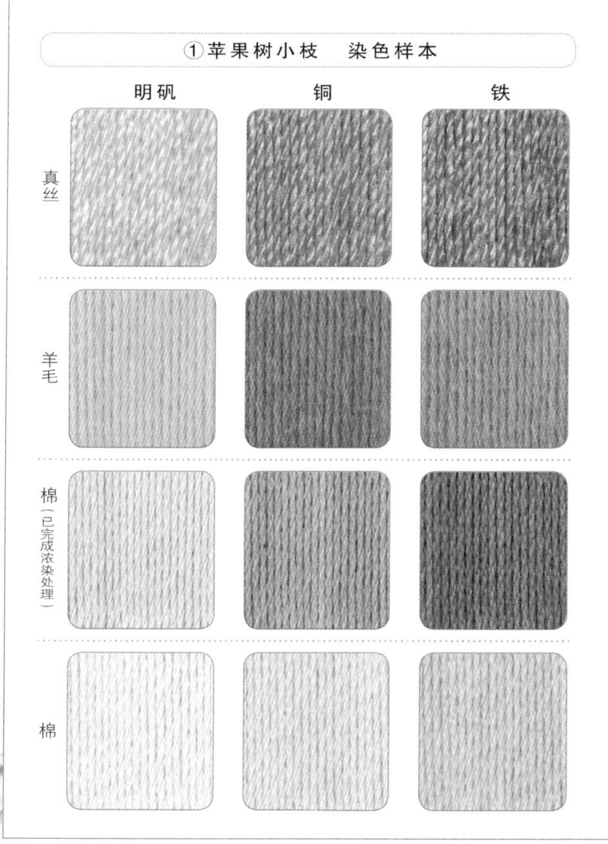

## 苹果树烟熏木片

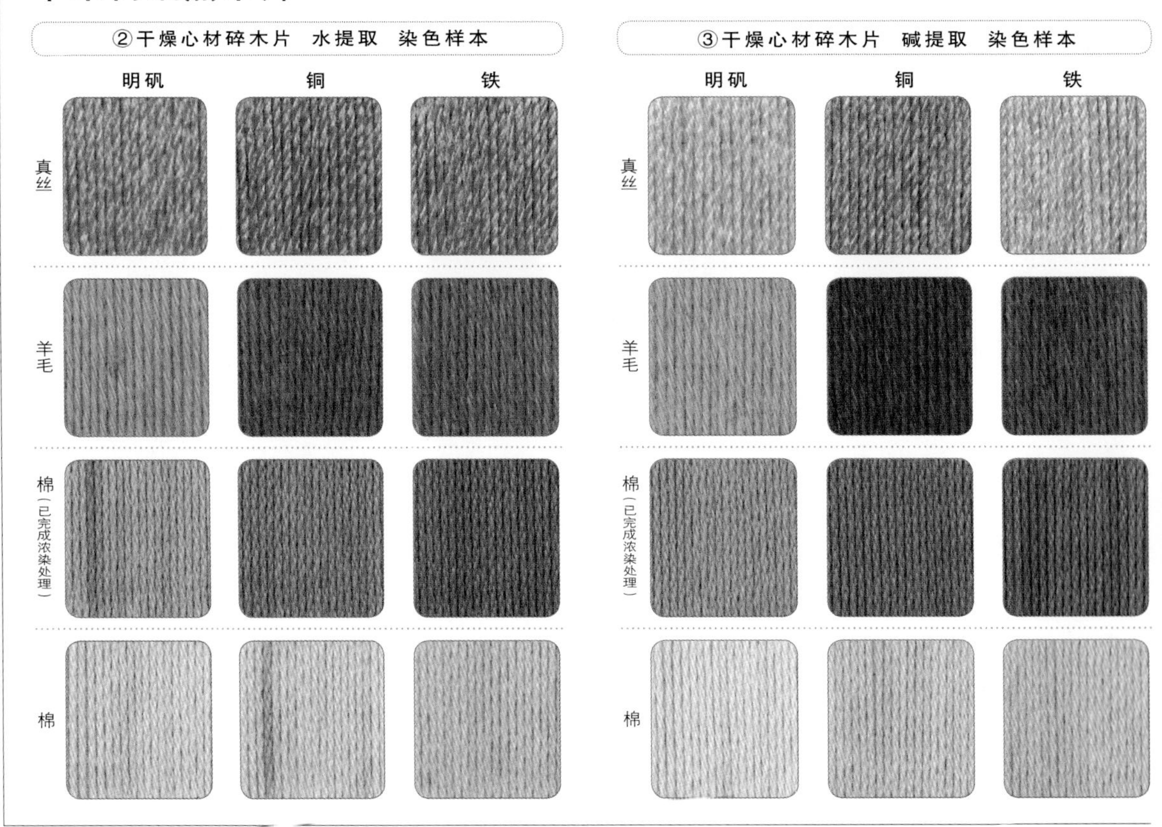


## 连翘

●别称：青翘
●分类：木犀科连翘属
●条件：野生
●部位：新鲜枝
●采集日：3月7日
●采集地：长野县
●染色日：3月10日
●染色地：埼玉县
●浓度：染料200g/线100g

**植物记录·染色要点**

会在早春时节绽放出黄色花朵的连翘，和樱花一样都是先开花后长叶的植物。9月成熟的褐色果实，对于缓解喉鼻肿痛非常有效。将完全成熟的果实放入锅中蒸后晒干，就制成我们所熟悉的中药连翘了。

染色样本使用花开之前的嫩枝染色而成。虽然染出的颜色没有那么深，但日晒色牢度非常好。

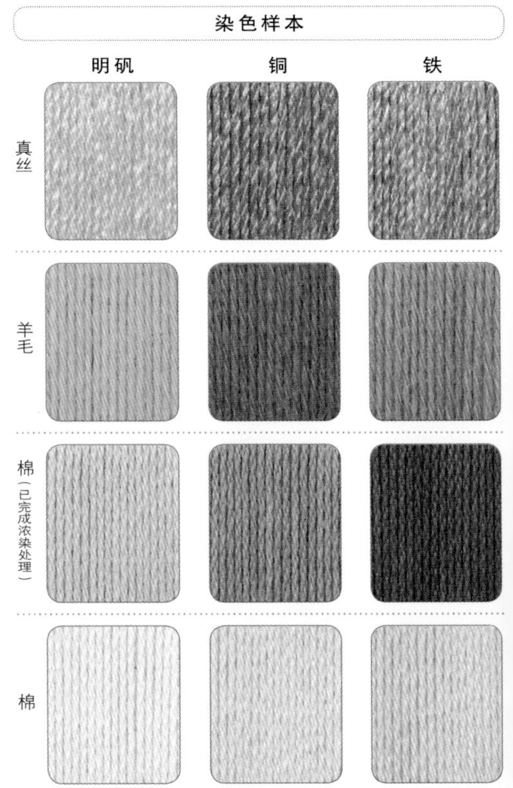

# 蜡梅

●别称：黄梅、金梅
●分类：蜡梅科蜡梅属
●条件：栽种
●方法①：水提取
　方法②：碱提取
●采集日：5月22日
●染色日：5月24日
●采集・染色地：千叶县
●浓度：染料200g/线100g

**植物记录・染色要点**

蜡梅是在百花凋零的寒冬绽放花朵的名贵植物。所开花朵芳香扑鼻，是由于蜡梅含有大量的芳香物质，或许我们也可以试着从蜡梅中提炼精油。蜡梅的香味成分常用于制作香皂和香水，但是遗憾的是还没有找到由蜡梅制作的纯精油。

染色样本使用蜡梅的枝叶染色而成，并且分别用水提取和碱提取的方法进行染色对比。使用碱提取染液染色的方法见 p.200。用碱提取的方法可以染出十分清爽的绿色系颜色，但是这种绿色的日晒色牢度只有 –2。铜媒染后的日晒色牢度非常好，羊毛经过铜媒染后完全不会变色。用水提取的方法染色后，染色样本的日晒色牢度也不错。

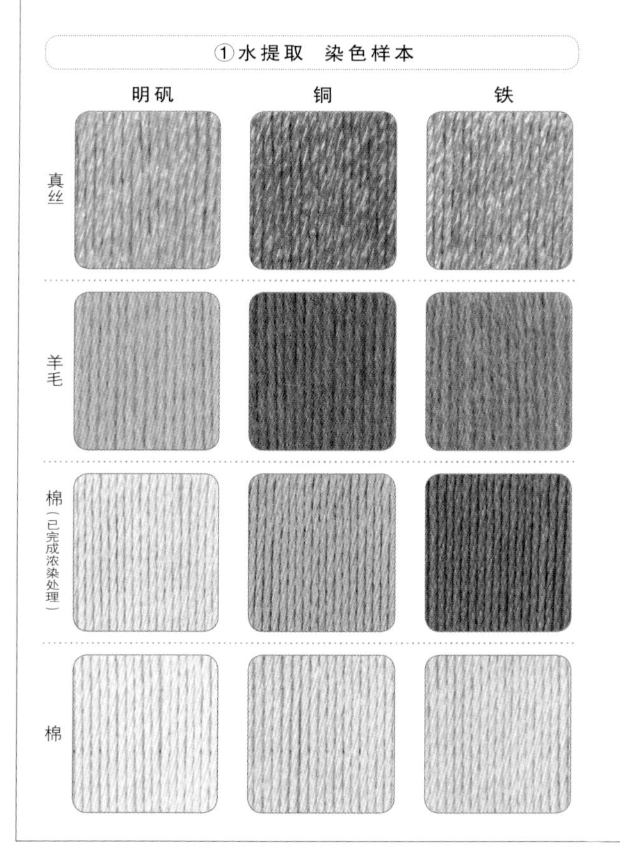


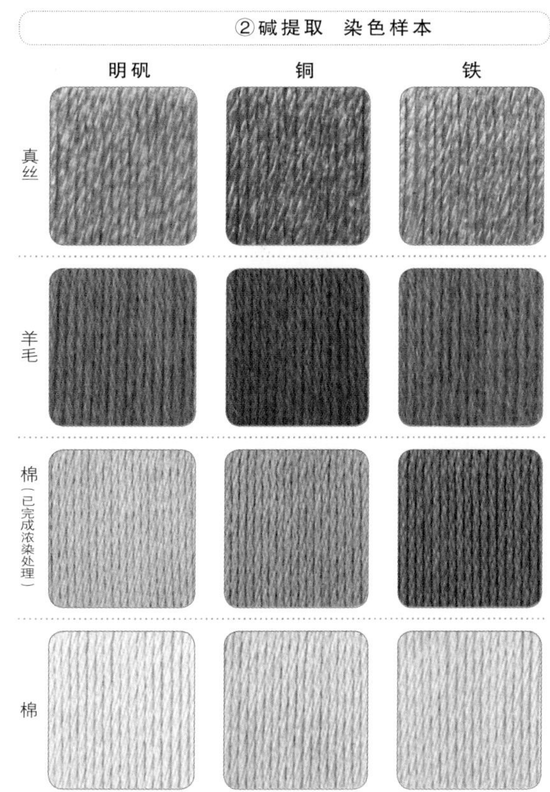

# 用香料植物染色

*Herbs*

## 月桂树

- 别称：桂冠树、月桂冠
- 分类：樟科月桂属
- 条件：栽种
- 部位：新鲜枝叶
- 采集日：3月14日
- 染色日：3月16日
- 采集·染色地：千叶县
- 浓度：染料200g/线100g

**植物记录·染色要点**

月桂叶是基本香料之一，咖喱及炖菜都少不了用它提香。罗马人视月桂为智慧、守护与和平的象征，在马拉松长跑中获胜的人都会受赠一项用月桂编成的头环，月桂也因此闻名于世。月桂叶可增加食欲和促进消化等，月桂树是常见的庭院树。

9 ~ 11 月修剪月桂树时正是用新鲜枝叶染色的最佳时期。由于月桂枝叶在完全干后几乎不能染色，最好采集后数天内尽快进行染色。染色结果中最有特点的是铜媒染，会染出偏红的米色系颜色。整体来说，染出的颜色较淡时会稍微有些褪色。

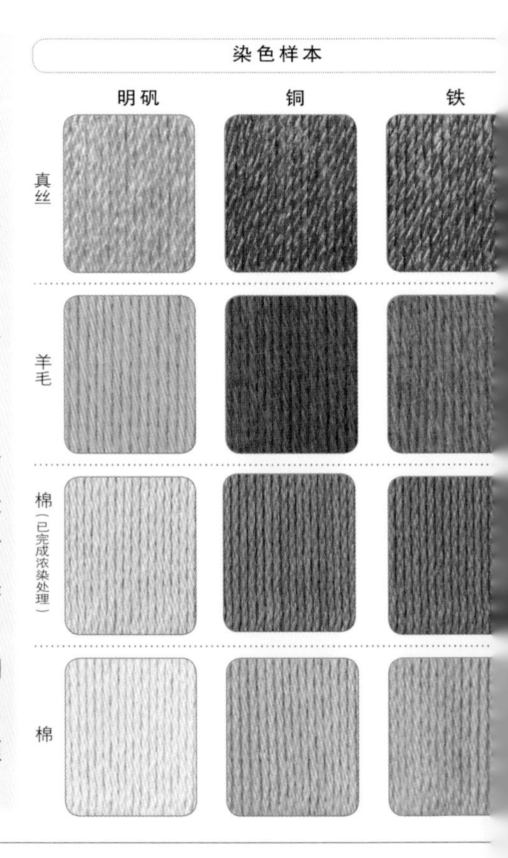

# 小叶薄荷

- 别称：止痢草、土香薷、牛至
- 分类：唇形科牛至属
- 条件：市场有售
- 部位：新鲜茎叶
- 染色日：6月5日
- 染色地：千叶县
- 浓度：染料50g/线100g

**植物记录・染色要点**

小叶薄荷我们都非常熟悉，常用作香辛料和用来提取精油。作香辛料时，它可以很好地和肉类及芝士搭配在一起，所以它也是制作比萨时不可或缺的香草。许多沐浴液也含有从小叶薄荷中提取的精华液。

市售的干燥小叶薄荷闻起来无味，但在熬煮染液的过程中会散发出带有清凉感的香气。这种香气可提神醒脑、消除精神疲劳。

染色样本使用修剪下的新鲜茎叶，比起新鲜茎叶，用干燥茎叶会染出更深的颜色。日晒色牢度良好。这是我重点推荐的染色香草。

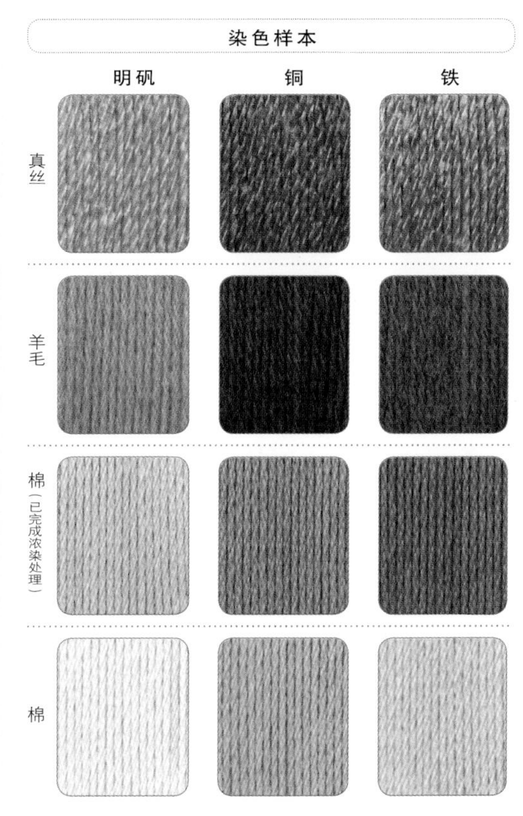


# 罗勒

- 别称：九层塔、金不换
- 分类：唇形科罗勒属
- 条件：市场有售
- 部位：干燥叶
- 染色日：6月22日
- 染色地：埼玉县
- 浓度：染料50g/线100g

**植物记录・染色要点**

罗勒是一种常用于各种料理，尤其是意大利料理的大家都非常熟悉的香草。罗勒是一年生草本植物，每年春天我都会买些罗勒苗回来自己栽种。

染色样本使用最普通不过的甜罗勒的干燥叶染色而成，而当初甜罗勒是作为中药从国外引进到日本的。据说罗勒种子的浸泡液可以当作眼药水来清洗眼睛，所以罗勒在日本也写作“目帚”。日晒色牢度良好。

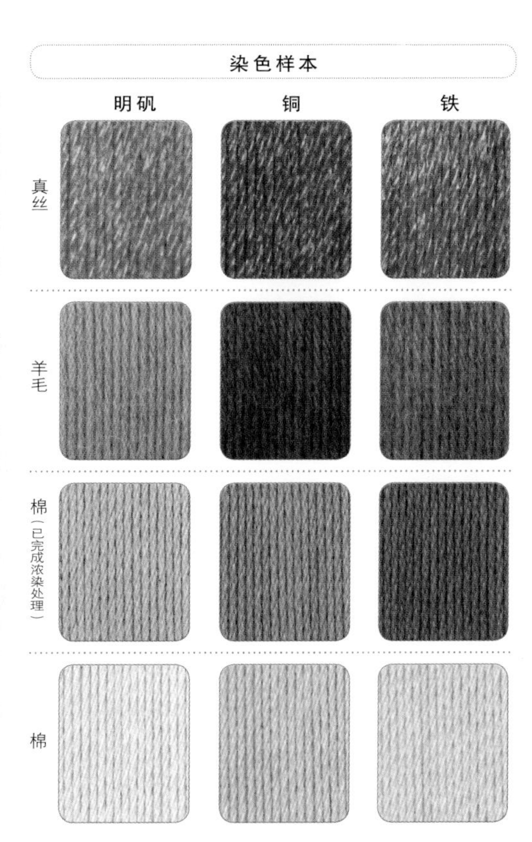

# 锡兰肉桂

- 别称：肉桂、桂皮
- 分类：樟科樟属
- 条件：市场有售
- 部位：干燥树皮
- 染色日：6月26日
- 染色地：埼玉县
- 浓度：染料50g/线100g

**植物记录 · 染色要点**

锡兰肉桂可以说是世界上最古老的香辛料之一，在古埃及时就作为木乃伊的防腐剂来使用。锡兰肉桂是制作咖喱、红茶、点心等的必不可少的香料。

市场上大多出售的是卷成棒状物或者磨成粉末状物的树皮，染色样本使用棒状的锡兰肉桂染色而成。媒染后颜色没有明显变化，但是会染出偏红的米色系颜色。羊毛和棉染后多少有所褪色，真丝染后的日晒色牢度良好。

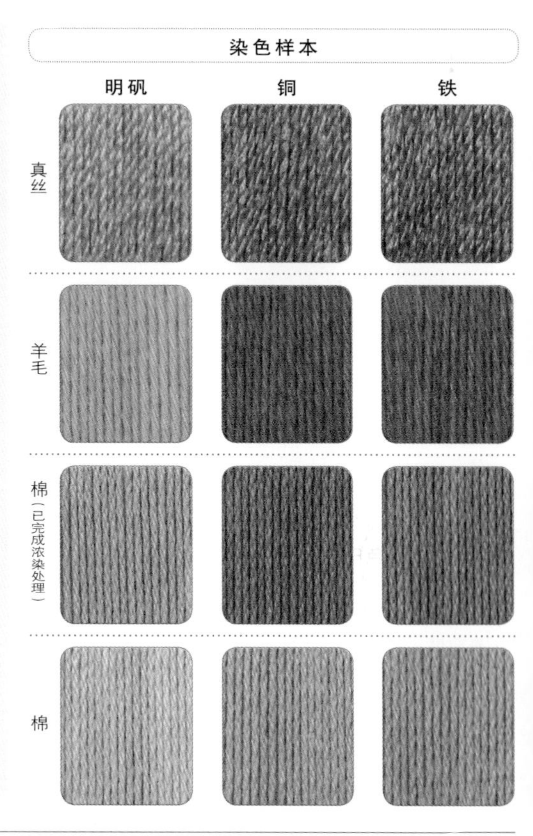


# 柠檬草

- 别称：柠檬香茅
- 分类：禾本科香茅属
- 条件：市场有售
- 部位：干燥叶
- 染色日：7月2日
- 染色地：埼玉县
- 浓度：染料50g/线100g

**植物记录 · 染色要点**

柠檬草是一种常用来制作香草花茶的普通植物。从外形上来看和芒草类似，但是其全株都散发着柠檬的香味。柠檬草不仅可作为香草花茶来饮用，还可用于冬阴功等料理中以提味。柠檬草适应性极强，我为了染色而种了一些柠檬草，结果长出太多，染色根本用不完。禾本科植物染出的颜色色调大致相同，柠檬草与众不同的是它在熬煮过程中散发的香气能起到缓解精神疲劳的作用，类似香薰的效果。日晒色牢度为 –0.5，褪色轻微，可不必在意。

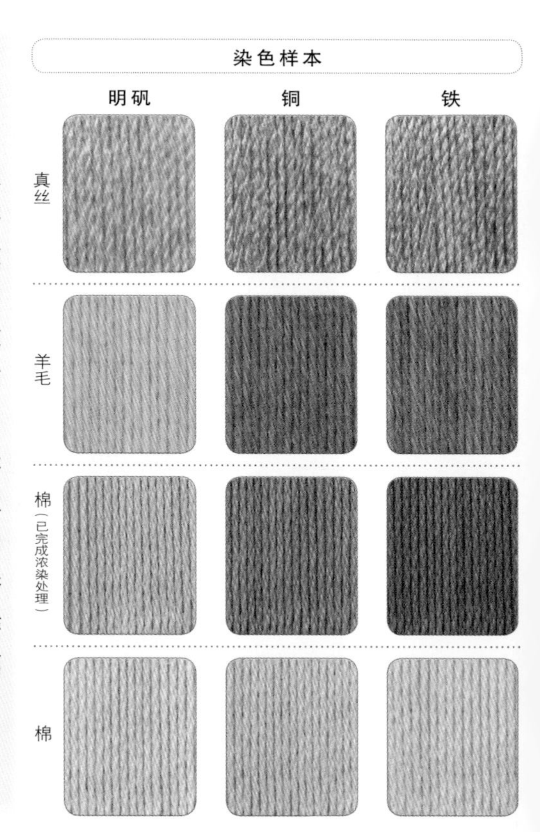

# 迷迭香

●别称：海洋之露
●分类：唇形科迷迭香属
●条件：栽种
●部位：新鲜枝叶
●采集・染色日：6月6日
●采集地：千叶县
●染色地：埼玉县
●浓度：染料200g/线100g

**植物记录・染色要点**

迷迭香是唇形科常绿灌木，全年长有针形的细长绿叶。染色时，用开花前的枝叶染出的颜色最深，当然梅雨时期和冬季来临前修剪下的枝叶也能染出不错的颜色。

迷迭香的别名是“海洋之露”，从这个名字中仿佛就可以看到那一朵朵蓝紫色的小花正如露珠一般摇曳。迷迭香可染出深浅不一的颜色，并在染色过程中散发出好闻的香气，是我强烈推荐的一种染色香草。日晒色牢度总体上良好。

染色样本

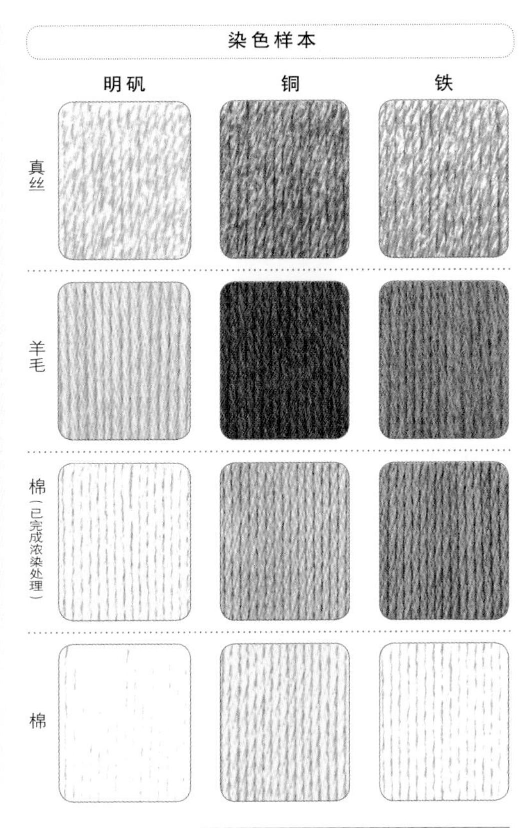


# 薄荷

●别称：夜息香
●分类：唇形科薄荷属
●条件：野生
●部位：新鲜地上部分
●采集日：5月8日
●染色日：5月9日
●采集・染色地：埼玉县
●浓度：染料200g/线100g

**植物记录・染色要点**

薄荷的繁殖能力极强。本来我只打算在庭院的角落种上一些薄荷，没想到不知不觉之间它就长满了整个庭院。正发愁如何有效利用这些用不完的薄荷时，就想到了可以将其分给对染色感兴趣的朋友。

薄荷多生于水旁湿地，我们这次的染色样本使用的就是野生于我家附近小河边的苹果薄荷。薄荷外形可爱，香味清新，采摘多了也不用担心，因为每年薄荷的生长面积都会扩大。

薄荷种类众多，染出的颜色却大致相同。日晒色牢度良好。

染色样本

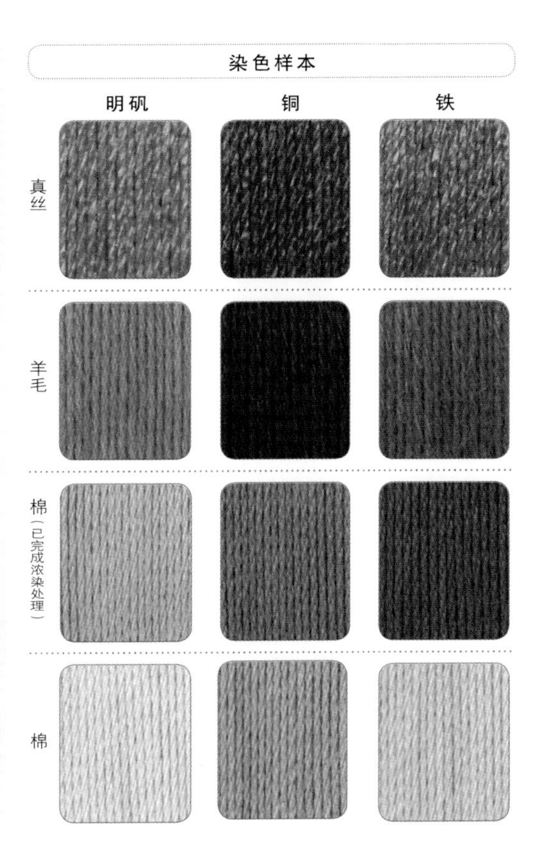

# 百里香

- 别称：麝香草
- 分类：唇形科百里香属
- 条件：市场有售
- 部位：干燥叶
- 染色日：6月21日
- 染色地：埼玉县
- 浓度：染料50g/线100g

**植物记录 · 染色要点**

百里香可谓是一种万能香草，其种类多达300余种。百里香有杀菌、除臭的功效，所以在做料理时常被用来去除肉类的腥味。

染色样本使用银斑百里香的干燥叶染色而成。百里香的枝叶都是染料植物，用干燥后的枝叶染色，可以染出更深的颜色。

百里香香味浓郁，还有清新空气和除菌的作用，所以在染色过程中可以享受到全身香薰的福利。日晒色牢度良好。

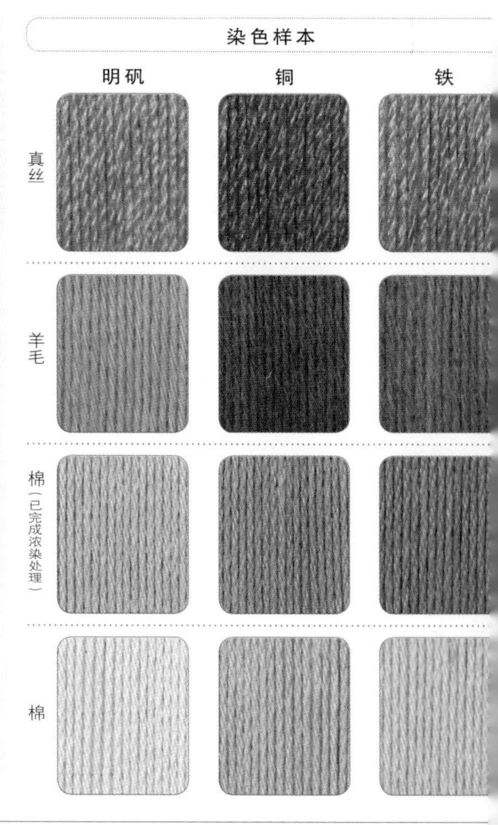


# 野草莓

- 别称：森林草莓
- 分类：蔷薇科草莓属
- 条件：栽种
- 部位：新鲜地上部分
- 采集 · 染色日：7月3日
- 采集 · 染色地：埼玉县
- 浓度：染料300g/线100g

**植物记录 · 染色要点**

p.81 和 p.111 分别有蓬虆和茅莓的染色样本。蓬虆和茅莓同属悬钩子属，结出的果实外形上都类似覆盆子，野草莓属草莓属，果实外形类似草莓，但个头较小。

野草莓这种植物栽种简单，且除了隆冬时节，几乎一年四季都可以收获果实，因此有很多人在家中用花盆栽种野草莓。

染色样本使用地里栽种的野草莓的叶和茎部染色而成。染出的颜色同前面的悬钩子属植物相同。棉染色后会有些褪色。

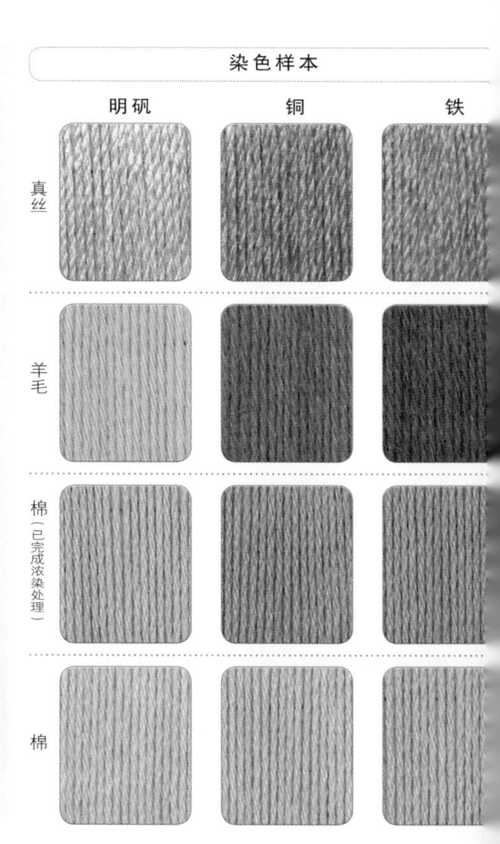

# 贯叶连翘

- 别称：贯叶金丝桃
- 分类：藤黄科金丝桃属
- 条件：市场有售
- 方法①：水提取
  方法②：碱提取
- 部位：干燥叶
- 染色日：5月18日
- 染色地：千叶县
- 浓度：染料50g/线100g

**植物记录·染色要点**

贯叶连翘是一种有抗抑郁效果的香草。仔细阅读抗抑郁药物胶囊和药片的说明书后就可以发现，其中大部分都含有贯叶连翘的提取物。但为了使抗抑郁效果显著，很多此类药物都是和其他药物一起使用以便发挥更好的作用，这一点请多加注意！

贯叶连翘作为一种染色香草，自古以来就很有名气，但是从前不管材料如何，都只能染出深浅不一的颜色来。染色样本分别采用水提取和碱提取的方法进行了染色对比。用碱提取的染液染出的颜色中红色或者褐色较深，其中，棉可以染出朴素的红色系颜色。

虽然在染色过程中没有感受到香薰的乐趣，但贯叶连翘确实是一种让我想要再次拿来染色的香草植物。

※ 关于用碱提取的内容详见 p.200

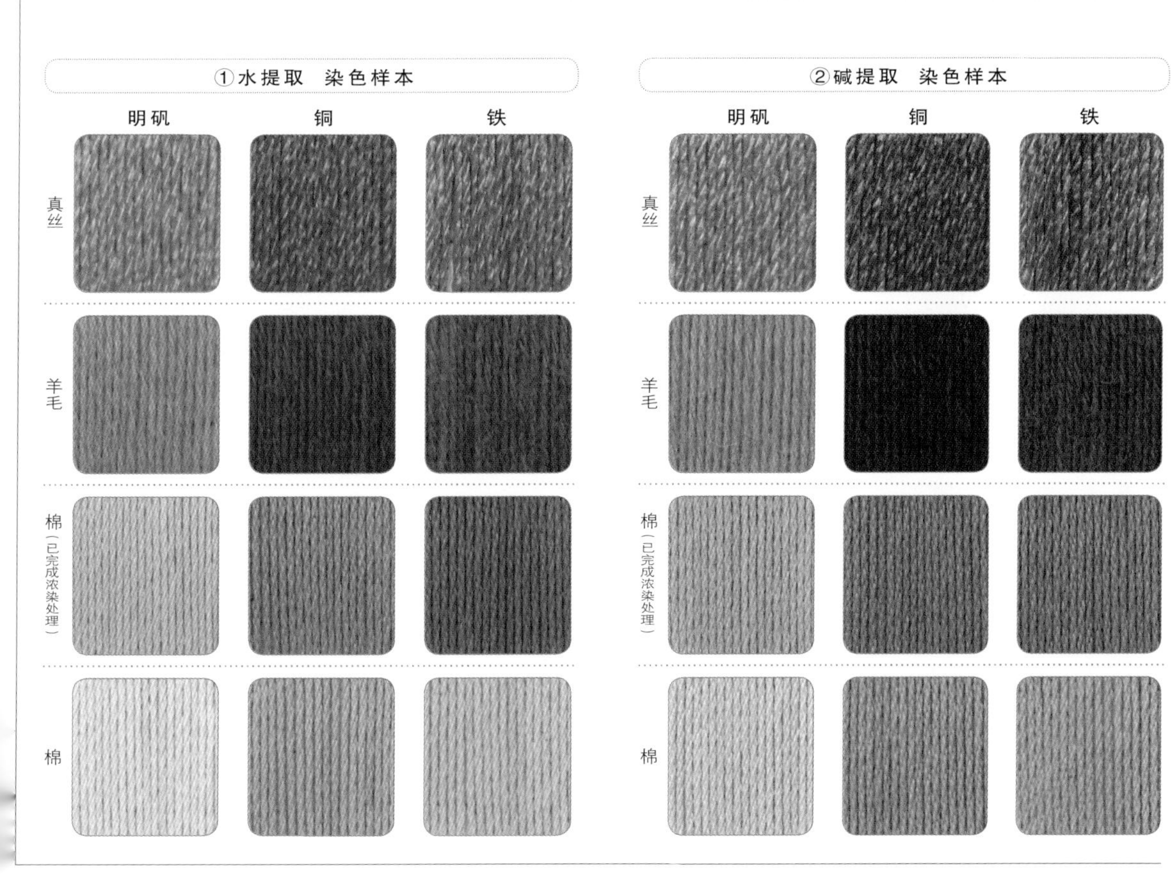

# 指甲花

- 别称：散沫花
- 分类：凤仙花科凤仙花属
- 条件：市场有售
- 部位：干燥叶
- 染色日：5月13日
- 染色地：爱知县
- 浓度：染料100g/线100g

**植物记录 · 染色要点**

一般来说，指甲花是对白头发进行染色的天然染料植物。日本有些地方也有将这种印度系香草用作纹身颜料的习惯。如果想用指甲花染发，只有白发才有效果，可染出橙色头发，再用靛蓝染料染一遍，才能染出黑发。

染色样本使用干燥后的指甲花叶染色而成，包括叶片状和粉末状的指甲花叶。其中粉末状物并不是色素提取物，而是经过粉碎的叶片。用干燥后的指甲花叶熬煮出染液后要用布进行过滤，不然线在染色后会附着上粉状的渣滓。指甲花染色后的日晒色牢度非常好。

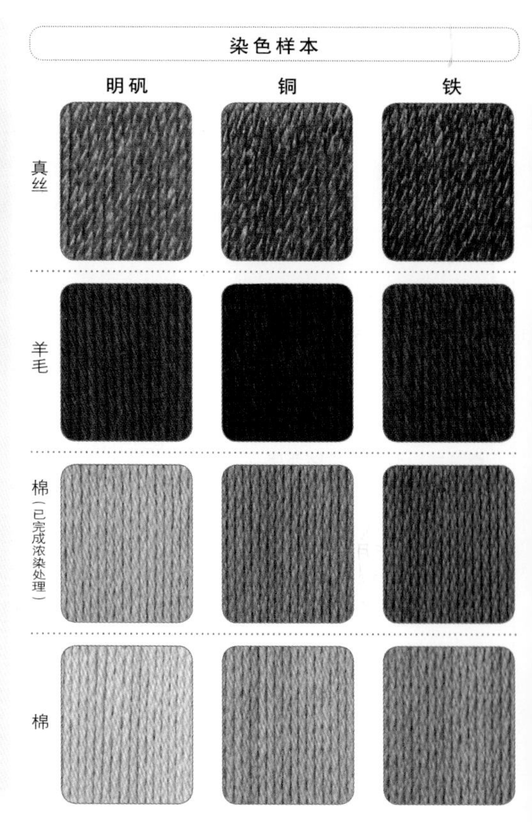


# 茴香

- 别称：小茴香
- 分类：伞形科茴香属
- 条件：市场有售
- 部位：干燥种子
- 染色日：6月7日
- 染色地：千叶县
- 浓度：染料50g/线100g

**植物记录 · 染色要点**

茴香所含有的独特香味可以去除肉中腥臭，因此茴香是烧鱼炖肉的必用香料。干燥后的茴香也常用于熏烤面包以及饼干。

染色样本使用干燥的茴香种子染色而成，染出的颜色较淡，日晒色牢度还不错。也可以用收获种子后的整株草来染色，不过必须用量足够多才可以染出颜色。

做针插时，将茴香籽放在里面，可以防止金属氧化，从而使针保持光亮如新。

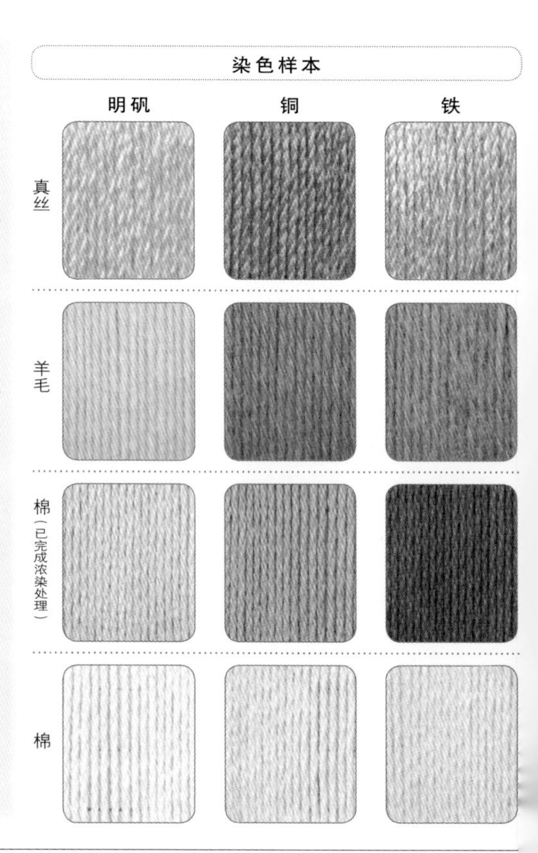

# 鼠尾草

- 别称：洋苏草
- 分类：唇形科鼠尾草属
- 条件：市场有售
- 部位：干燥叶
- 染色日：5月27日
- 染色地：千叶县
- 浓度：染料50g/线100g

**植物记录 · 染色要点**

一说起鼠尾草，很多人立马就想到了紫色花朵。包括园艺品种在内，鼠尾草种类众多，也有开蓝色和红色花朵的鼠尾草品种。

由于鼠尾草体型较大，能开出鲜艳花朵，所以常见于花坛和盆栽中。由它的叶子所制作的香草花茶有延缓人体老化的功效。染色样本使用一般鼠尾草的干燥叶染色而成。许多香草的英文名称前都加有common一词，这是一般、普通的意思，但也意味着这种植物是最接近原种、药效最好的品种。

鼠尾草的日晒色牢度良好。

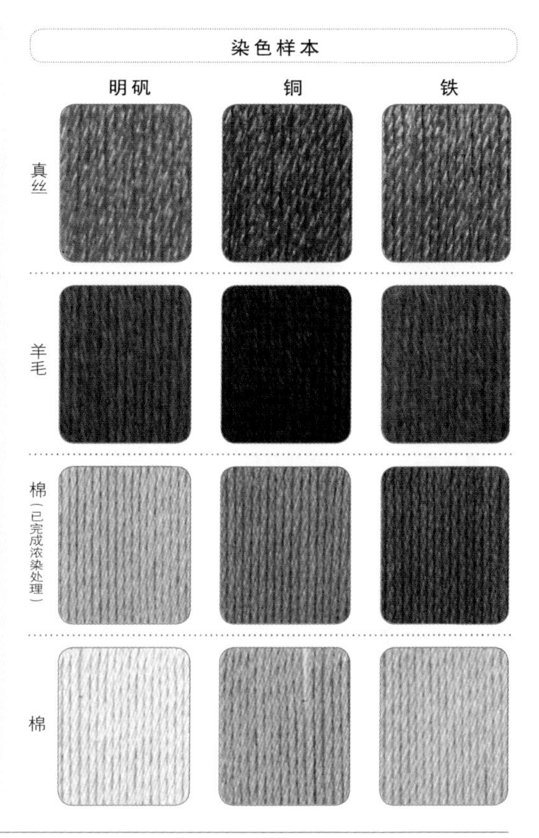


# 蓍草

- 别称：欧蓍草
- 分类：菊科蓍属
- 条件：市场有售
- 部位：干燥花
- 染色日：6月7日
- 染色地：千叶县
- 浓度：染料50g/线100g

**植物记录 · 染色要点**

蓍草是一种有清热、止血效果的菊科蓍属植物。感冒发烧时饮用蓍草茶会促进身体发汗并从体内排出毒素。

蓍草花有多种颜色，包括白色、粉红色、黄色、玫瑰红色等。据说其根部分泌的液体可以吸引益虫，所以栽种在蓍草周围的花花草草都很健康。

染色样本使用蓍草的干燥花染色而成，如果想用新鲜蓍草来染色的话，需要用地上部分。蓍草的日文名字写作锯草，因为蓍草的叶子形状类似锯齿，所以如此取名。蓍草染色后的日晒色牢度良好。

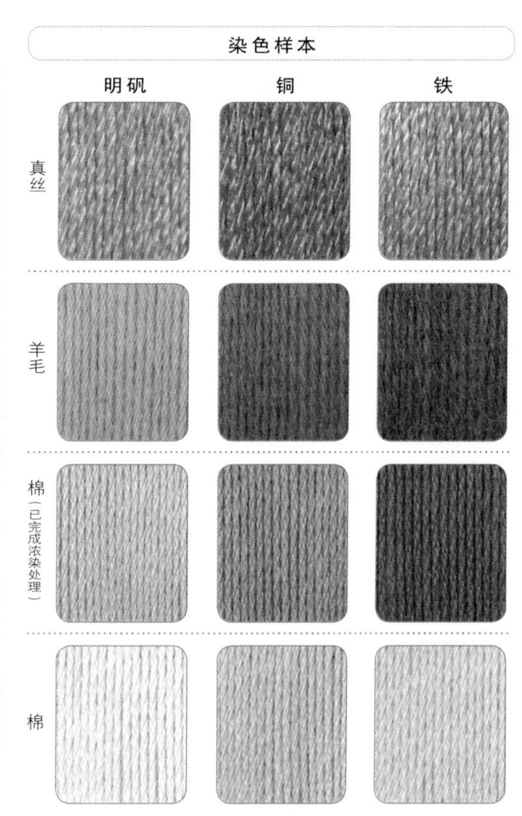

# 蓝桉

- 别称：洋草果、灰杨柳
- 分类：桃金娘科桉属
- 条件：市场有售
- 部位：干燥叶
- 染色日：6月8日
- 染色地：埼玉县
- 浓度：染料50g/线100g

**植物记录 · 染色要点**

蓝桉品种众多，据说有700多种。在鲜花店见到的大多是圆形叶子的蓝桉。

染色样本采用的是叶片呈细长形的蓝桉的干燥叶。蓝桉可提炼香薰精油，用其干燥叶制成的花茶有缓解花粉过敏症和感冒症状的效果。蓝桉对羊毛的上色效果不错。蓝桉可染出从黄色到深褐色的不同的颜色，另外，也有能染出橙色的蓝按品种。

日晒色牢度良好。

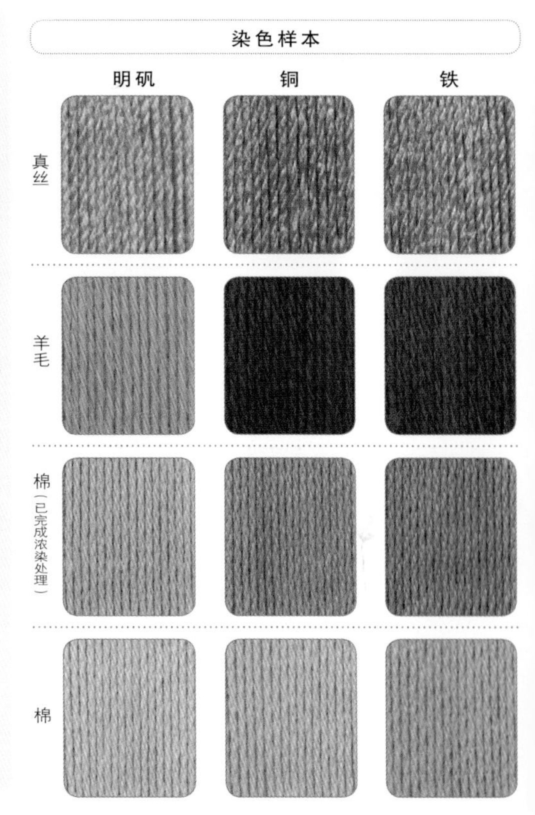

*Achenes,Fruits and Flowers*

# 用花和果实等染色

*Achenes,Fruits and Flowers*

## 接骨木

- 别称：西洋接骨木、公道老
- 分类：忍冬科接骨木属
- 条件：市场有售
- 部位：干燥花瓣
- 染色日：6月22日
- 染色地：埼玉县
- 浓度：染料50g/线100g

**植物记录 · 染色要点**

接骨木虽然是一种普通香草，但在欧洲被称为“万能药箱”。由其花朵制成的散发着麝香葡萄般香味的花茶对缓解花粉过敏症有很好的效果，这种植物也因此引起了大家的重视。接骨木在日本叫作管道树，因其茎部中空而得名，小朋友们也常将其制成笛子玩耍。

染色样本使用其干燥的花瓣染色而成。不同媒染方法染出的颜色大致相同，色调很温和，日晒色牢度良好。

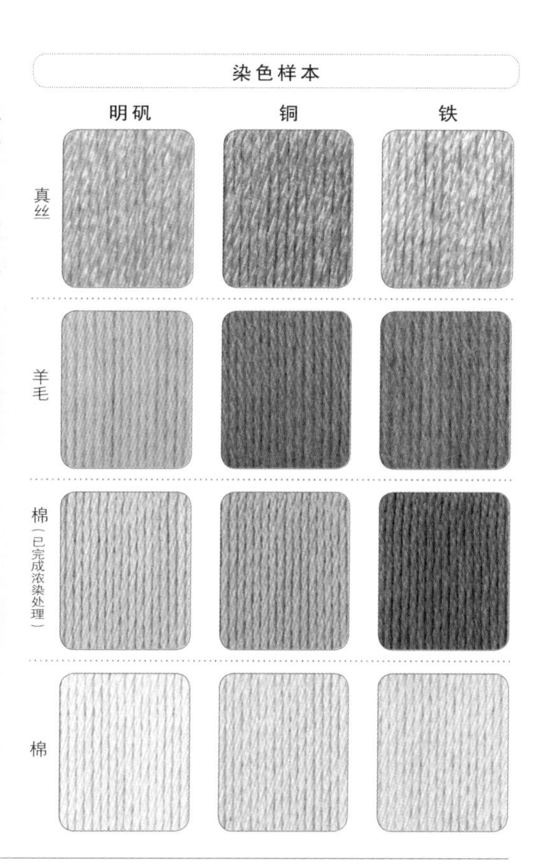

# 红腰豆

- 别称：扁豆、菜豆、芸豆
- 分类：豆科扁豆属
- 条件：市场有售
- 方法①：水提取
  方法②：碱提取
- 部位：干燥果实
- 染色日：6月24日
- 染色地：埼玉县
- 浓度：染料100g/线100g

**植物记录 · 染色要点**

红腰豆是制作煮菜和蜜饯豆的常用原料，染色样本就是用红腰豆中叫作金时豆的这一品种染色而成的。红腰豆生长较快，一年可收获三次，因此在日本也被称为三度豆。

这里分别用水提取和碱提取的方法进行染色对比。与用水提取方法染出的颜色相比，用碱提取方法染出的颜色更红一些。水提取染液染出的颜色的日晒色牢度为 –1，碱提取染液染出的颜色的日晒色牢度为 –2。真丝染色后几乎不会褪色。

红腰豆用来染色的部分是其果实外皮。如果使用100g 的红腰豆来染色，实际上起作用的外皮部分很少。由于 100g 红腰豆染出的颜色较淡，并且容易褪色，在染色时用量加至 200g 效果会更好一点。

红小豆染色效果和红腰豆一样。

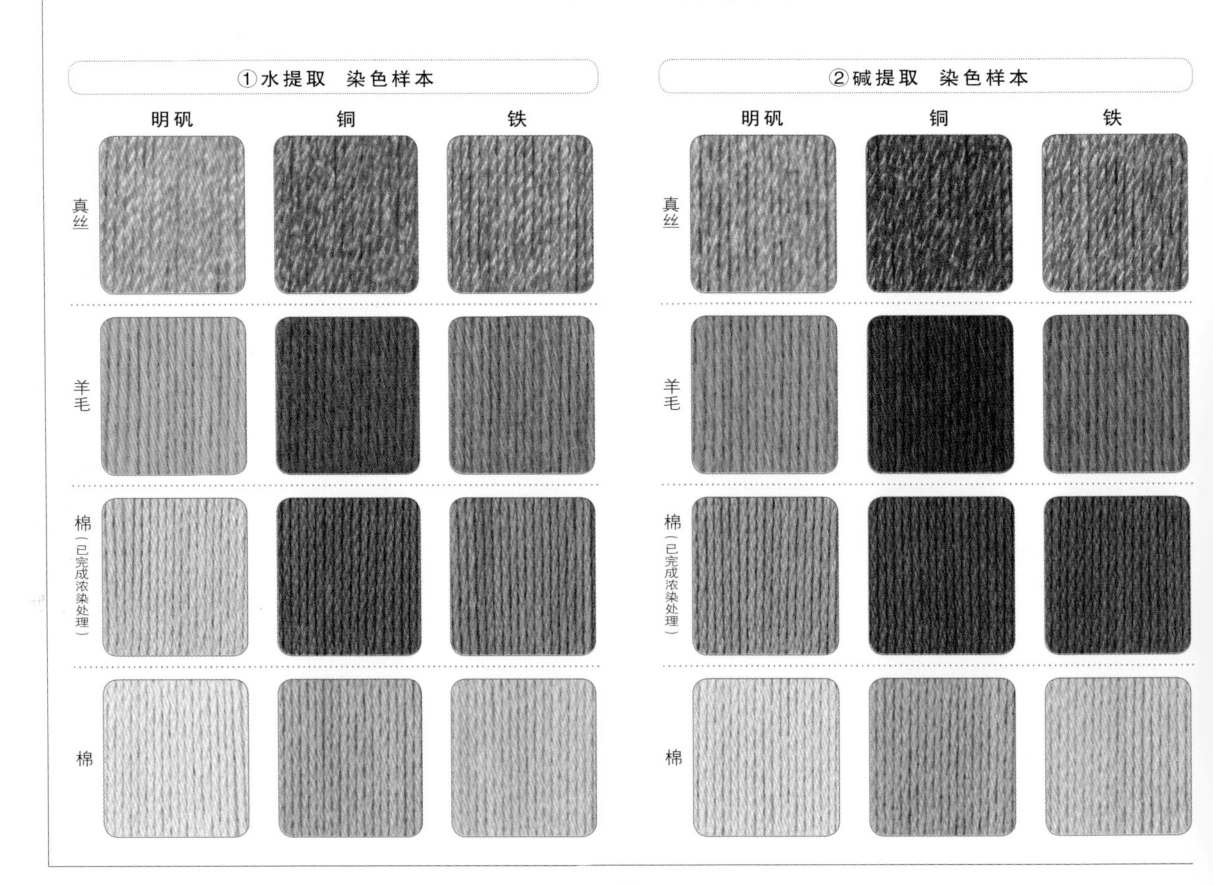

# 胭脂树

- 别称：红木、酸枝木
- 分类：红木科红木属
- 部位：干燥种子
- 条件：市场有售
- 方法①：水提取
  染色日：5月12日
  染色地：爱知县
- 方法②：酒精提取
  染色日：7月10日
  染色地：埼玉县
- 浓度：染料100g/线100g

**植物记录·染色要点**

胭脂树是一种原产于南美的多年生乔木。从其覆盖着绒毛的果实和种子中提取的物质叫作胭脂树橙色素，可染出橙色，广泛用于食品行业和口红制造中，很多地区也因此栽种这种树。该色素放入水中熬煮时会不溶于水，只能染出淡淡的颜色，但是可以完全溶于酒精溶液，使棉染上较深的颜色。

染色样本使用胭脂树的种子染色而成，并分别用水提取和酒精提取的方法进行染色对比。用酒精提取染液的方法如下：先将100g胭脂树种子放入200mL的消毒酒精中浸泡1个小时，然后加水熬煮。不同媒染方法染出的颜色大致相同，可作为茜草的替代物来染色，特别是对羊毛可以染出鲜艳的橙色，对棉的染色效果也很好，可以染出偏粉红色的橙色。

就日晒色牢度而言，用水提取染液染色后的日晒色牢度良好，但是用酒精提取染液染出的颜色会褪色，其中棉的日晒色牢度只有 –2，羊毛也只有 –1。不过即使褪色，所染颜色中的橙色也不会发生改变。

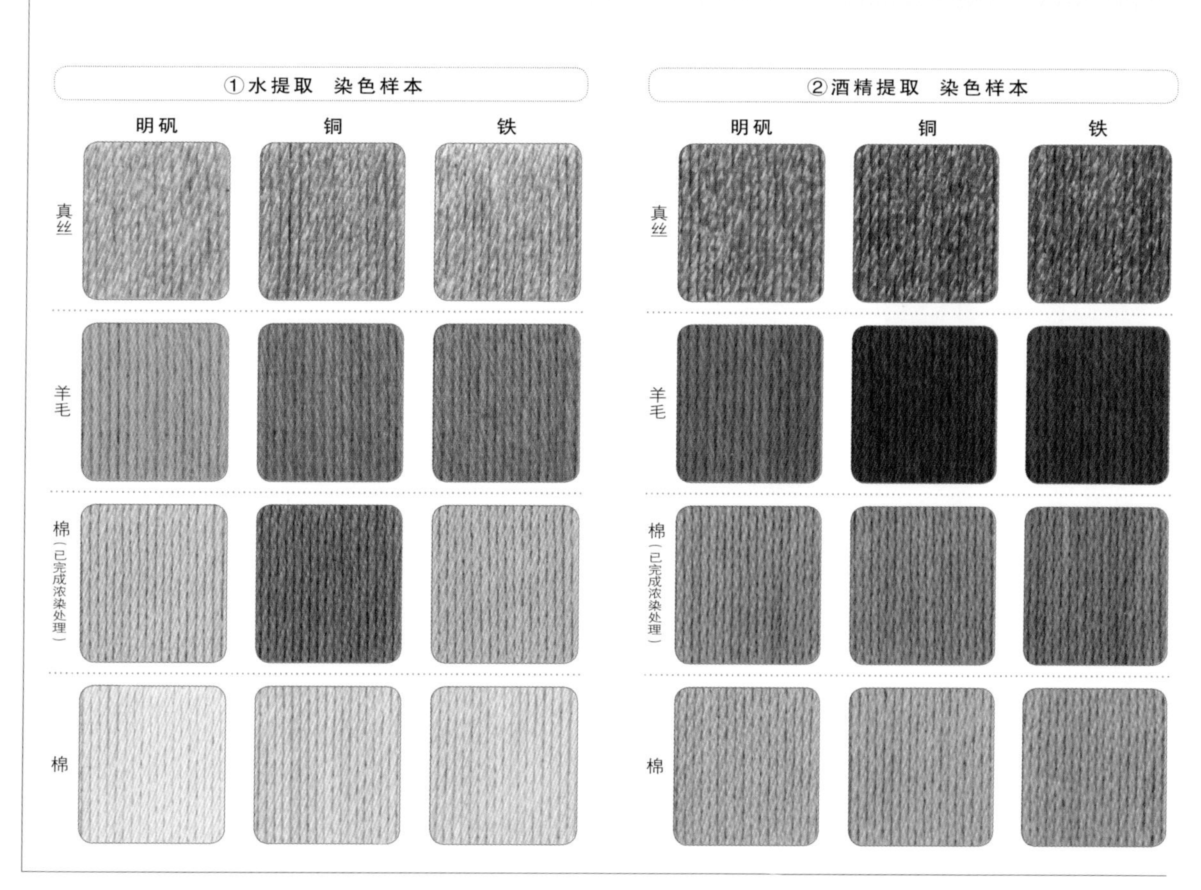

# 洋甘菊

- 别称：母菊、春黄菊
- 分类：菊科管状花亚科
- 条件：市场有售
- 部位：干燥花
- 染色日：4月12日
- 染色地：千叶县
- 浓度：染料50g/线100g

**植物记录 · 染色要点**

洋甘菊是我们大家非常熟悉的一种香草。从洋甘菊开出的和白花茼蒿类似的白色小花中可以嗅到苹果的香味，因此在日本也称之为“大地的苹果”。洋甘菊有多个品种，其中两种是一年生草本植物德国洋甘菊和多年生草本植物罗马洋甘菊。

染色样本使用德国洋甘菊的干燥花染色而成。开有黄色花瓣的春黄菊也可用来染色。常被制作成花茶的洋甘菊可以染出鲜黄色。棉染色后的日晒色牢度为 -1。如果自己在家栽种有洋甘菊，可将整株草干燥后拿来染色。

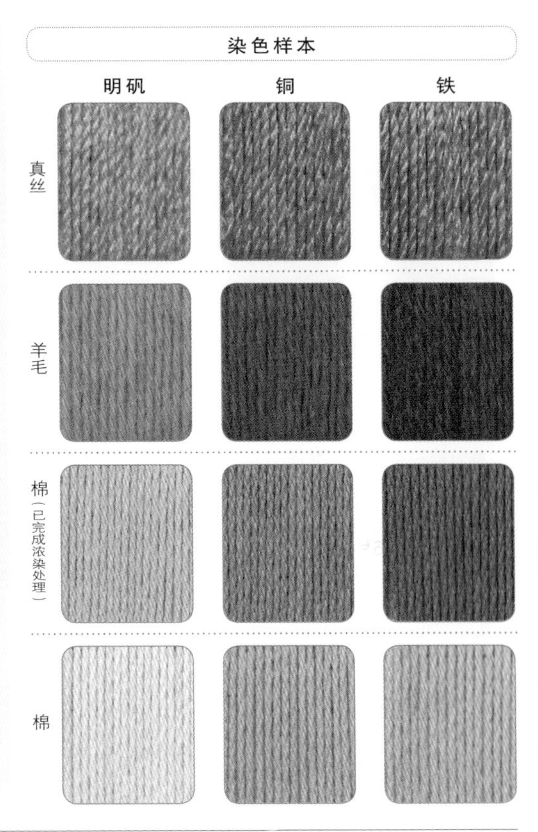


# 茉莉

- 别称：茉莉花
- 分类：木犀科素馨属
- 条件：市场有售
- 方法：碱提取　不中和
- 部位：干燥花
- 染色日：7月10日
- 染色地：埼玉县
- 浓度：染料100g/线100g

**植物记录 · 染色要点**

大家知道茉莉花茶是怎样制作出来的吗？制作茉莉花茶的原材料是绿茶。绿茶有吸附效果，将绿茶放在展开的茉莉花瓣上，吸收茉莉花的香气，是制作茉莉花茶的大致方法。茉莉花本身不含任何茶的成分。由于茉莉花呈白色，所以只用水熬煮出来的染液几乎不能染出颜色。在用水熬煮染液时加入5g小苏打，这样就可以染出鲜艳的黄色了。染液不需要中和。茉莉花染色后的日晒色牢度良好。

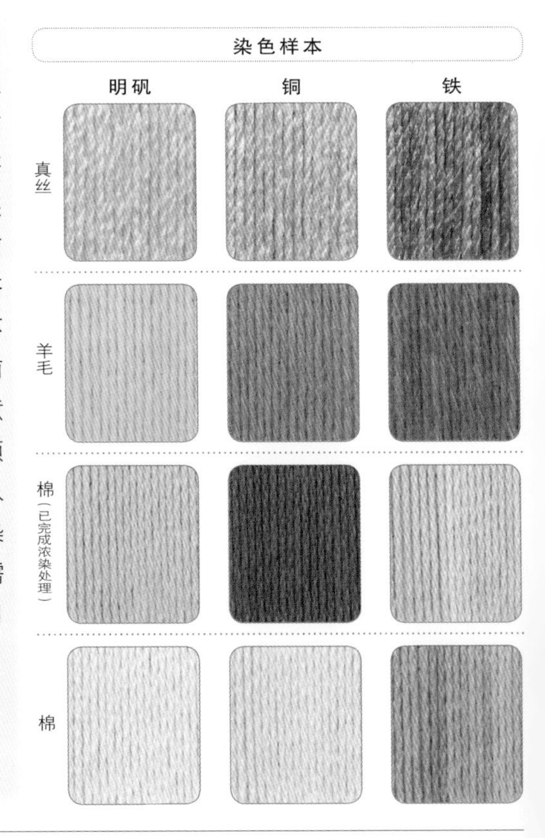

# 矢车菊

●别称：蓝芙蓉
●分类：菊科矢车菊属
●条件：市场有售
●部位：干燥花瓣
●染色日：6月4日
●染色地：埼玉县
●浓度：染料200g/线100g

**植物记录 · 染色要点**

矢车菊是一种即使在玉米地里也可以茁壮成长的植物，因而在日本被取名为玉蜀黍花。矢车菊花的颜色一般为白色和粉红色，培育品种多为蓝色。矢车菊的蓝色鲜艳明朗，颜色为矢车菊蓝的宝石可谓是宝石之王。

染色样本使用的是市场上出售的矢车菊花瓣，这种花瓣也是制作花茶和名为百花香的干燥香料包的原料之一。这里使用的花瓣是难得的亮蓝色，用酸提取的方法染色时，不能着色，所以染色样本使用的是碱提取法，染出了黄色系颜色。日晒色牢度良好。

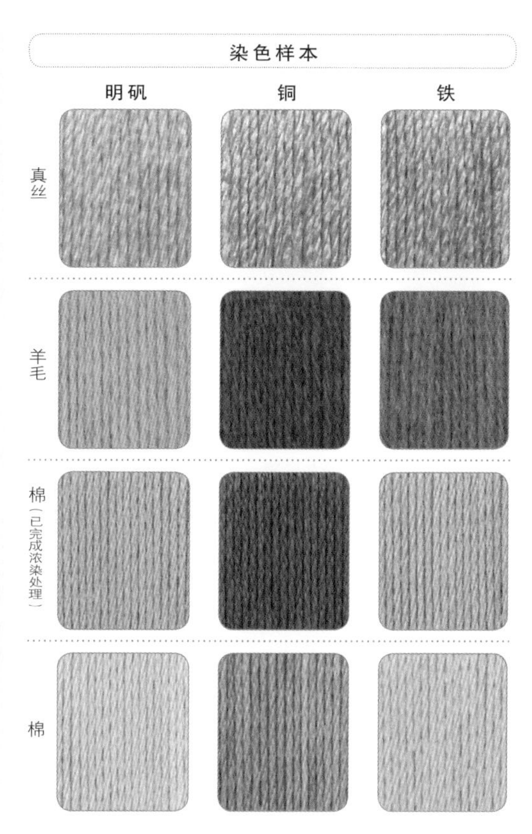


# 咖啡

●分类：茜草科咖啡属
●条件：市场有售
●部位：烘焙果实
●染色日：7月2日
●染色地：埼玉县
●浓度：染料50g/线100g

**植物记录 · 染色要点**

许多朋友都有早晨起来喝一杯咖啡的习惯。看到每天熬煮咖啡后剩下的渣子我就会想，这些可以用来染色吗？我想有很多朋友和我有一样的想法吧。染色样本就是用未经熬煮的稍微研磨过的咖啡染色而成的，100g 线使用 50g 咖啡。如果使用熬煮后剩下的咖啡渣来染色，请准备 200g 以上的分量。

不管是何种品种的咖啡，染出的颜色都是比咖啡色淡一些的褐色系颜色，非常雅致细腻。日晒色牢度为 -2，特别是棉，日晒色牢度很弱。

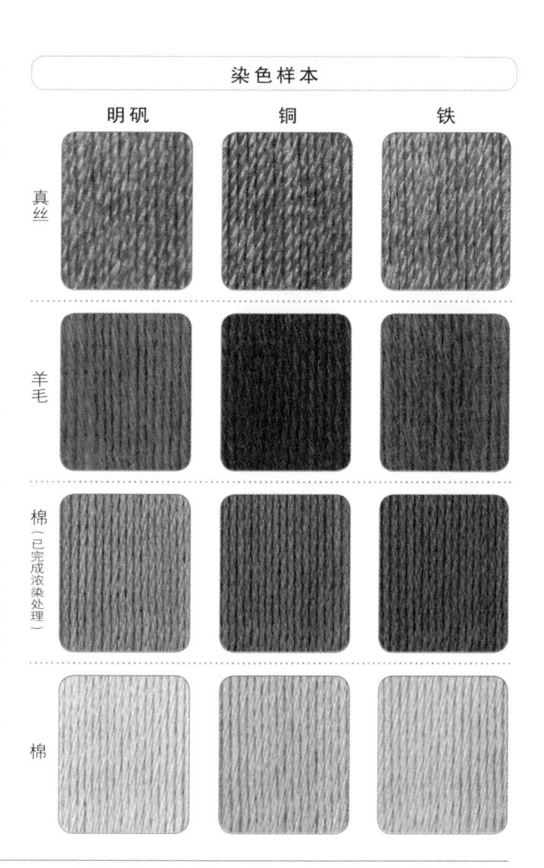

# 臭梧桐

- 别称：山梧桐、臭桐柴
- 分类：马鞭草科大青属
- 条件：野生
- 部位：冷冻果实
- 采集期：2009年10月
- 染色日：4月26日
- 采集・染色地：奈良县
- 浓度：染料200g/线100g

**植物记录・染色要点**

以前我家的常春藤中有一棵由小鸟叼来的种子发育而成的臭梧桐。一直没有对其进行修剪，任由其自由生长，2～3年的时间里它就长成了一棵大树，并结出了很多果实。如臭梧桐这个名称所示，折断其枝叶后指尖会沾上有臭味的液体。

染色样本使用2009年秋天冷冻保存的果实染色而成。本来是可以染出蓝色的，用不加漂白的本色线染色染出了偏绿的颜色，非常漂亮。臭梧桐的日晒色牢度为-2。

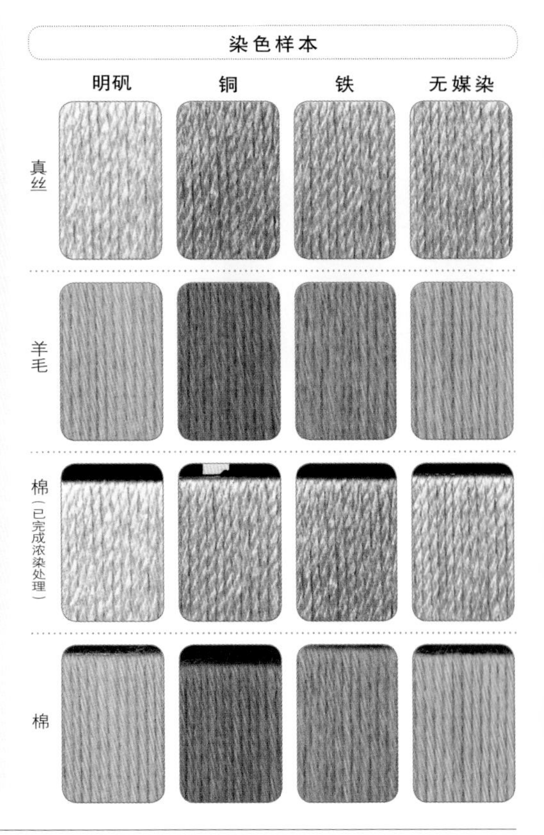


# 枸杞

- 别称：枸杞菜
- 分类：茄科枸杞属
- 条件：野生
- 部位：新鲜枝叶
- 采集・染色日：6月15日
- 采集・染色地：爱知县
- 浓度：染料200g/线100g

**植物记录・染色要点**

枸杞是有预防高血糖和脂肪肝等作用的万能药草。枸杞的叶、树枝和根部都可以作为药草来使用，但是最常用的还是枸杞的红色果实。我父亲平时也会泡制些枸杞酒来饮用。

染色样本使用枸杞的枝叶染色而成。这是在河边光照条件好的地方发现的野生枸杞。夏天很难找到它们，但是到了秋天，枸杞的枝头会挂满红色果实，就很容易找到了。枸杞染出的颜色较浅，明矾媒染后会稍微有些褪色。

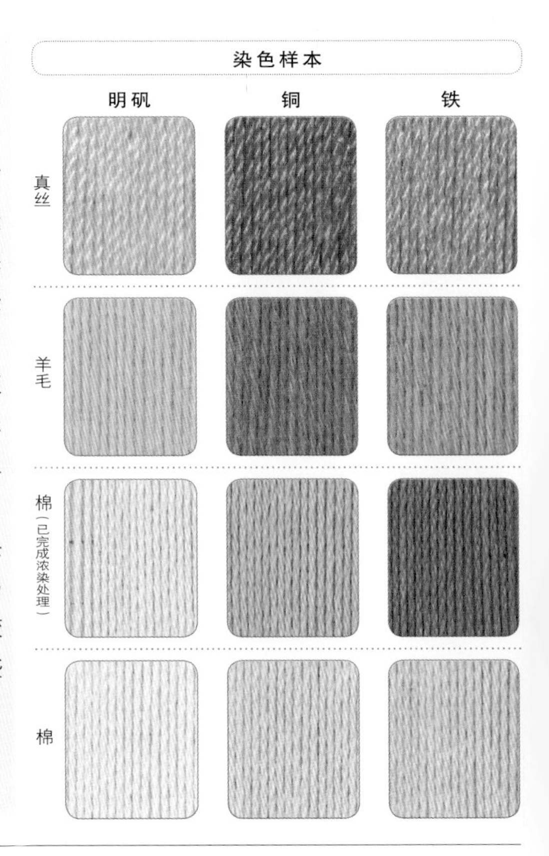

# 黑豆

- 别称：乌豆、黑大豆
- 分类：豆科大豆属
- 条件：市场有售
- 方法①：水提取
  方法②：碱提取
  方法③：酸提取
- 部位：干燥果实
- 染色日：6月23日
- 染色地：埼玉县
- 浓度：染料100g/线100g

**植物记录 · 染色要点**

最近非常流行黑豆茶，因为人们发现黑豆皮中含有的花青素对美容和健康能起到很好的作用。为了使黑豆散发出茶香，黑豆茶在制作工艺上采用了低温烘焙的方法。

染色样本并没有使用经过低温烘焙的黑豆，而是用市场上出售的用来煮粥的干燥黑豆染色而成。并且分别用水提取、碱提取和酸提取的方法进行染色对比。

在染色样本中可以很明显地看到用碱提取染液染出的颜色偏红。水提取染液染色后的日晒色牢度为 -2，褪色情况最为严重，而用碱提取染液和酸提取染液的染色样本只是稍微有所褪色。

用黑豆来染色的乐趣在于：从加入小苏打的染液中取出黑豆，将其调味后再重新进行熬煮，就可以变成可食用的煮豆，一点都不会浪费。

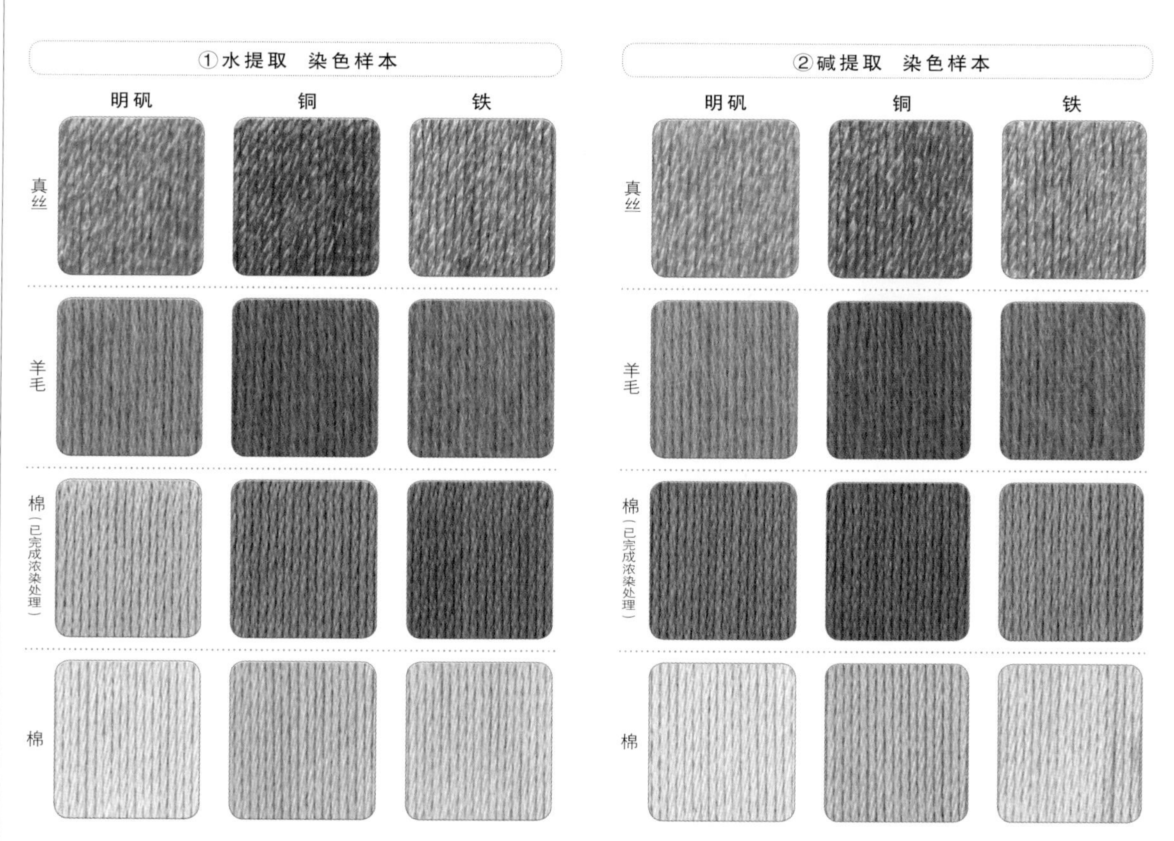

## 黑豆

# 欧石楠

- 别称：蛇眼石楠花
- 分类：杜鹃花科欧石楠属
- 条件：市场有售
- 部位：干燥花瓣
- 染色日：7月1日
- 染色地：埼玉县
- 浓度：染料100g/线100g

**植物记录·染色要点**

在《呼啸山庄》这部以长满欧石楠的荒原为背景的文学作品中，欧石楠给人留下的印象就是它是在荒凉的山丘上盛开出小小花朵的植物。欧石楠易于栽种，树叶呈针状，花朵十分可爱，常作为庭院树来栽种。欧石楠中的蛇眼石楠花可用来制作有美白效果的花茶，染色样本使用的是开淡粉色花朵的蛇眼石楠花的干燥花瓣。也可用新鲜的欧石楠枝叶染色。棉易于上色，可染出偏红的米色系颜色，由于染出的颜色较浅时会易于褪色，怎样染出深色是欧石楠染色的关键。日晒色牢度良好。

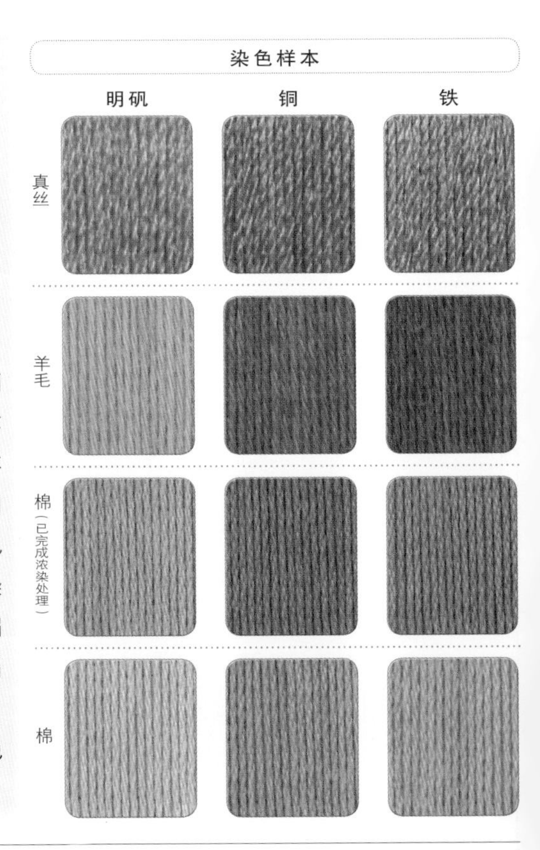

# 栀子

- 别称：黄栀子、山栀子、白蟾
- 分类：茜草科栀子属
- 条件①：市场有售
  部位：干燥果实
  浓度：染料50g/线100g
- 条件②：栽种
  部位：新鲜枝叶
  浓度：染料200g/线100g
- 采集·染色日：6月26日
- 采集·染色地：千叶县

**植物记录·染色要点**

每逢阴雨连绵的梅雨季节，栀子散发出的甘甜清爽的香味总能使我平静下来。栀子肥厚的白色花瓣和甘甜怡人的香味总是能给人留下美好的印象，所以栀子的园艺品种多作为庭院树木种植于各处。栀子的园艺品种多达 300 多种，这些园艺品种都是开出白色八瓣花朵的栀子，而不是单瓣栀子。栀子果实秋天成熟，变成橙红色，该果实可作为染料进行染色。果实无毒，可作为天然食用色素使用，大家在超市就可以买到。

染色样本分别用市场上出售的干燥果实和在花期修剪下来的枝叶进行染色，并对结果进行对比。栀子果实不愧为泽庵（日本民间的腌菜）的着色剂，可以染出鲜艳的颜色，但是日晒色牢度只有 -2。枝叶经过明矾媒染后也会有稍许褪色的情况。

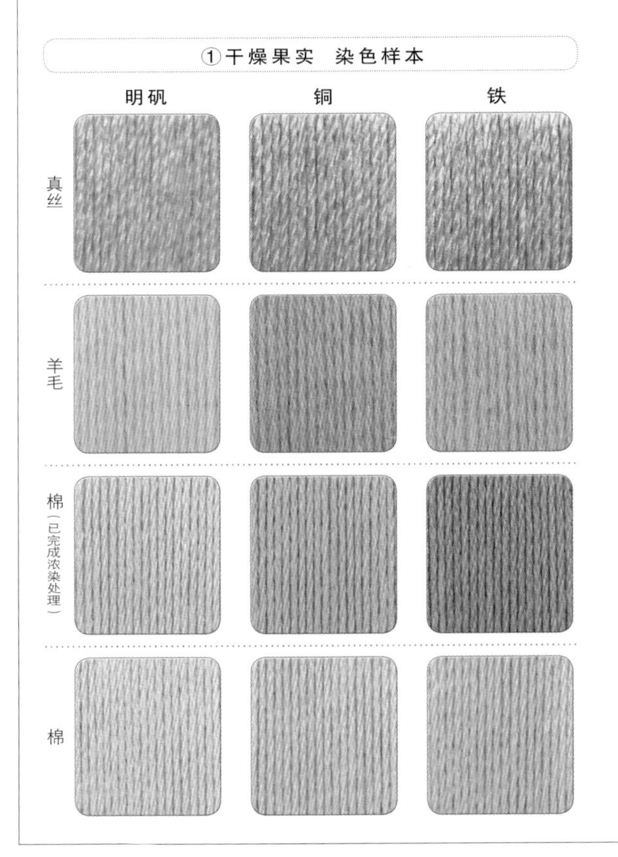


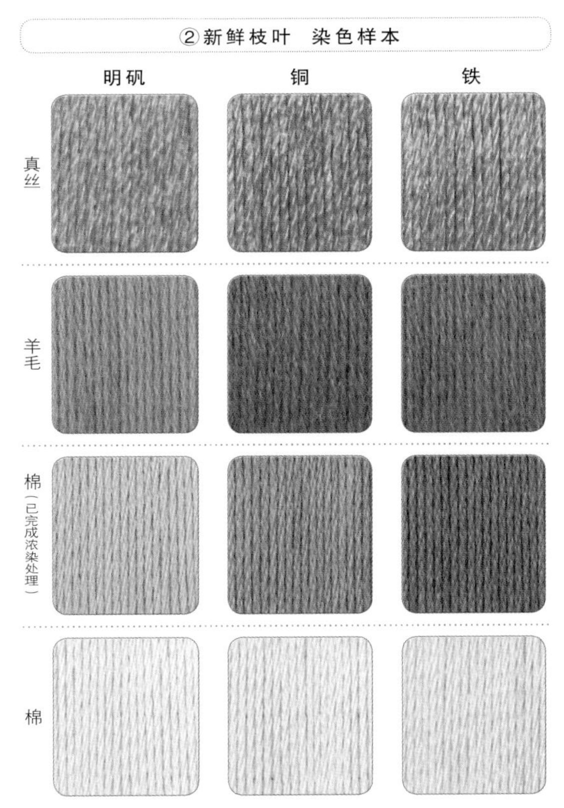

# 槐

- 别称：槐树、国槐
- 分类：豆科槐属
- 条件①：市场有售
  部位：干燥花蕾
  浓度：染料50g/线100g
- 条件②：栽种
  部位：新鲜枝叶
  浓度：染料200g/线100g
- 采集·染色日：6月25日
- 采集·染色地：爱知县

**植物记录·染色要点**

众所周知，槐树是一种用其花蕾可以染出鲜艳的黄色的染料植物。槐树常出现路边、公园以及庭院中，可以说是我们身边常见的一种树。盛夏时节槐树会开出白色或淡黄色的槐花，之后会结出小毛豆似的果实。槐树是一种有止血等功效的药用树木，其叶、枝、树皮、根部等都可以作为中药来使用，但主要还是以其花蕾和果实入药。

染色样本分别采用新鲜的槐树枝叶和市场上出售的作为染料的干燥花蕾进行染色，并对结果进行对比。干燥花蕾可以染出相当深的颜色，枝叶可以染出漂亮的黄色。与刚采集的新鲜花蕾相比，干燥之后的花蕾染出的颜色更深。

明矾媒染后的日晒色牢度为 -1，原本鲜艳的黄色会变成朴素的黄色。真丝染色后的日晒色牢度良好。

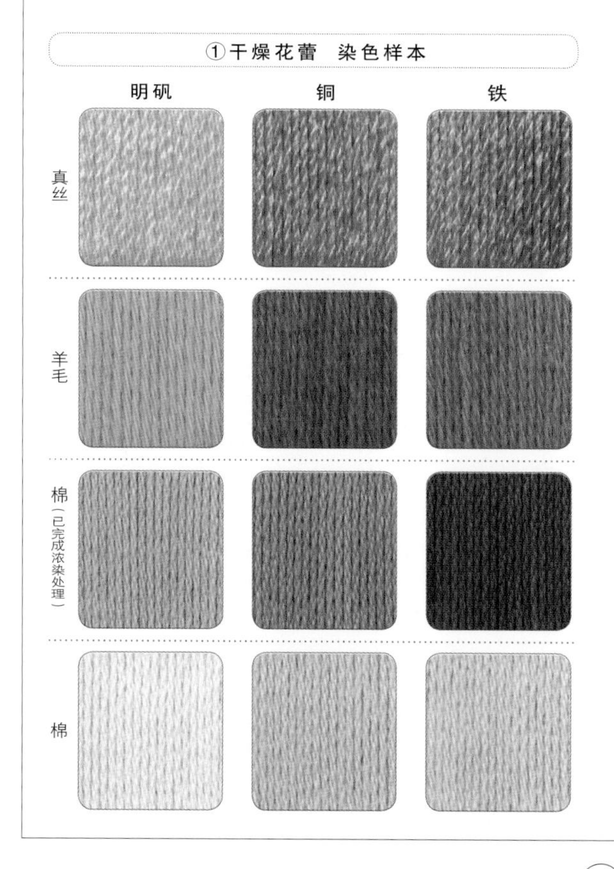


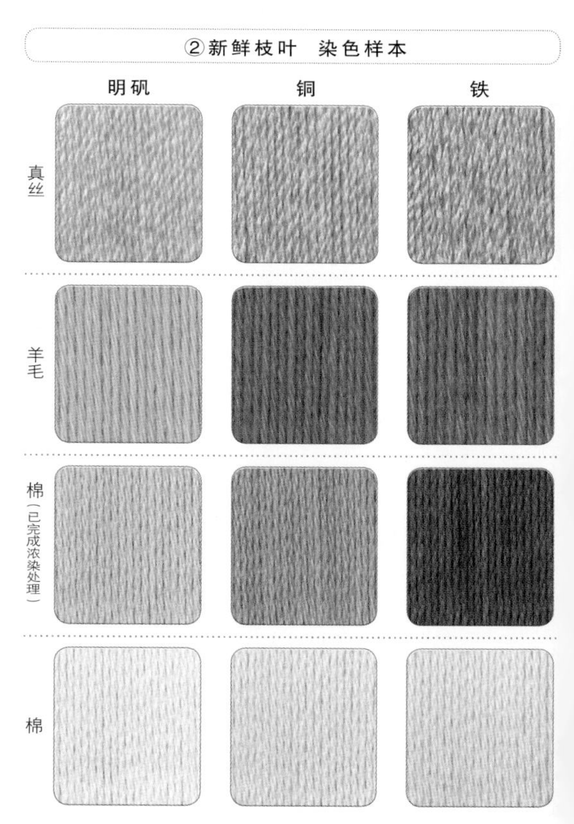

# 石榴

- 别称：安石榴、丹若、若榴木
- 分类：石榴科石榴属
- 条件：市场有售
- 部位：干燥果实外皮
- 染色日：7月3日
- 染色地：埼玉县
- 浓度：染料50g/线100g

**植物记录·染色要点**

石榴自古以来就是一种染料植物，在过去可为波斯地毯的原料毛线染色。不同的媒染方法染出的颜色几乎大致相同，染出的颜色较深，而且日晒色牢度也不错。染色样本使用市场上出售的作为植物染料使用的果实外皮的干燥碎片染色而成。石榴中最适合用来染色的部分是其果实外皮，但用枝叶其实也可以染出较深的颜色。

这次染色为了能更好地从干燥坚硬的果实外皮中提取色素，我事先将果实外皮在水中浸泡了半天，待果实外皮泡软之后再进行熬煮等工序。

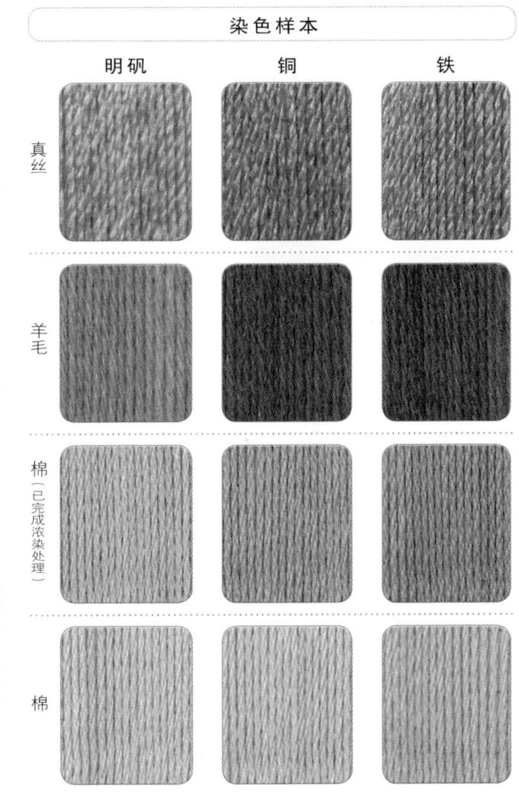

# 木波罗

- 别称：波罗蜜
- 分类：桑科波罗蜜属
- 条件：市场有售
- 部位：心材提取物
- 染色日：4月30日
- 染色地：千叶县
- 浓度：染料10g/线100g

**植物记录·染色要点**

木波罗可谓是世界上最大的水果，最大的木波罗高达1m，重达10kg。在日本境内，木波罗多栽种于冲绳等地，尚未成熟的木波罗也可作为蔬菜食用。木波罗的心材是一种黄色染料，在印度用来对僧人的袈裟进行染色。

染色样本使用从木波罗心材熬煮液中得到的粉末状提取物染色而成。木波罗能染出朴素的深黄色系颜色。棉染色后的日晒色牢度为-2。真丝染色后不会褪色，日晒色牢度良好。

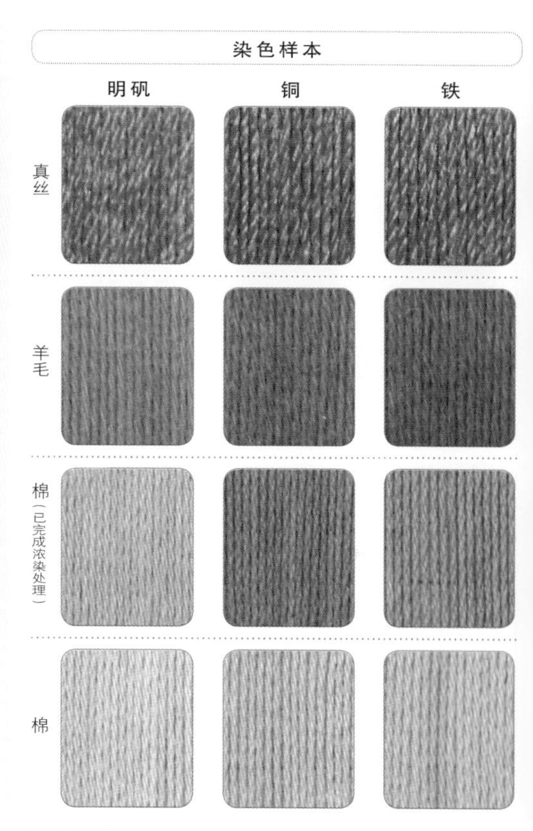


# 杜松莓

- 别称：杜松子、杜松果
- 分类：柏科刺柏属
- 条件：市场有售
- 方法：碱提取　不中和
- 部位：干燥果实
- 染色日：7月9日
- 染色地：埼玉县
- 浓度：染料200g/线100g

**植物记录·染色要点**

简单来说，杜松莓就是杜松的果实。用杜松莓提取的精油可有效缓解肩部酸痛和体寒等症状。散发着松香味的干燥杜松莓可用来给杜松子酒和甜露酒提香，也可作为香辛料添加在醋腌食品中。

只用水熬煮杜松莓的话，几乎不会提取出任何色素，但是在熬煮时加入5g小苏打后，水会变成深色的染液。明矾媒染后会染出黄色，铜媒染和铁媒染后会染出偏褐色的米色。日晒色牢度良好。

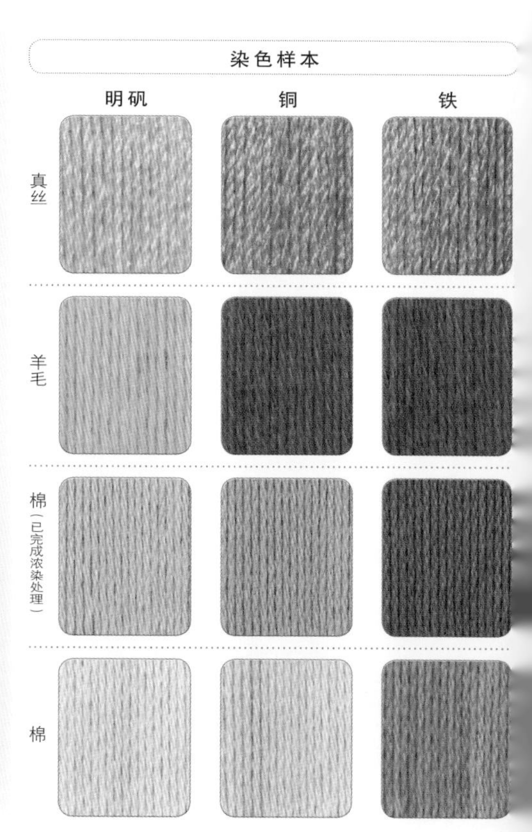

# 蓝莓

- 别称：笃斯、南方越桔
- 分类：杜鹃花科越桔属
- 条件：市场有售
- 方法①：酸提取
  方法②：碱提取　不中和
- 部位：冷冻果实
- 染色日：7月15日
- 染色地：埼玉县
- 浓度：染料200g/线100g

**植物记录·染色要点**

医学临床报告显示，蓝莓含有的花青素可以促进视网膜细胞中视紫质的再生，从而预防近视，增强视力。蓝莓适合生长在排水性好的酸性土壤中，在花盆中也可以栽种。

我家庭院里有一株小小的蓝莓树，刚栽上就结了许多果实，多到根本吃不完，我就想，用吃不完的蓝莓染色吧。染色样本使用冷冻的蓝莓果实染色而成。干燥后的蓝莓无法进行染色，要用冷冻后的新鲜蓝莓才行。采集到新鲜蓝莓后，请先放在冷冻室里冷冻一下再染色。在酸性溶液中揉搓蓝莓，所得染液可以将真丝围巾染成紫色。

染色样本分别用染后日晒色牢度好的酸提取法和碱提取法进行染色对比。请注意，想要使熬煮后染出的颜色雅致朴素，要在水开之前关火。用碱提取的方法染出的颜色，日晒色牢度良好，羊毛明矾媒染后会呈绿色。使用酸提取法时，羊毛和真丝经过铁媒染后可染出深灰色，日晒色牢度为 +2，棉会稍微有所褪色。

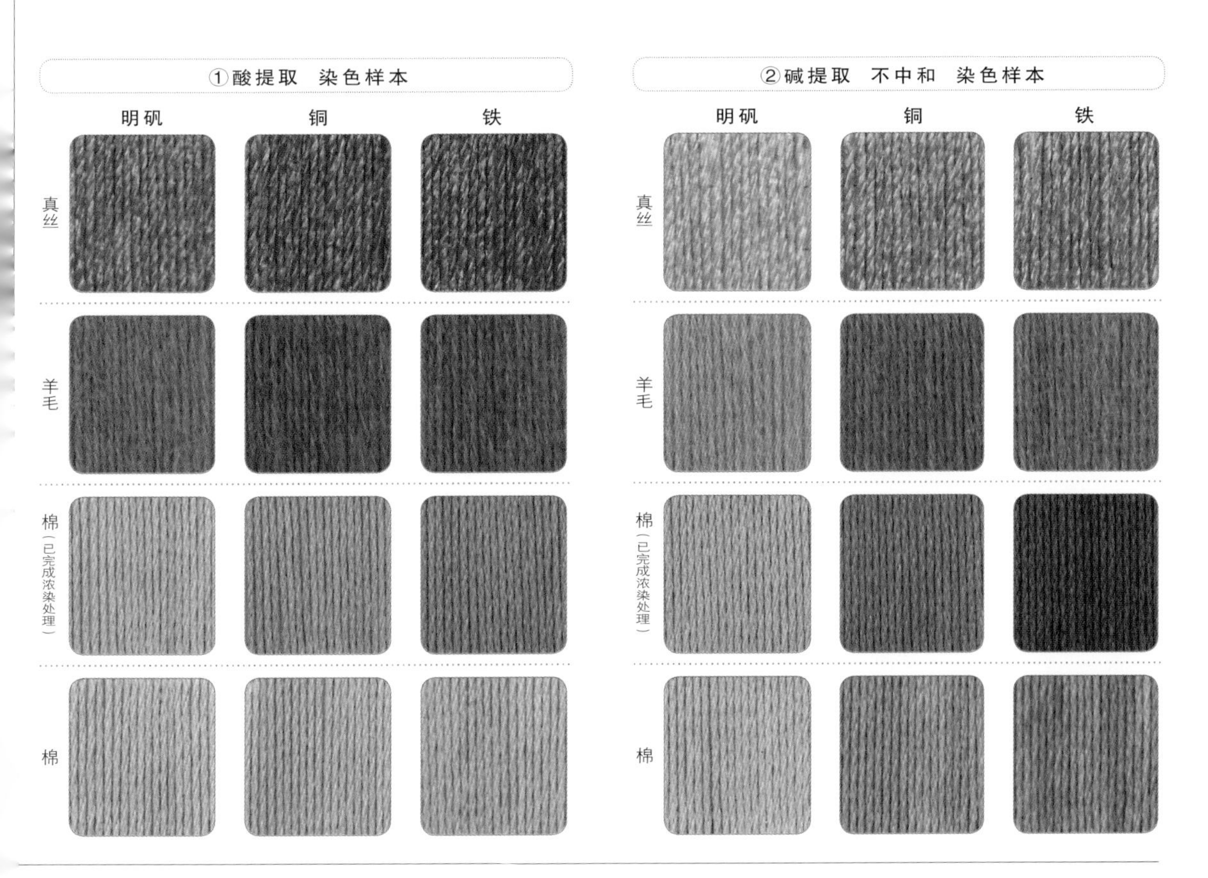

# 木槿

- 实际名称：玫瑰茄
- 分类：锦葵科木槿属
- 条件：市场有售
- 方法①：酸提取
  方法②：碱提取
- 部位：干燥花萼
- 染色日：7月15日
- 染色地：埼玉县
- 浓度：染料200g/线100g

**植物记录·染色要点**

日本香草店中出售的木槿其实并不是木槿花，而是同属植物玫瑰茄的花萼部分。因为在日本一般称粉红色的酸酸的茶为木槿花茶，所以这里写作木槿。玫瑰茄是一种原产于非洲的多年生植物，当花期结束结出果实时，花萼部分会增大。之前日本国内的玫瑰茄全部依赖进口，现在冲绳也开始栽种一些经过改良的品种，在限定的季节可以买到新鲜的玫瑰茄。

染色样本使用干燥的花萼染色而成，并分别用酸提取和碱提取的方法进行染色对比。因为玫瑰茄的花萼含有柠檬酸，所以即使不放入醋酸也可以染出深红褐色系的颜色。用碱提取染液时，因为用的是弱碱，所以不需要中和。花瓣只有在经过充分熬煮后才会染出雅致的颜色，要在将水温维持在即将沸腾的温度的情况下进行染色。玫瑰茄的树枝呈红色，可以尝试用其树枝来染色。

日晒色牢度良好。

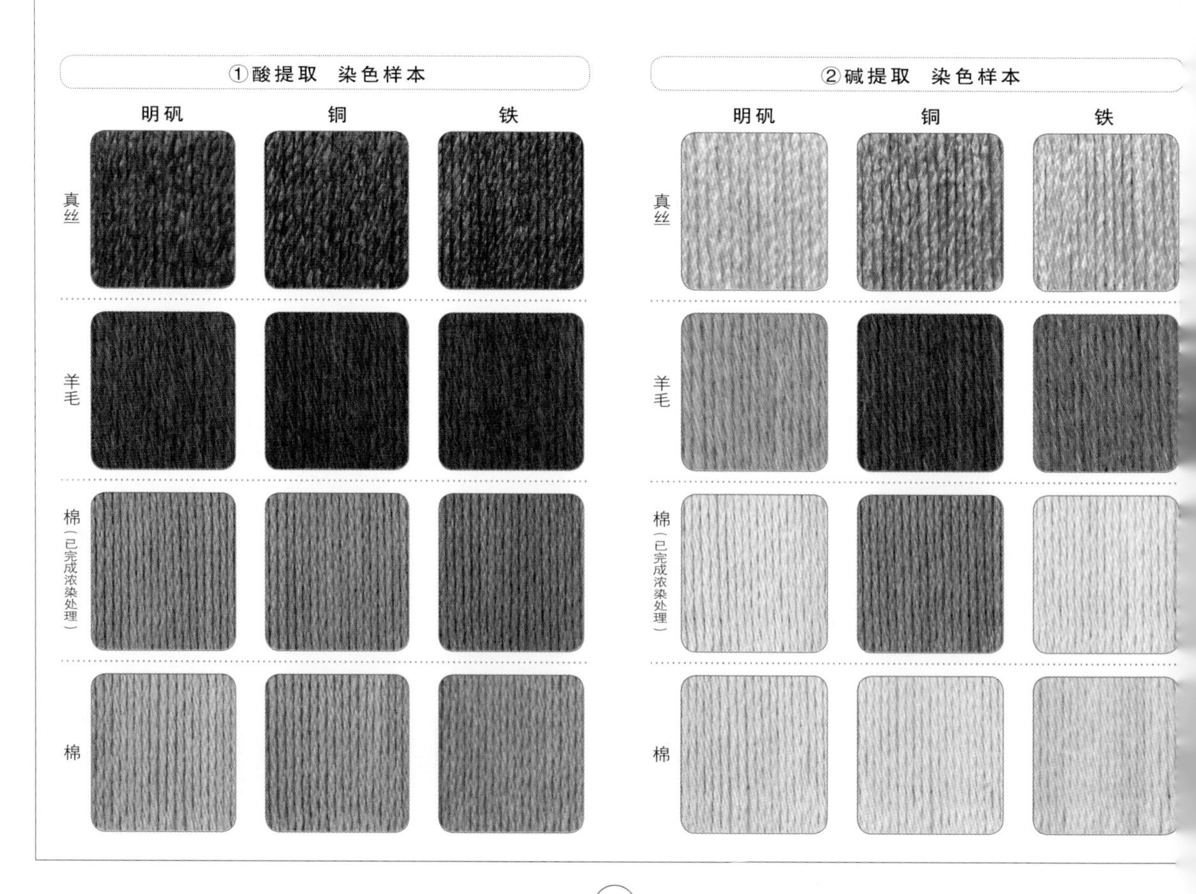

# 紫蜀葵

- 别称：蜀葵
- 分类：锦葵科蜀葵属
- 条件：市场有售
- 方法①：酸提取
  方法②：碱提取　不中和
- 部位：干燥花瓣
- 染色日：8月2日
- 染色地：埼玉县
- 浓度：染料200g/线100g

**植物记录·染色要点**

蜀葵花色众多，紫蜀葵是蜀葵中开黑色花朵的品种。

由紫蜀葵制作的花茶乍一看呈接近黑色的深紫色，将花茶静置一段时间，让其与空气中的氧充分接触，或者放入一片切好的柠檬，紫蜀葵花茶就会变成红宝石般的颜色了。

一般情况下，紫蜀葵花不会随时间的推移而过分褪色，所以会被用来点缀百花香。

在酸性溶液中用力揉搓紫蜀葵后，染液颜色会呈现为深紫红色，这时，真丝围巾可以染成紫色。

染色样本使用紫蜀葵的花瓣染色而成，并分别用酸提取和碱提取的方法进行染色对比。虽然紫蜀葵要经过熬煮才能染出雅致朴素的颜色，但是要在水即将沸腾之前立刻关火。用酸提取的方法染色时，真丝可以染出偏紫色的灰色，羊毛可以染出褐色系颜色。

用碱提取的方法染色时，明矾媒染后会染出绿色。紫蜀葵还有继续研究的空间。

日晒色牢度良好。

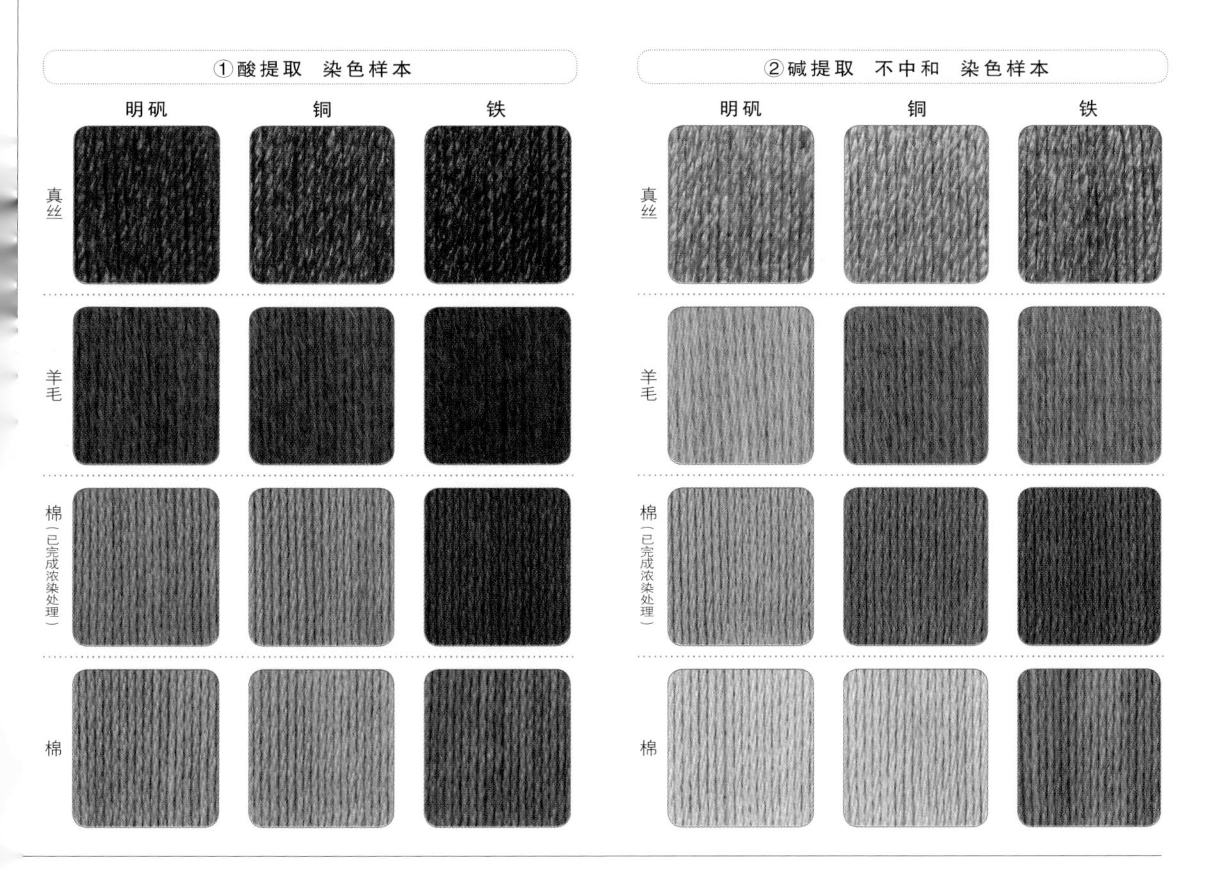

# 紫罗兰

●别称：草桂花、四桃克、草紫罗兰
●分类：锦葵科锦葵属
●条件：市场有售
●方法①：酸提取
●方法②：碱提取　不中和
●部位：干燥花
●染色日：8月2日
●染色地：埼玉县
●浓度：染料200g/线100g

**植物记录·染色要点**

冲泡紫罗兰花茶时，茶汤是淡蓝色，加入切好的柠檬后，茶汤会瞬间变为淡淡的粉红色，宛如黎明时的天空一般。

冲泡紫罗兰花茶不仅可以享受到颜色变化带来的乐趣，还可领略其润喉等功效，强烈推荐大家在即将感冒时喝一杯紫罗兰花茶。

染色样本分别用酸提取和碱提取的方法进行染色对比。紫罗兰花瓣中花青素的含量较少，在常温的酸性溶液中无法染出颜色，但如果一直“咕嘟咕嘟”地熬煮，染液中的红色素又会消失，因此等水沸腾后就要立刻关火。用酸提取法可以染出微微偏粉红色的米色。

用碱提取的方法时，明矾媒染后会染出偏绿的颜色，铜媒染和铁媒染后会染出褐色系颜色。

紫罗兰的日晒色牢度良好。

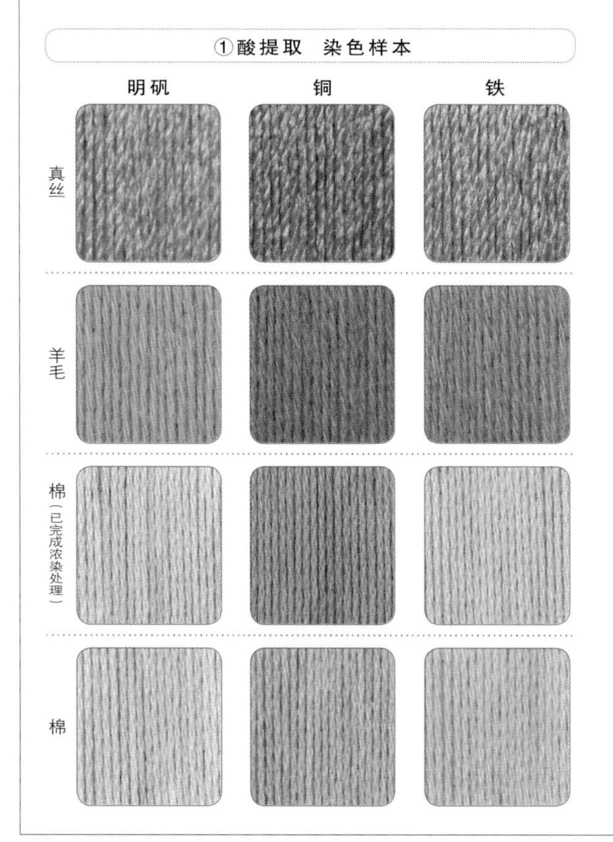


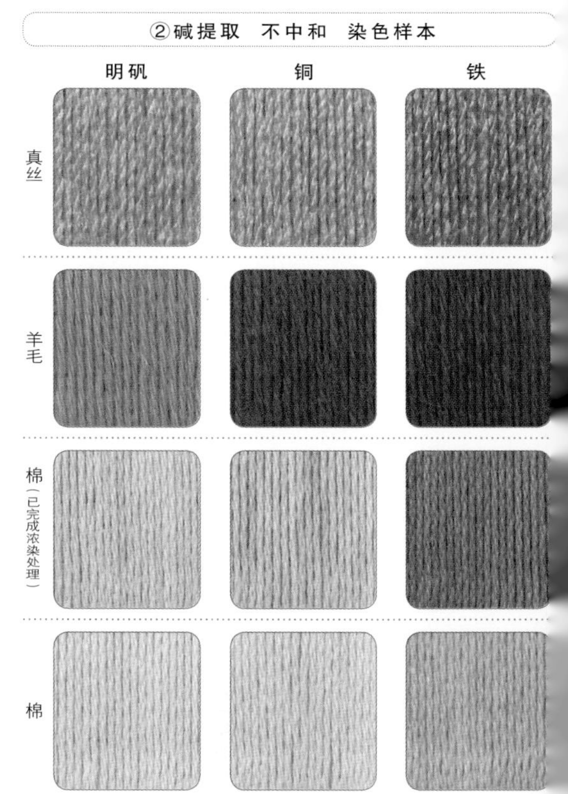

# 飞燕草

- 别称：大花飞燕草、千鸟花
- 分类：毛茛科飞燕草属
- 条件：市场有售
- 部位：干燥花
- 染色日：7月2日
- 染色地：爱知县
- 浓度：染料100g/线100g

**植物记录 · 染色要点**

飞燕草开出的花朵比翠雀稍小，在以前其花瓣是制作墨水的原材料，可见飞燕草是一种很好的染料植物。飞燕草蓝紫色的美丽花瓣即使干燥之后也不会变色，常用来制作百花香。

单纯用水熬煮出来的染液可以染出灰色系颜色。如今虽然培育出了白色、粉红色等不同颜色的园艺品种，但是如果要自己栽种的话，还是选择能开出蓝紫色花朵的品种比较好。

真丝染色后的日晒色牢度良好，但是棉的日晒色牢度只有 –2。

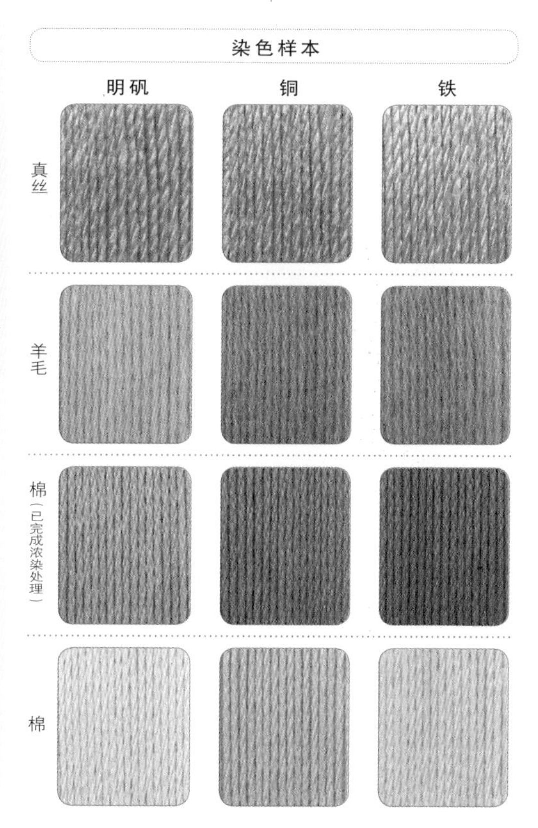


# 红花

- 别称：红蓝花、刺红花
- 分类：菊科红花属
- 条件：市场有售
- 部位：干燥花瓣
- 染色日：6月5日
- 染色地：埼玉县
- 浓度：染料200g/线100g

**植物记录 · 染色要点**

红花一开始会开出鲜黄色的花朵，但这些黄色花瓣会在第二天变成红色，为了收集黄色花瓣需要在晨雾尚未散去的早上进行采集工作。

用红花的花瓣染出红色的方法详见 p.208、p.209，本页右侧列出的是用在水中揉搓花瓣提取出黄色素后再进行熬煮得到的染液染出的样本。从红花中提取出的鲜艳黄色素也可作为制作点心和腌制咸菜时的食品着色剂使用。

红花的日晒色牢度只有 –2，明亮度较低。

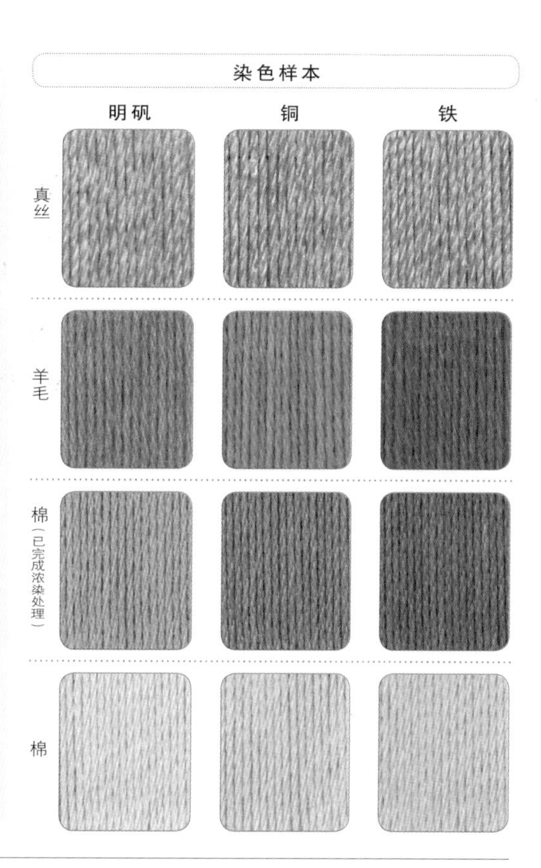

# 薰衣草

- 别称：灵香草、熏香草、香草
- 分类：唇形科薰衣草属
- 条件：市场有售
- 方法①：酸提取
  方法②：碱提取　不中和
- 部位：干燥花
- 染色日：6月15日
- 染色地：埼玉县
- 浓度：染料200g/线100g

**植物记录 · 染色要点**

经常有人问我“如何才能染出薰衣草花那样的颜色呢？”大家都见过薰衣草色的冰淇淋和手帕，也想染出这样的紫色吧。非常遗憾地告诉大家，这种紫色只能由染色剂染出，薰衣草的花瓣是无法染出这样的紫色的。

薰衣草本不是可以染出深颜色的草本植物，经过普通熬煮得到的染液只可以染出淡淡的米色系颜色。

染色样本分别用酸提取和碱提取的方法进行染色对比。如果不追求那种紫色的话，其实薰衣草是一种可以染出有趣颜色的植物。用酸提取染液染色时，经过铁媒染后可以染出偏蓝色的灰色，用碱提取染液染色时，明矾媒染和铁媒染后可以染出草绿色。不管是酸提取还是碱提取，染色后的日晒色牢度都很好。

# 蒲公英

- 别称：蒲公草、西洋蒲公英、婆婆丁
- 分类：菊科蒲公英属
- 条件：野生
- 部位①：新鲜地上部分
  部位②：新鲜花
- 采集日：4月18日
- 染色日：4月19日
- 采集・染色地：千叶县
- 浓度：染料200g/线100g

**植物记录・染色要点**

从大的方面来说，蒲公英可分为当地品种和外来品种两大类。平时常见的蒲公英，大部分是花冠较大、体型较长的西洋蒲公英。由于西洋蒲公英繁殖能力极强，导致作为日本当地品种的开黄色小花的关西蒲公英和开白色小花的白花蒲公英几乎所剩无几，据说面临灭绝的危险。

区分西洋蒲公英和关西蒲公英的关键，在于观察结在花序根部的绿色总苞是朝上还是朝下。因为存在很多杂交品种，所以仅靠上述方法不能得出完全准确的判断，但请在采集时尽可能地选择西洋蒲公英。

染色样本分别用西洋蒲公英的花和茎叶进行染色对比。两种材料染出的颜色大致相同，用花染出的颜色中黄色更深一些。因为蒲公英花在太阳升起时开放，夕阳西下时闭合，所以尽量在白天采集。市场上出售的蒲公英咖啡是将蒲公英根部进行干燥烘焙而制成的，只能染出非常淡的颜色。

蒲公英染色后的日晒色牢度较好。

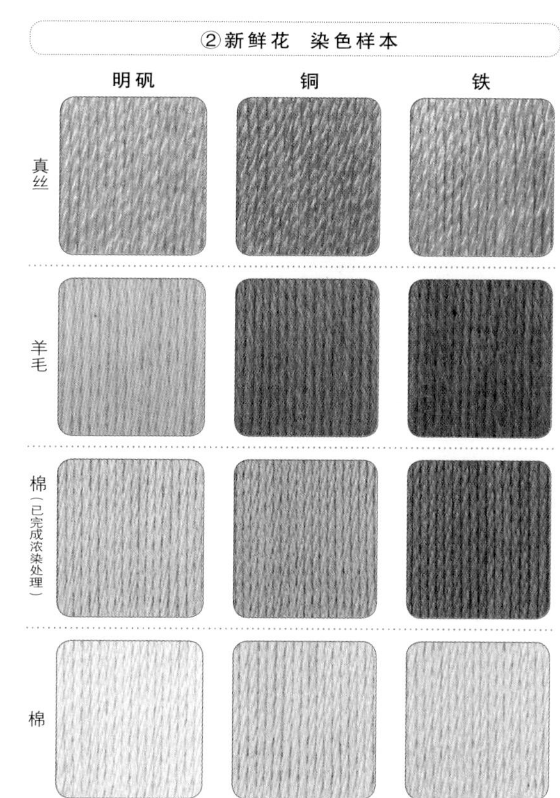

# 桤木

- 别称：水冬瓜树、水青风
- 分类：桦木科桤木属
- 条件：市场有售
- 部位：干燥果实
- 染色日：3月22日
- 染色地：千叶县
- 浓度：染料50g/线100g

**植物记录 · 染色要点**

我家附近的网球场旁边有几棵桤木，每年都会结出大量的和松塔类似的小小的果实。在环卫工人清扫掉落在地上的桤木果实时，我曾趁机要来了整整一大袋，但是实验后发现，成熟后掉在地上的桤木果实无法用来染色。经过干燥的桤木的未成熟果实才可用来染色。由于富含单宁酸，用桤木果实制成的染液经过重复染色可染出黑色，如果想要用铁媒染的方法染出灰色，需要在染色时增加铁的分量。

明矾媒染后会产生褪色的情况。

染色样本

| | 明矾 | 铜 | 铁 |
| --- | --- | --- | --- |
| 真丝 | | | |
| 羊毛 | | | |
| 棉（已完成浓染处理） | | | |
| 棉 | | | |

# 金盏花

- 别称：万寿菊
- 分类：菊科金盏花属
- 部位：干燥花瓣
- 条件：市场有售
- 染色日：3月9日
- 染色地：奈良县
- 浓度：染料50g/线100g

**植物记录 · 染色要点**

金盏花常见于树丛和盆栽中，是一种能染出深黄色到褐色的不同颜色的染料植物。金盏花园艺品种众多，其花朵也有许多不同的颜色，都可以用来染色。金盏花花期较长，可以从初夏一直持续到晚秋时节，因此在自家种有的情况下只需采集花瓣后干燥保存即可。也可用金盏花的叶、茎以及其他地上部分来染色。将提取液放置一晚后染色比立即进行染制染出的颜色要深一些。不同媒染方法染出的颜色不同，但日晒色牢度都很好。金盏花是一种可以让人享受到染色乐趣的花草。

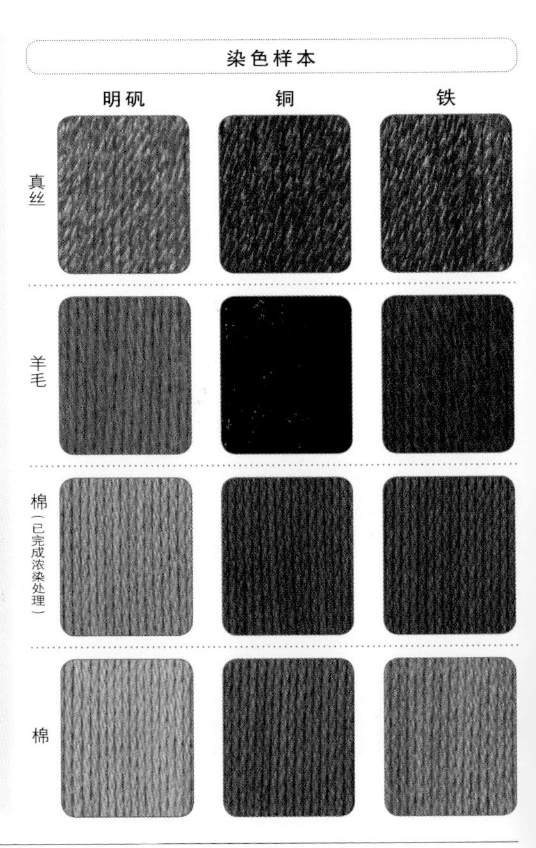

# 用花瓣等染色

petals

## 土耳其桔梗

- 别称：洋桔梗、草原龙胆
- 分类：龙胆科洋桔梗属
- 条件：市场有售
- 部位：冷冻花瓣
- 采集·染色日：7月15日
- 采集·染色地：埼玉县
- 浓度：染料40g/布料10g

**植物记录·染色要点**

入手了一段土耳其桔梗的花枝，很喜欢上面深紫色的花朵，等其枯萎了才将花瓣采集下来放在冰箱冷冻室里保存起来。植物龙胆虽然与土耳其桔梗同属于龙胆科，而且花色相似，但是无法进行染色。

无媒染 | 明矾 | 铜 | 铁

# 雏菊

- 别称：春菊
- 分类：菊科雏菊属
- 条件：市场有售
- 部位：新鲜花瓣
- 采集・染色日：6月19日
- 采集・染色地：埼玉县
- 浓度：染料40g/布料10g

**植物记录・染色要点**

染色样本使用深红色的雏菊花瓣染色而成。雏菊作为菊花的园艺品种，其花朵有许多种颜色。几乎所有菊科植物都可以用来染色。用雏菊的叶、茎染色的样本请参照p.32。

无媒染　明矾　铜　铁

# 杜鹃

- 分类：杜鹃花科杜鹃花属
- 条件：栽种
- 部位：新鲜花瓣
- 采集・染色日：5月31日
- 采集・染色地：千叶县
- 浓度：染料40g/布料10g

**植物记录・染色要点**

我用杜鹃花染色好多次，不论是更换花色、品种，还是冷冻处理材料，抑或是变换酸性溶液种类，都染不出偏红的颜色。杜鹃盛开的鲜艳花朵中几乎不含花青素。

无媒染　明矾　铜　铁

# 山茶花

- 分类：山茶科山茶属
- 条件：野生
- 部位：冷冻花瓣
- 采集期：4月
- 染色日：5月30日
- 采集地：长野县
- 染色地：埼玉县
- 浓度：染料40g/布料10g

**植物记录・染色要点**

用山茶花染色有季节限制。建议用落花，因为落花容易采集，而且可以染出非常温柔的粉红色。近来我在收集盛开中的茶梅的落花，将其放在冷冻室里保存，一年四季都能感受到用花瓣染色的乐趣。

无媒染　明矾　铜　铁

## 蔓长春花

- 别称：攀缠长春花
- 分类：夹竹桃科蔓长春花属
- 条件：野生
- 部位：冷冻花瓣
- 采集期：3～4月
- 染色日：7月11日
- 采集・染色地：埼玉县
- 浓度：染料40g/布料10g

**植物记录・染色要点**

我经常会在我家附近的河边发现丛生的蔓长春花，也会一点点地将它的花瓣采集到塑料袋中，然后放入冰箱冷冻室保存。图中所示样本就是用这样收集起来的冷冻花瓣染色而成的。染色之前我非常期待用它染出蓝紫色，但是最后只染出了淡淡的粉红色。

无媒染　明矾　铜　铁

## 长荚罂粟

- 别称：野生罂粟
- 分类：罂粟科罂粟属
- 条件：野生
- 采集期：4月
- 染色日：7月15日
- 部位：冷冻花瓣
- 采集・染色地：埼玉县
- 浓度：染料40g/布料10g

**植物记录・染色要点**

长荚罂粟那鲜艳的橙黄色花朵在风中摇曳的形象，让人联想不到它是一种会驱除周围花草的植物。长荚罂粟是一种外来植物，现在其势力范围已经扩大到无处不在的程度。我采集了许多盛开的长荚罂粟花的花瓣，储藏在冰箱冷冻室里。

无媒染　明矾　铜　铁

## 木槿

- 实际名称：玫瑰茄
- 分类：锦葵科木槿属
- 条件：市场有售
- 部位：花萼
- 染色日：7月11日
- 染色地：埼玉县
- 浓度：染料10g/布料10g

**植物记录・染色要点**

虽然这里写作木槿，但是我们一般使用的从市场上购买的木槿都是玫瑰茄的花萼。用玫瑰茄染出的富含颜色变化的染色样本见 p.158。

无媒染　明矾　铜　铁

## 蔷薇

●别称：墙蘼
●分类：蔷薇科蔷薇属
●条件：市场有售
●部位：干燥花瓣
●染色日：7月11日
●染色地：埼玉县
●浓度：染料40g/布料10g

**植物记录·染色要点**

这里使用的是市场上出售的用于制作百花香的干燥蔷薇花瓣。

使用新鲜的蔷薇花瓣时，无法染出图中那样的鲜艳的颜色。铁媒染后会染出深灰色。干花和鲜花都适合熬煮染色。

无媒染　明矾　铜　铁

## 矾根

●别称：珊瑚铃
●分类：虎耳草科矾根属
●条件：栽种
●部位：新鲜叶
●采集期：5~6月
●染色日：6月20日
●采集·染色地：埼玉县
●浓度：染料40g/布料10g

**植物记录·染色要点**

4~5月是矾根的花期，每逢此时，矾根的心形以及圆形叶片会像地毯似的铺在地上。图中样本是用开花之后修剪下来的紫色叶片染色而成的。将叶片冷冻处理后可能会染出稍微偏红的颜色。

无媒染　明矾　铜　铁

## 九重葛

●别称：叶子花
●分类：紫茉莉科叶子花属
●条件：栽种
●部位：冷冻苞片
●染色日：7月15日
●采集·染色地：埼玉县
●浓度：染料20g/布料10g

**植物记录·染色要点**

我们平时所见的九重葛上洋红色像花朵似的部分其实是它的苞片，即包住花朵的叶状物。从前市场上还出售用于制作百花香的干燥九重葛，最近没有再见到。九重葛是一种值得推荐的染色材料。

无媒染　明矾　铜　铁

# 紫蜀葵

- 别称：蜀葵
- 分类：锦葵科蜀葵属
- 条件：市场有售
- 部位：干燥花
- 染色日：7月20日
- 染色地：埼玉县
- 浓度：染料10g/布料10g

**植物记录 · 染色要点**

图中样本使用市场上出售的用于制作百花香以及花草茶的紫蜀葵花染色而成。由于紫蜀葵花含有丰富的色素，用少量紫蜀葵就可以染出非常深的颜色。用碱提取染液煮染和明矾媒染都可以染出绿色。详见 p.159 的染色样本。

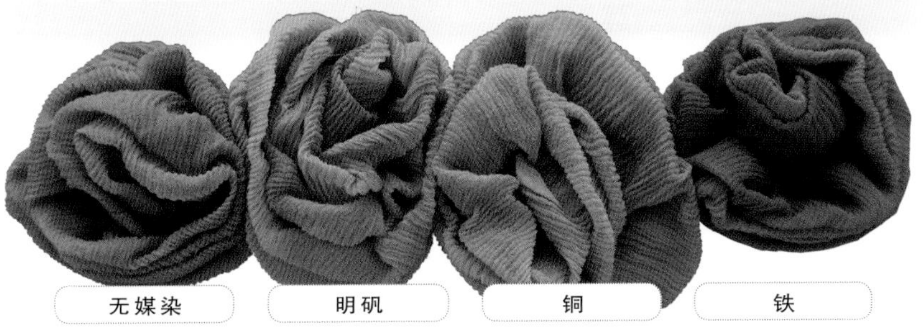

无媒染 | 明矾 | 铜 | 铁

# 蓝莓

- 别称：笃斯 、南方越桔
- 分类：杜鹃花科越桔属
- 条件：市场有售
- 部位：冷冻果实
- 染色日：7月15日
- 染色地：埼玉县
- 浓度：染料40g/布料10g

**植物记录 · 染色要点**

近十年来，日本增加了许多可以采集蓝莓的园艺农场。将采集下来的新鲜蓝莓放入冰箱冷冻室冷冻处理后，会染出效果更好的颜色。关于用酸提取染液和碱提取染液熬煮染色的样本见 p.157。

无媒染 | 明矾 | 铜 | 铁

# 矮牵牛

- 别称：碧冬茄
- 分类：茄科碧冬茄属
- 条件：栽种
- 部位：冷冻花
- 采集期：4～6月
- 染色日：7月20日
- 采集 · 染色地：埼玉县
- 浓度：染料40g/布料10g

**植物记录 · 染色要点**

矮牵牛花期很长，从每年的4月到霜降期间都会开出美丽的花朵。我在花盆中种了几株名为浪花的矮牵牛新品种，并将一些花瓣用冷冻的方式进行保存。矮牵牛花色丰富，几乎包揽了所有颜色，名为浪花的这一品种的花色呈紫色。

无媒染 | 明矾 | 铜 | 铁

## 紫鸭跖草

- 别称：紫叶草
- 分类：鸭跖草科紫竹梅属
- 条件：野生
- 部位：冷冻地上部分
- 采集日：4月15日
- 染色日：7月15日
- 采集・染色地：埼玉县
- 浓度：染料40g/布料10g

**植物记录・染色要点**

这是一种长有紫色厚实叶片的植物，在园艺店中称为紫叶草。我在我家附近的停车场中发现了大量野生的紫叶草。由于其茎叶都可以用来染色，很容易就采集到足够的用量。有兴趣的话可以尝试一下用煮染的方式进行染色会产生什么样的效果。

无媒染 明矾 铜 铁

## 槭树

- 别称：红叶
- 分类：槭树科槭属
- 条件：栽种
- 部位：冷冻叶
- 采集日：7月1日
- 染色日：7月3日
- 采集・染色地：埼玉县
- 浓度：染料40g/布料10g

**植物记录・染色要点**

图中样本使用的是一年四季叶片都呈红色的槭树的叶子，并经过冷冻处理再进行染色。到了秋天，许多植物的叶子都会变红，可以尝试一下用其他植物的红叶进行染色。

无媒染 明矾 铜 铁

## 覆盆子

- 别称：悬钩子、木莓
- 分类：蔷薇科悬钩子属
- 条件：市场有售
- 部位：冷冻果实
- 染色日：7月15日
- 染色地：埼玉县
- 浓度：染料40g/布料10g

**植物记录・染色要点**

图中样本使用用于点心制作的冷冻覆盆子染色而成。覆盆子在染色过程中会散发出酸酸甜甜的香味，非常有趣。草莓也可以在冷冻处理后用来染色。新鲜覆盆子内部为白色，冷冻之后会整体变成红色。

无媒染 明矾 铜 铁

# Part 3
# 各种各样的染色方法

# 用康乃馨花瓣给和纸染色

## 用窗纸以及点心包装纸等和纸即可

染色后的和纸用途很多。例如抛光后用来制作一笔笺，用来制作干花瓣或者剪贴簿也是很好的材料。我们身边的许多和纸可以拿来染色，例如，用剩下的窗纸或者收到的点心的包装纸。而稍微厚一点的用于制作明信片的和纸是经过压缩的，不能用来染色。染色样本是将用花瓣染色后的和纸浸入媒染剂中染色而成的。虽然用康乃馨染出的粉红色会变淡，但是褪色过程中呈现出的颜色变化很令人享受。关于媒染剂（例如，铜液、铁液等的浓度）的内容见 p.226。在对和纸进行染色时需要一个底部较平的容器，由于染色过程中不需要使用火，可直接使用塑料材质的容器。和纸在染色后需要用报纸来吸收其中的水，为避免报纸上的油墨沾染到染色后的和纸上，还需要在报纸和和纸之间放入纸巾。

### 染色过程

所需物品：康乃馨花瓣（冷冻）100g、和纸 4 张、明矾液 10mL、铜液 10mL、铁液 10mL、无纺布袋、纸巾、长筷子、报纸、醋酸 10mL、平盘。

将康乃馨和醋酸放入搅拌机中，加 1L 水。如果没有醋酸，也可以用 500mL 的食用醋来代替。

用搅拌机将花瓣细细磨碎。如不使用搅拌机，用手揉搓花瓣也可以。

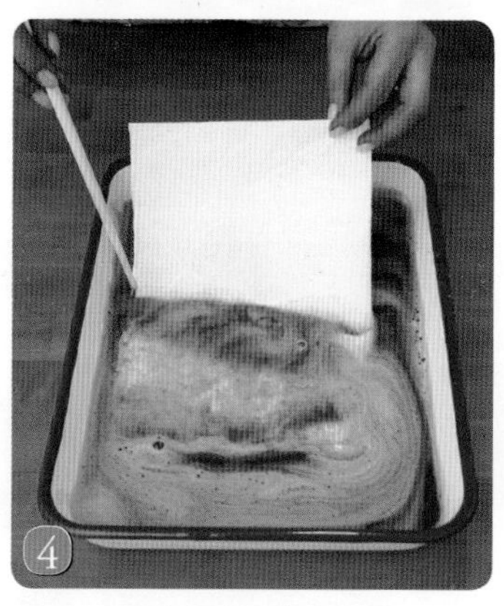

用无纺布袋过滤掉染液中的花瓣残渣，将染液倒入平底盘，然后将和纸轻轻放入盘中。用长筷子按压和纸，使其完全浸入染液，浸泡 10 ~ 30 分钟。可以将 2 ~ 3 张和纸一同进行染色。

## 成品

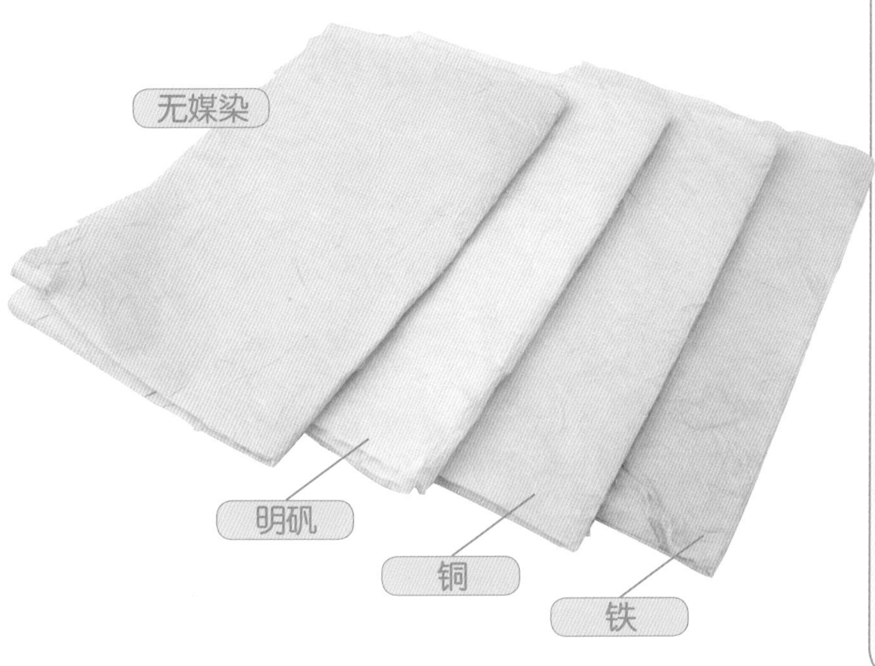


### 可以将康乃馨花瓣冷冻保存

从前我曾想用自己栽种的康乃馨的花瓣来染色，由于无法一次性采集到足够用来染色的量，那时索性就将装了满满花瓣的塑料袋放入冰箱的冷冻室里保存起来。经过干燥处理的花瓣，有的会变成褐色，因此，冷冻保存是最好的保存方法。千万不要忘了在塑料袋上标注花的名字哟！

⑤ 将报纸铺开，把纸巾放在报纸上。

⑥ 将染色后的和纸铺开，放在纸巾上。

⑦ 将另一边的纸巾和报纸折过来，盖在和纸上，并用力按压，使纸巾彻底吸收和纸中的水。

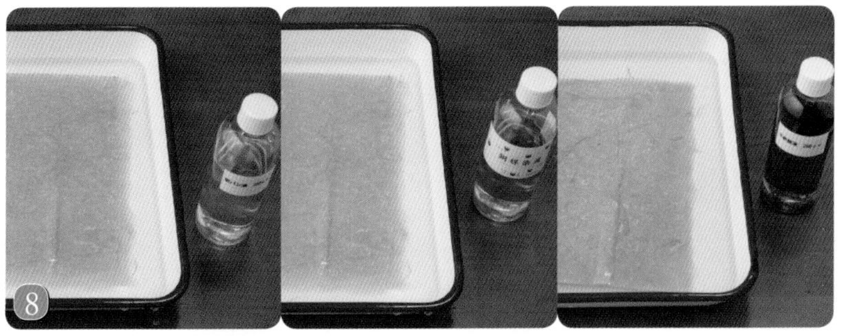

⑧ 制作媒染剂。在平底盘中加入 10mL 明矾液和 1L 水，然后将用康乃馨染色后的和纸铺开放入盘中。铜媒染和铁媒染也是一样，用 10mL 铜液和 1L 水制成铜媒染剂，10mL 铁液和 1L 水制成铁媒染剂，将染色后的和纸分别平铺放入其中即可。

⑨ 按照步骤⑤、⑥的方法去除和纸中的水，然后将其贴在窗户等平整的地方晾干即可。

# 用木槿花瓣给真丝围巾染色

## 用搅拌机简单地制作染液

家中还剩下一些用来泡茶的干燥木槿（玫瑰茄）花瓣，我便用它们对稍微有些大的真丝围巾进行染色。先将干燥花瓣放入加醋的水中浸泡 30 分钟左右，之后再进行揉搓，这样制作的染液效果会更好。也可以用手对花瓣进行揉搓，不过用搅拌机的话，很快就可以制作出染液啦！

在染色过程中，我用高浓度醋酸溶液代替了食用醋。醋酸溶液中酸的浓度高达 60% ~ 80%，而食用醋只有 4%。10mL 这样的醋酸溶液和 500mL 的食用醋对一条真丝围巾染色，其效果是一样的。且醋酸和食用醋价格相同，如果您想尝试这种方法，可以去药店购买醋酸来染色。

使用醋酸时，请不要使用兼做料理的锅具，而是使用用来染色的塑料袋等物品。不希望手变得粗糙或者皮肤较敏感的朋友，请在处理醋酸等含酸性物质的物品时戴上橡胶手套。

另外，也可以用柠檬酸代替食用醋或者醋酸来染色。

### 染色过程

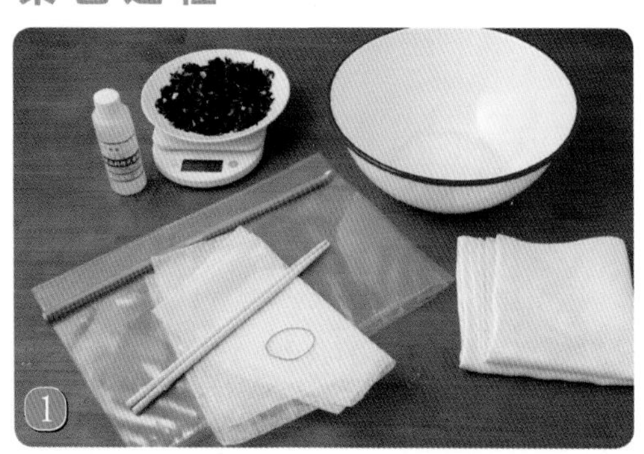

所需物品：木槿（干燥花瓣）25g、真丝围巾 25g、塑料染色袋、无纺布袋、橡皮筋、长筷子、醋酸 10mL、大碗（如果皮肤敏感，可准备一双手套）。

在大碗中放入木槿花瓣和 10mL 醋酸。家中没有醋酸的话，可用 500mL 食用醋来代替。

倒入没过木槿花瓣的热水（40 ~ 50℃），浸泡 30 分钟左右，使花瓣变软。

将大碗中的东西全部倒入搅拌机。将花瓣搅碎。

## 成品

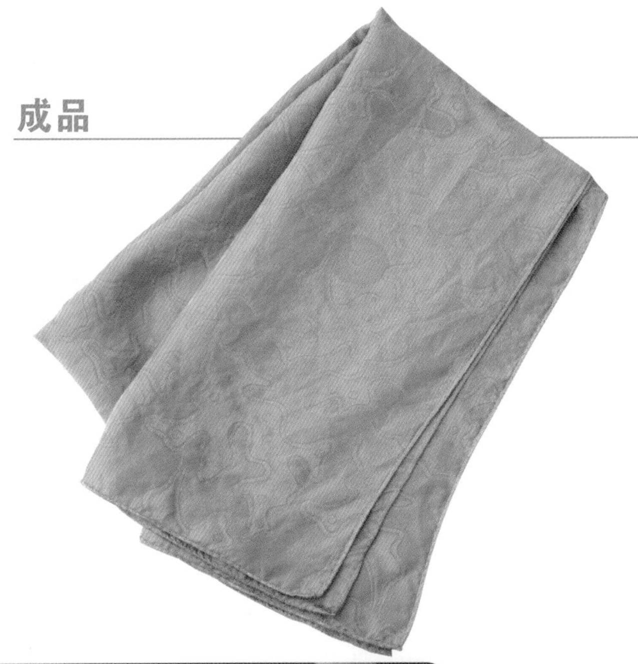

**要点！**

### 用专门用于染色的塑料袋非常方便！

市场上出售有专门用于染色的特殊塑料袋。这种染色塑料袋最高耐热60℃，在染色时要和防漏水的锁夹一同使用。

5 将搅拌后的花瓣水倒入双层无纺布袋中过滤。

6 双手用力揉搓袋中的花瓣，然后将无纺布袋从大碗中取出。如无搅拌机，可从一开始就这样用手用力揉搓。

7 将染液倒入塑料袋，将事先浸湿过的真丝围巾放入染液，并展开。

8 用防漏水的锁夹封住塑料袋，并用手轻轻揉动塑料袋中的真丝围巾，使其充分浸染染液。

9 在大碗中准备好50℃的热水，将塑料袋放入热水中，这样会使染色速度加快。

10 用流动的水清洗染色后的真丝围巾，洗到不再掉色为止。在通风效果好的阴凉处快速晾干即可。

# 用红叶将棉线染成粉红色

## 含有花青素的红叶熬煮液也可以对棉染色

与红色花瓣一样，红叶也含有花青素。这种色素可随细胞液的酸碱环境改变颜色，据此可用富含此色素的花瓣进行染色。和纸和丝线的上色效果不好，结果非常不稳定，但用煮染的方法可以对稳定度较高的棉线进行染色。

这里就用煮染的方法对棉线进行染色。槭树是一年四季都有红叶的园艺树，但是从近处看，该树的新鲜叶片颜色偏绿（见p.177图）。大部分含有花青素的草木经过冷冻处理后颜色都会变红，就用冷冻后变成红色的槭树树叶进行染色吧。

在染色过程中，我曾用小苏打代替醋酸，有几种花瓣因此染出了绿颜色。用花瓣进行煮染适合使用花青素含量高的深色花瓣，也包括绿色染，不适合使用浅粉色和浅紫色花瓣。

### 染色过程

所需物品：红叶（冷冻）150g、棉线50g、明矾液50mL、醋酸15mL、无纺布袋、橡皮筋、长筷子、橡胶手套。

先对棉线进行媒染。在大碗中放入明矾液和3L水，将事先浸湿的棉线放入碗中，浸泡30分钟左右，然后，用清水洗涤棉线。因为之后还要对棉线进行一次媒染，所以这些明矾媒染剂要暂时保留。

在大碗中放入2mL醋酸和2L水。将红叶放入无纺布袋，并用橡皮筋束住袋口，之后将其一并放入大碗中。

## 成品

### 染出绿颜色的花瓣

这些是用紫蜀葵的花瓣进行煮染、明矾媒染后得出的毛线、丝线和棉线。
一般来说，很难用植物染出绿色，但是富含花青素的植物经过碱性溶液提取后，意外地染出了绿色系颜色。我只尝试了几种植物，但我想这会是我以后的研究课题。具体见p.159。

**要点！**

左边是槭树的新鲜叶子，中间是冷冻后的叶子，右边的是提取过染液的叶子。

用中火将水烧至沸腾后关火。在大碗中加入 2L 水，戴上橡胶手套后将红叶中的红色素揉搓出来，然后将装有红叶的无纺布袋取出。

将已浸湿的棉线放入碗中，开火熬煮。水沸腾之后关火，待其自然冷却，后取出棉线，用清水冲洗。然后再重复一遍媒染→染色的程序。

# 用印度茜草给毛线染色

## 不同媒染剂染出的颜色不同

草木染不止可以染出土黄色，也有一些植物能染出像印度茜草一样的鲜艳的红色。

用植物进行煮染包括两个步骤，首先是将线直接放入植物熬煮液中进行“染色”，然后再将线放入含有促进植物色素着色和显色的媒染剂溶液中进行“媒染”。完成“染色”和“媒染”这两个步骤后，才算是完成了“草木染”。媒染剂有多个种类，一种植物使用不同的媒染剂可以染出不同的颜色。这里分别采用具有代表性的明矾、铜、铁三种媒染剂进行染色对比。

在对毛线进行媒染时需要两个步骤。一是加入有护发效果的酒石酸氢钾，它可以起到保护毛线表面鳞片的作用；二是熬煮。毛线在60℃以上的高温中才可以吸收色素以及媒染剂，棉线和丝线在常温的水中就可以进行媒染。

### 染色过程

所需物品：印度茜草 30g、毛线 50g×3 团、明矾液 50mL、铜液 50mL、铁液 50mL、酒石酸氢钾 3g、无纺布袋、橡皮筋、大碗、长筷子。

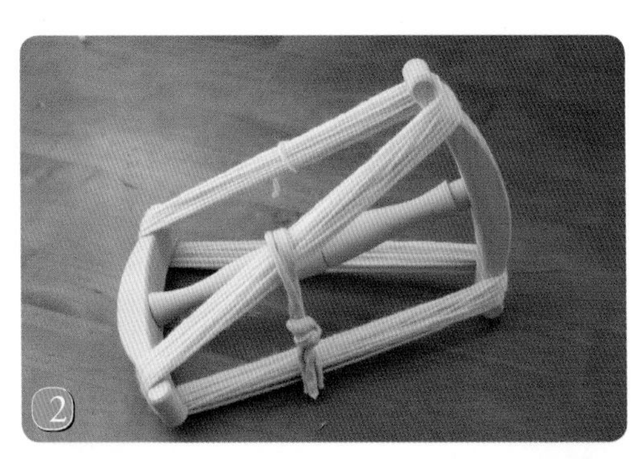

将成团的毛线整理到卷线轴上并浸湿以便染色。整理方法见 p.231。

将装有印度茜草的无纺布袋束口和 3L 水一同倒入容量为 5L 左右的大碗中，开火加热。水沸腾后继续熬煮 20 分钟左右关火，将无纺布袋取出。

在大碗中加入 3L 水。将事先浸湿的 3 团毛线挂在不锈钢棒上浸入染液。

## 成品

明矾 铜 铁

**要点！毛线媒染剂的制作方法**

提前将酒石酸氢钾溶解于热水中。在大碗中放入酒石酸氢钾溶液、500mL 明矾液和 2.5L 水后充分混合即可。

开火熬煮，待染液沸腾后，用中火熬煮 20 分钟左右。为了让毛线染色均匀，需要时不时地晃动一下毛线。

关火后，将毛线放置在染液中直至染液冷却。

从冷却的染液中取出毛线，放入温水中清洗。

将其中一团毛线放入添加明矾液的水中熬煮。用中火熬煮至媒染液沸腾后，改用小火熬煮，10 分钟后关火。

待媒染液稍微冷却后取出毛线并拧干，将其放入温水中清洗。用冷水清洗会损伤毛线。清洗之后，将毛线放入加有柔软剂的温水中浸泡，毛线就可以拥有柔软的质感了。

铜媒染和铁媒染用同样的方法进行操作即可。

使用脱水机对毛线进行轻度脱水后，将其放置于通风良好的阴凉处晾干即可。由于毛线在染色过程中会发生缩水现象，在晾晒时最好把装满水的塑料瓶（袋）坠挂在毛线下，这样可使毛线大致恢复到原来的状态。

# 段染出彩色的毛线

## 用段染的毛线编织一件独一无二的毛衣吧

平时毛线染色只能染出一种颜色，但如果用塑料带捆扎住部分毛线就可以分段染出颜色不同的毛线了。使用的媒染剂多，染出的颜色也多。捆扎的长度可由自己掌握。例如，市场上出售的用段染毛线编织的毛衣，有的前后身部分的颜色正好分散开来，而袖子部分则呈现出细细的横条花纹状。这就可以通过改变毛线捆扎的长度，使前后身和袖子上的颜色均匀分布。总之，可以自己动手染出理想中的效果。

### 染色过程

所需物品：印度茜草 20g、毛线 50g×2 团、明矾液、铁液、酒石酸氢钾、无纺布袋、橡皮筋、塑料带。

参考 p.179 的做法制作媒染液。与 p.179 相比，此次用于染色的毛线用量增加了一倍，因此明矾液和酒石酸氢钾的用量也要增加一倍。将事先浸湿的毛线挂在棒状物上，放入媒染液后开火加热。

用塑料带捆扎住不想染色的部分。染色之前，先将捆扎好的毛线放进滴了几滴洗涤剂的温水中浸泡 30 分钟左右。

请参照 p.178 的方法来用印度茜草制作染液。然后将捆扎好的毛线放入染液中进行染色。

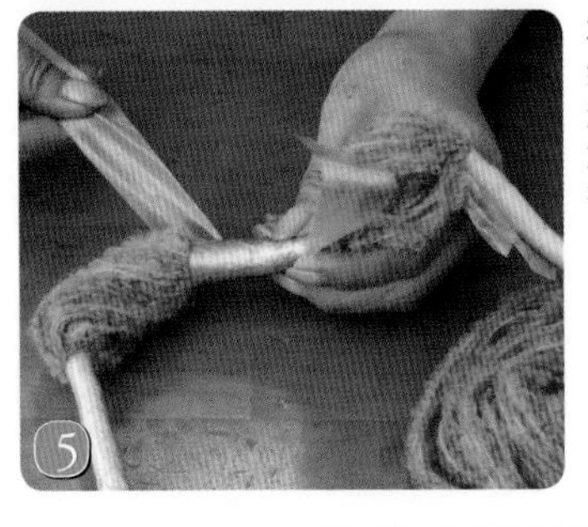

将段染成粉红色的毛线的一部分再次捆扎起来，放入加了明矾液和铁液的溶液中进行重复染色。

拥有红色、粉红色和白色三种颜色的段染毛线就完成了。

# 毛线段染后的花纹变化一览表

大家请看用不同颜色搭配的段染毛线编织出的花纹的各种变化。

| 颜色搭配 | 阶段 | | | | | |
|---|---|---|---|---|---|---|
| | 1 | 2 | 3 | 4 | 5 | 6 |
| 白色+粉红色 | | | | | | |
| 白色+紫色 | | | | | | |
| 粉红色+红色 | | | | | | |
| 粉红色+紫色 | | | | | | |
| 白色+粉红色+红色 | | | | | | |
| 白色+粉红色+紫色 | | | | | | |

# 用桤木给羊毛染色

## 在保护羊毛表面鳞片层不受损伤的同时进行染色

羊毛，按照字面意思理解就是羊的毛，现在越来越多的人将羊毛纺成毛线然后制作毛毡等。为了让大家了解羊毛特性，更好地对毛线进行染色加工，在这里我要简单介绍一下羊毛。

羊毛的最外层是鳞片层。鳞片层能使羊毛拥有良好光泽，并使其具有抗污染性，但是鳞片层非常脆弱，如果在操作过程中动作过于粗鲁会导致羊毛胡乱缠在一起，而这也是毛毡的制作原理。羊毛不耐剧烈温差，将染色后温热的羊毛突然放到凉水中清洗，羊毛会缩水变硬。等到羊毛自然冷却后进行水洗、轻微脱水以及放入酒石酸氢钾都是可以保护羊毛鳞片层的方法。

由于刚剪下的羊毛上有汗液和油脂，在进行染色加工之前要先清洗羊毛。

### 染色过程

所需物品：桤木 60g、羊毛 150g、铜液 120mL、酒石酸氢钾 3g、无纺布袋、橡皮筋、大碗、羊毛净洗剂、长筷子。

在大碗中倒入 10mL 羊毛净洗剂和 4L 50℃的水，充分混合之后放入羊毛。盖上保鲜膜放置 30 分钟左右。然后，用手仔细挑出杂质，并对剩下的干净羊毛进行清洗。清洗后的羊毛无需拧干，直接放在篓筐上沥除水。这时去掉杂质后的羊毛还剩下 120g 左右。

在大碗中放入 3g 酒石酸氢钾和少量热水，使酒石酸氢钾溶解。然后倒入 4L 热水和 120mL 铜液，充分混合后放入羊毛。用中火烧至水沸腾后继续熬煮 10 分钟左右关火，待其稍微冷却之后，将羊毛放入准备好的温水中洗涤。

将桤木放入无纺布袋中，并用橡皮筋束紧开口处。

## 成品

### 羊毛的种类

市场上出售的羊毛，有直接从绵羊身上剪下的含脂原毛（右下图），也有水洗过的羊毛（左图），还有经机器进一步处理后呈绳状的高级羊毛（右下图中最上面的羊毛）。除了白色以外，羊毛也有其他颜色。由于刚剪下来的羊毛中有油脂和杂质，要对羊毛进行清洗之后才能染色。

在大碗中放入装有楤木的无纺布袋和 3L 水，加热至水沸腾后用小火熬煮 20 分钟，染液便制作好了。

关火后取出装有楤木的无纺布袋，在染液中加入 2L 水并充分混合，然后放入羊毛。

用中火加热至水沸腾后改用小火熬煮 20 分钟左右关火，将染液放置至自然冷却。

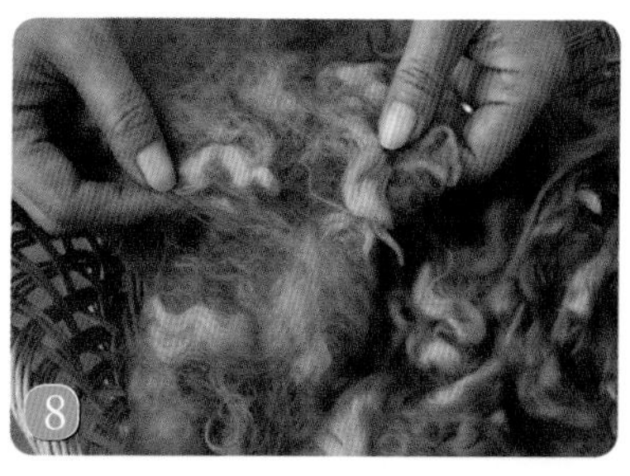

之后，将羊毛放入温水中清洗，然后再将其放入洗衣袋，在洗衣机中轻度脱水。在下一步之前要将羊毛从洗衣袋中取出，轻柔地梳理开，不要让羊毛缠绕在一起。

重新将羊毛装入洗衣袋，放置在通风良好的阴凉处晾干。在此期间偶尔翻动一下袋中的羊毛，这样羊毛才能完全晾干。

# 用迷迭香给丝线染色

## 有效利用染液的染色方法

染色时总想对入手的植物进行充分利用。为了方便想在1天内完成草木染所有工作的朋友们，我在这本书的图鉴页中也放上了用经过一次熬煮就得到的染液染出的染色样本。但是，只熬煮了一次的染液就这么丢掉真的很可惜呢。

经过熬煮的植物染料上依然残留有色素，如果对植物再进行熬煮，会制作出比第一遍熬煮液颜色淡些的染液。

与用水稀释第一遍熬煮液相比，将第一遍熬煮液和第二遍熬煮液混合后就产生可以染出深颜色的染液了。而且，第一遍熬煮液的残留液体如颜色较深，也可以用来对丝线继续染色。如果认为只经过一次染色的丝线颜色较淡，反复进行染色→媒染→染色→媒染这样的步骤便可以染出较深的颜色了。究竟其中有怎样的差别？下面就以迷迭香和苏木（见 p.186）为例进行染色分析。

### 染色过程

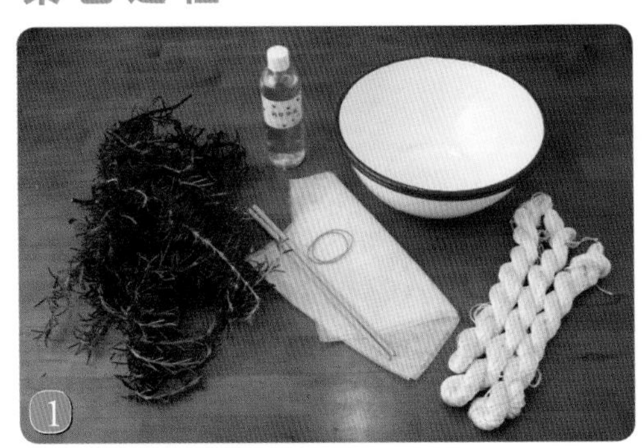


所需物品：迷迭香60g、丝线10g×3束、铜液40mL、大碗、长筷子、无纺布袋、橡皮筋。

在大碗中倒入30mL铜液和3L水制成铜媒染液，然后放入3束丝线，浸泡30分钟之后再进行充分洗涤。为防止丝线胡乱缠绕在一起，在浸泡时将其挂在不锈钢棒上。

在大碗中放入装有迷迭香的无纺布袋和2L水，用中火加热至水沸腾后再熬煮20分钟左右。

将煮好的染液转移到其他容器中。

## 成品

再加入 2L 水进行熬煮。

将第一遍熬煮液和第二遍熬煮液混合成新染液。

在步骤⑥制成的染液中放入 2 束丝线进行染色。用中火加热至染液沸腾 15 分钟后关火，让染液自然冷却。

将其中一束丝线水洗后进行铜媒染。放入铜媒染液中浸泡 30 分钟后再进行水洗。

将剩下的那束丝线以及媒染过的丝线放入只用过一次的残留染液中，用中火加热至染液沸腾后，改用小火并继续熬煮 15 分钟。之后放置等待染液自然冷却。

对染色后的丝线进行清洗至不再掉色。脱水之后放在通风良好的阴凉处晾干即可。

# 用苏木染后丝线颜色的变化

在一种植物只能染出一种颜色的情况下，与往第一遍熬煮液中加水制成的染液相比，像迷迭香染液的制作那样，混合第一遍和第二遍的熬煮液制成的染液染出的颜色更深。苏木却是一种不管经过几遍熬煮都可以提取出色素的植物，其染液一般有第一遍熬煮液和第二遍熬煮液两种。虽然我也曾将第三遍熬煮液和第四遍熬煮液制作成染液，并染出了淡淡的颜色，但染色样本中只用到第二遍熬煮液。苏木染出的颜色变化范围很大。

植物经过反复熬煮并不是只能得到颜色较淡的染液，也可以制作出染出雅致朴素颜色的染液。如果想要一开始就染出较淡的颜色，需要减少染料的用量。

苏木碎屑

## 染色要点

**这里使用的是市场上出售的苏木干燥心材碎片。染色过程同“用迷迭香给丝线染色”（见 p.184、185）一样，在染色之前先进行媒染。**

**提前准备好 12 束 10g 的丝线，总计为 120g。在第一次染色时染 6 束丝线，要使用 30g 苏木碎屑。**

明矾

铜

铁

❶ 用丝线重量一半的苏木熬煮出的第一遍染液染出的样本。

❷ 在❶ 的基础上加媒染和用残液重复染色得到的颜色加深的样本。

❸ 用第一遍熬煮苏木后的染液加水后再次熬煮得到的第二遍染液染色而成的样本。

❹ 用第一遍染液染后的残留液染色而成的样本。

# 不同媒染方法染出的颜色不同

染色材料为动物性染料胭脂红。除了常用的明矾、铜、铁等媒染剂，
草木灰和锡等其他媒染剂也可以用来染色。
大家请看不同媒染方式产生的颜色变化。左侧为丝线，右侧为羊毛材质的毛线。

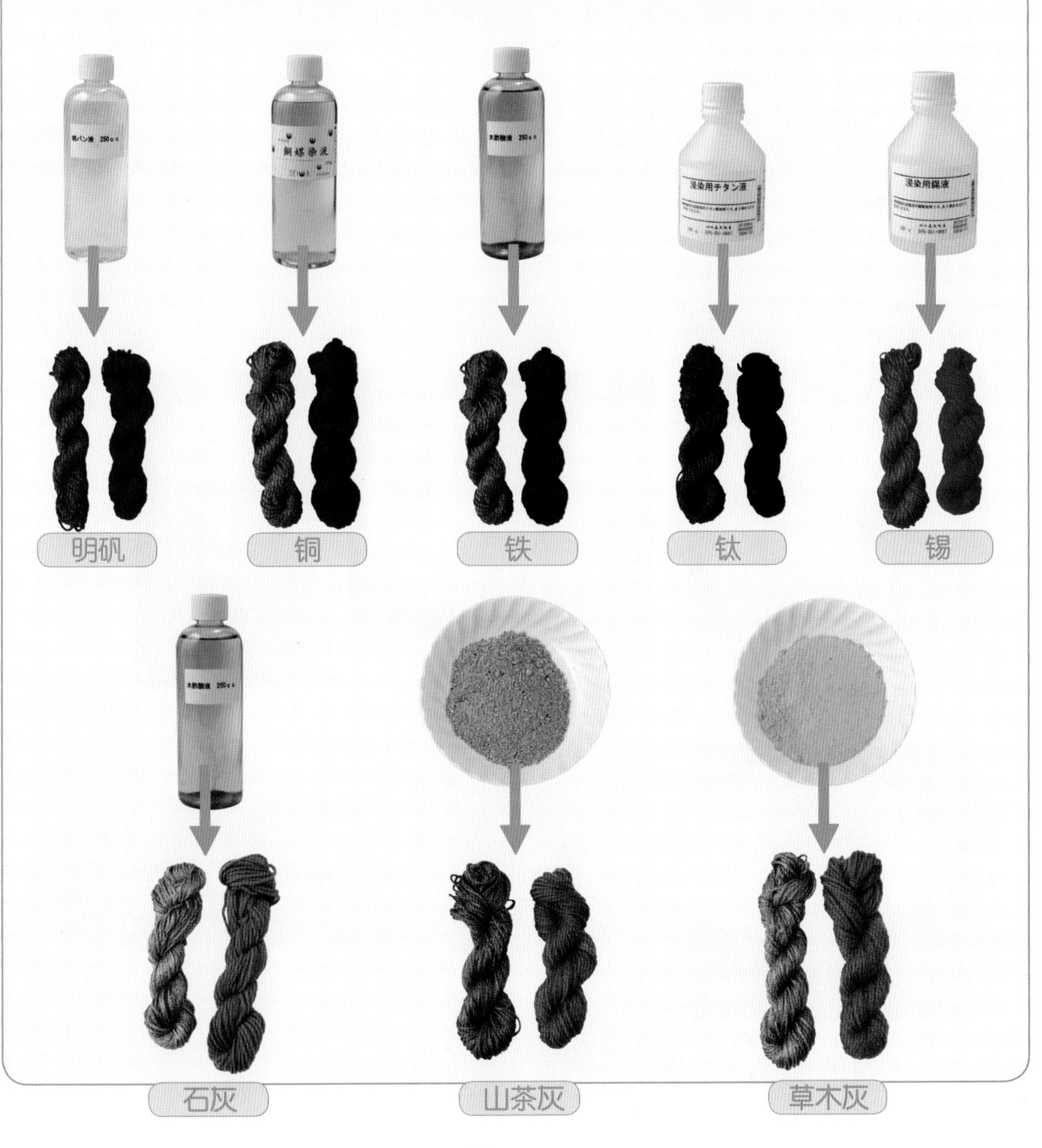

# 染出深色棉线

## 用反复染色、媒染的方法将棉线染出深颜色

观察“草木染图鉴”（见 p.13）这部分中棉的颜色后便可知，在同样进行煮染的情况下，与真丝和羊毛这样的动物纤维相比，棉只能染出淡淡的颜色。当然，也有许多植物可以使棉易于上色，反复进行“染色”“媒染”的步骤也可以染出深颜色。但自古以来便有一种叫作“基础染”的步骤，可以让棉更快染出深颜色。基础染从大的方面可以分成 3 种类型（见 p.189）。这里采用了操作比较简单的两种进行染色对比，一种是经过基础处理的棉线，另一种是没有经过任何处理的棉线。浓染剂其实就是阳离子化剂。虽然是化学合成的，但是洗发水和乳液中的调节剂也含有这种物质，它易于渗透头发和皮肤，可以放心用厨房水槽排出。

### 染色过程

所需物品：细竹 200g、棉线 10g×9 束、浓染剂 1mL、豆浆 300mL、明矾液 30mL、铜液 30mL、铁液 30mL、大碗、无纺布、橡皮筋、长筷子。

在大碗中倒入 300mL 豆浆，放入 3 束棉线，让其充分浸泡 30 分钟至 1 个小时。

拧干后在太阳光下晒干。

在大碗中倒入 3L 水和 1mL 浓染剂，并将事先浸湿过的 3 束棉线放入碗中，开火加热。加热至水沸腾后再熬煮 10 分钟左右，关火水洗。

染色后的颜色对比

## 基础染所需材料

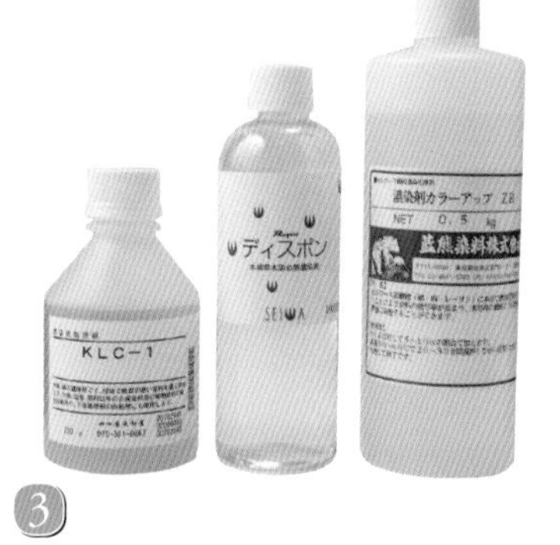


1 用高蛋白物质进行基础染

富含蛋白质的食物中，最有代表性的是豆浆（生豆浆或者豆汁大酱汤）。将棉线浸泡在由大豆加水研磨出的汁液中，然后取出晒干即可。棉纤维（纤维素）在被蛋白质渗透后，表面会变成接近动物纤维的状态。也可用牛奶代替豆浆。

2 用富含单宁酸的物质进行基础染

用五倍子等富含单宁酸的植物染色，晾干后植物色素很容易便附着在棉纤维上。也可以使用粉末状的单宁酸直接染色。

3 用阳离子化进行基础染

染料店出售的浓染剂种类较多。棉纤维表面经过阳离子化处理后会呈现出接近丝线的状态。浓染剂本身无害，可以直接排放进厨房水槽。由于不同浓染剂使用方法不同，在购买时请询问用法。

# 大块棉布的染色①
## （染制素色棉布）

### 面积大的布料用大容器进行冷染

一提到对身边小物进行染色，许多人首先想到的就是T恤。但是T恤已经不属于小物的范畴了。比如说一方小小的手帕只有5g，而一件T恤就有300g。也就是说手帕重量是T恤重量的1/60。所以要对面积大的布料染色，就需要用大容量的容器。使用“冷染”方法进行染色时，无需准备用来熬煮染液和布料的大容量容器，可以直接使用塑料水桶或者宝宝用的人造游泳池。“冷染”是用耐热的容器熬煮植物后，将染液转移到大水桶中，并不断重复操作，用这些积攒的大量染液进行染色的方法，不是指在冷的染液中染色，而是指染液不经过熬煮。在染T恤及连衣裙（见p.202）这样的成衣时，需要将布料展开，反复进行“冷染”，才能染出不错的效果。

**染色过程**

所需物品：两色金鸡菊200g、平纹棉布5块（共200g）、长筷子、竹撑、洗衣袋、明矾液200mL、铁液100mL、浓染剂10mL、圆筒形深底锅。

把平纹棉布放入已加10mL浓染剂和10L水的大碗中，用大火加热。加热过程中不时搅拌一下，水沸腾后10分钟关火，用清水洗涤棉布。

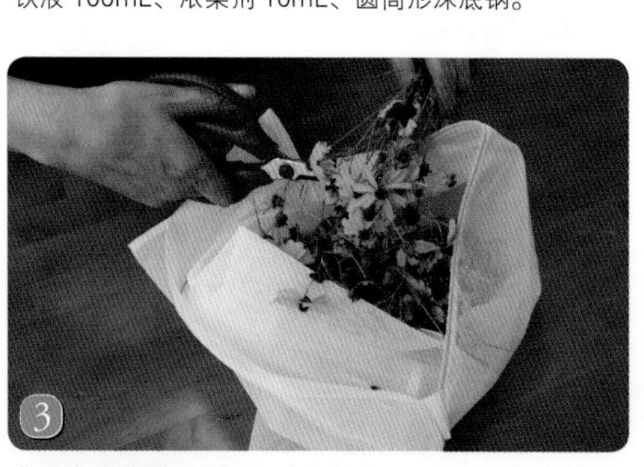
将两色金鸡菊切碎放入洗衣袋中。

将装有两色金鸡菊的洗衣袋和8L水一同放入锅中，加热至水沸腾后改用中火熬煮30分钟。染液即完成。

## 成品

明矾

铁

### 染制素色棉布

染制素色棉布时要掌握几点要领：使用大容量的容器、不要将布料突然放入温度较高的染液中、布料完全接触染液。由于温度较高的染液易于染色，如果将布料突然放入温度较高的染液中，容易发生染色不均匀的情况。

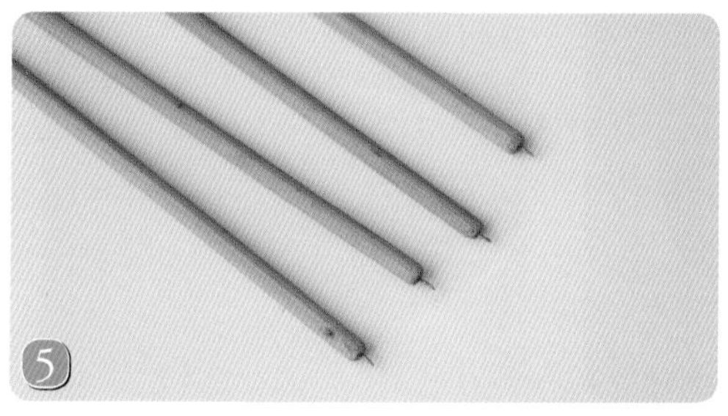


竹撑这种工具十分方便。竹撑是两端带有针的竹棍，在洗染布料时可用针扎住布料的边缘从而将布料撑开。染色时选择长度和容器口径相同的竹撑即可。

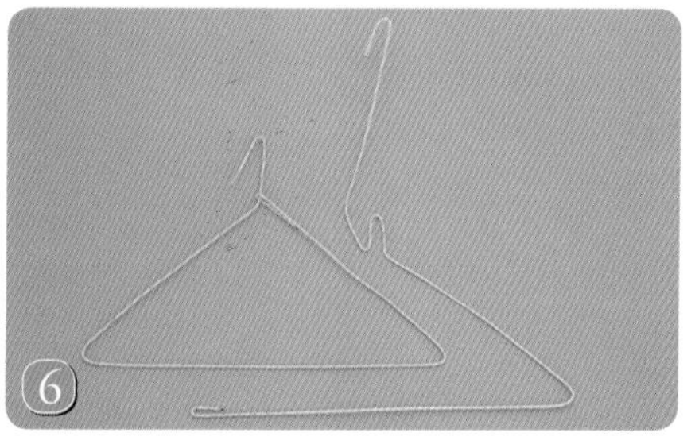


如果没有竹撑，也可以用铁丝衣架或者用铁丝弯曲成的和衣架形状差不多的东西来替代。

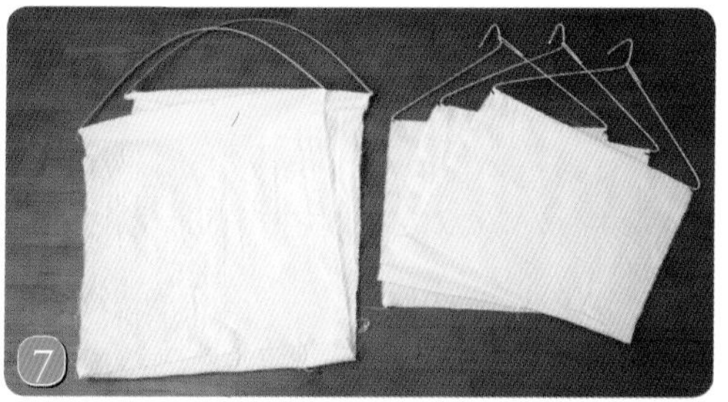


将棉布展开挂在竹撑或者衣架上。注意不要让棉布有重叠的地方。

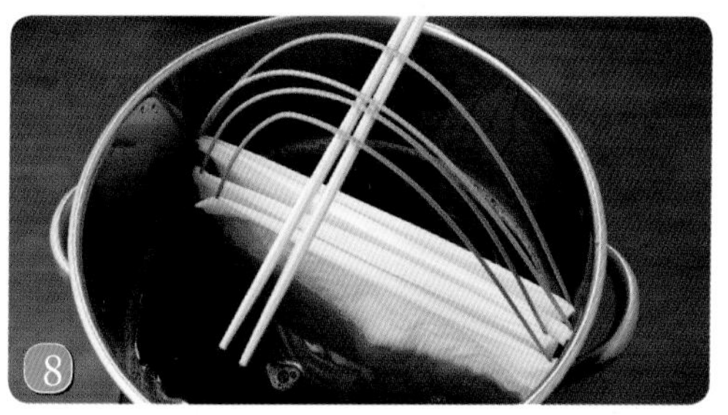


往煮好的染液里加水，染液温度降到 40℃以下，就可以开始染色了。将竹撑挂在长筷子或者染色棒上，让部分棉布浸入染液。

为了让棉布完全接触到圆筒形深底锅中的染液，染色时要将竹撑间隔放置。可以中火加热，时不时地上下移动一下长筷子。染液沸腾之后关火，待其自然冷却。

10 在大碗中混合水和媒染液。将棉布从竹撑上拿下来并充分水洗，然后放入大碗中进行媒染。将棉布展开，充分浸泡在媒染液中 30 分钟即可。

# 大块棉布的染色②
## （晕染、斑驳染）

根据浸入染液时间的长短和媒染的不同，可以营造出大块布料颜色上的层次感。
斑驳染是由于一次染色中染出了不均衡的斑点花纹，要使布料的其他部分也染出这种效果，
需经过多次重复染色，这样才会染出布料整体都有花纹的斑驳染。

### 晕染

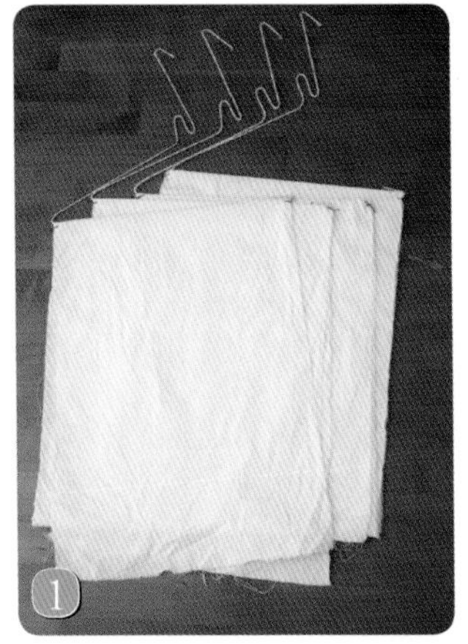
1 用铁丝制作衣架。

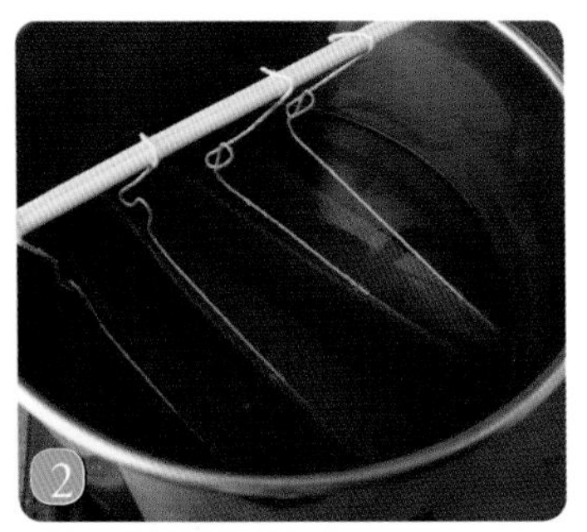
2 将衣架上方的挂钩挂在染色棒上，使布料全部浸入染液。

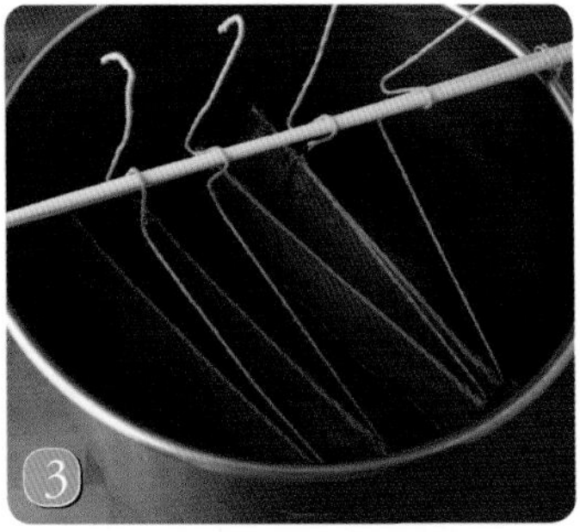
3 将衣架下方的挂钩挂在染色棒上，使布料上部离开染液，只留部分浸入染液以染出较深的颜色。完成品如p.193 A图所示。改变布料浸入染液的位置和媒染方法，可以染出有颜色层次的布料。

### 斑驳染

如果想让大块布料整体都染出颜色深浅不均的样子，需要多次染色。每次染色后都将布料展开确认染色后的情况，经过多次改变染色位置才能染出自己喜欢的花纹。

●球形花纹的染色方法

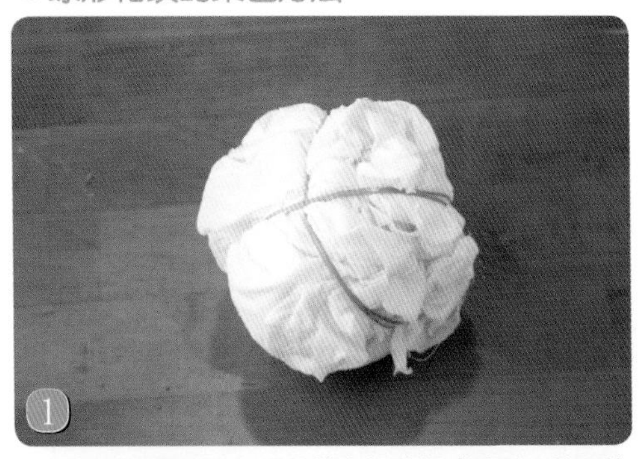
1 用手将明矾媒染后的平纹棉布胡乱揉成球形，并用橡皮筋将其固定成型。

2 将球形的平纹棉布放入两色金鸡菊染液中染色，平纹棉布上会染出橙色和白色的斑点。

## 成品

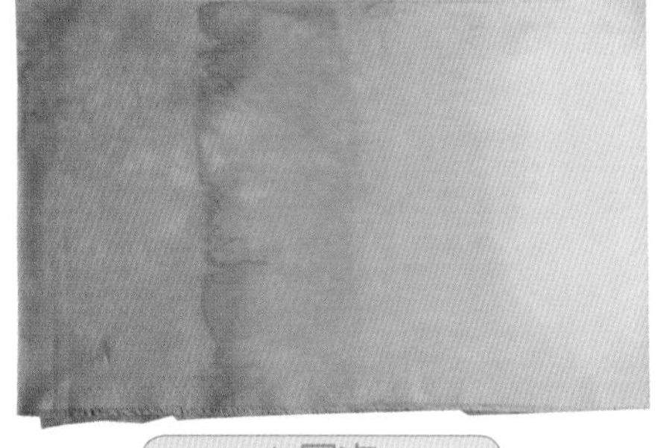

A 层次

C 球形

B 不锈钢网

将染色后的平纹棉布再次胡乱揉成球形。

把球形棉布放入铁媒染液中。经过明矾和铁媒染后斑驳染就完成了。球形棉布染色后的成品如本页 C 图所示。

●利用不锈钢网

也可以利用不锈钢网来染色。将平纹棉布拉进不锈钢网的间隙中。

将平纹棉布和不锈钢网一同放入染液中加热。

在媒染时，也将平纹棉布和不锈钢网一同放入媒染液中。完成品如本页 B 图所示。

# 对身边的小物染色①
## （用黄芩对迷你藤筐染色）

### 将小物慢慢煮染

一提到染色，首先想到的就是布料或者线，事实上不是这样的，就连草帽和篮筐等物品也可以染色呢。由于这些物品的纤维与布料和各种线不同，如果想要使色素完全渗入其中需要花费较长的时间，就像炖菜一样“咕嘟咕嘟”地慢慢熬煮它们。媒染也需要经过长时间的浸泡才能达到理想的效果。需要注意的是，如果被染色的小木箱是用糨糊粘贴在一起的，长时间的浸泡可能会使小木箱散架。藤和竹子的纤维也属于植物纤维，经过两次左右的浓染处理可以染出深颜色。

**染色过程**

所需物品：黄芩 100g、藤编小筐 50g×2 个、明矾液 100mL、铁液 100mL、无纺布袋、橡皮筋、长筷子、浓染剂 5mL、大碗。

在大碗中混合 5mL 浓染剂和 5L 水，将藤编小筐放入碗中并加热。加热至水沸腾 15 分钟后，用清水充分清洗藤编小筐。

在大碗中放入装有黄芩的无纺布袋、藤编小筐和 5L 水，开火加热。因为藤编小筐染色时间较长，所以要在一开始就将其同染色植物一起熬煮。染液沸腾之后改用小火熬煮 30 分钟左右。加热过程中如果染液减少，可适当加水。

关火后用较重物品压住藤编小筐，以防止其浮出水面，放置半天左右即可。

草帽也可以拿来染色。

在大碗中混合 5L 水和 100mL 明矾液制成媒染液，将藤编小筐放入媒染液中加热至其沸腾后继续熬煮 30 分钟左右。
关火后用重物压在藤编小筐上待其自然冷却。此过程中使用的明矾液的量是媒染线或者布料的两倍。棉线在媒染时不需要过度加热，而藤编小筐染色时需要的时间较长，所以要进行熬煮。

在大碗中混合水和铁液制成铁媒染液，将另一个藤编小筐放入碗中并加热。沸腾 30 分钟后关火，让其自然冷却。

将媒染过的小筐用水清洗后，放入之前剩下的染液中进行染色。染液沸腾后再加热 30 分钟左右即可。

用重物压在藤编小筐上，放置半天左右，让其冷却。如果想染出更深的颜色，可以重复以上操作。

## 成品

### 染色成品对比

未经处理

明矾媒染

铁媒染

# 对身边的小物染色②

## （用接骨木对木制纽扣、镶边、刺绣丝线等小物进行染色）

**纽扣及镶边等较小物品可以一起染色。染色时如果有单人用的小锅会非常方便。**

### 染色过程

所需物品：接骨木 20g、刺绣丝线、纽扣、镶边、茶包、长筷子、明矾液 20mL、铁液（木醋酸铁 5%）20mL、浓染剂 2mL（一中号汤匙的量）。

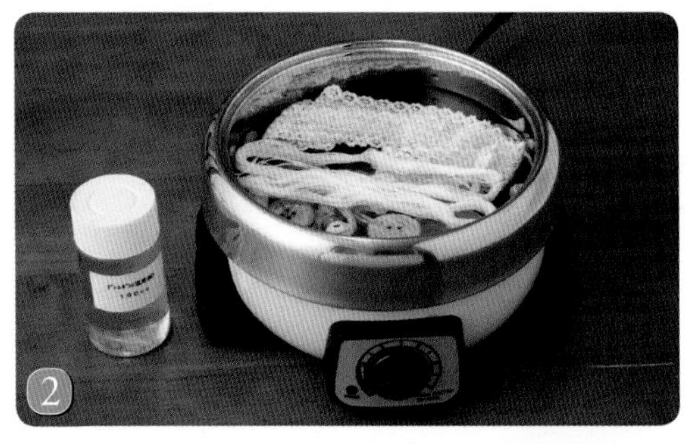

先做浓染处理。在锅中放入浓染剂、水和需要染色的小物，加热至水沸腾 10 分钟后关火，用水清洗小物。

在锅中放入装有接骨木的茶包、小物和 2L 水，加热。水沸腾后改为小火并继续熬煮 20 分钟。放置，待其自然冷却后用水清洗小物。

准备两个大碗，一个碗中放入 2L 水和明矾液，另一个碗中放入 2L 水和铁液，将小物分别放入其中，静置 30 分钟左右。之后，用水清洗小物，刺绣丝线和镶边染色完毕。

将木制串珠和纽扣放入之前的染液中，加热至染液沸腾后继续熬煮 20 分钟。可反复染色和媒染，使小物染出自己想要的效果。

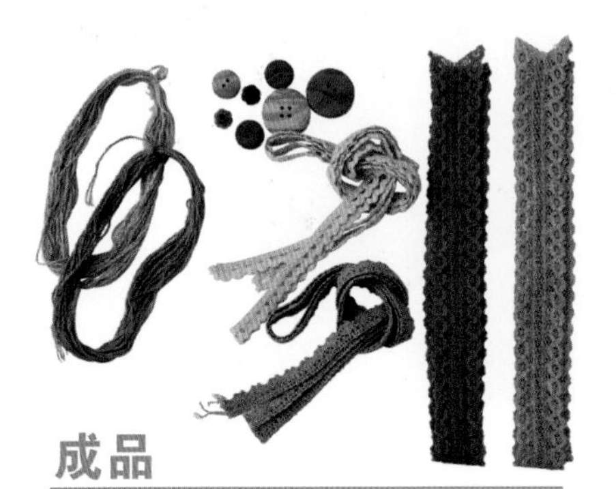

**成品**

要点！

在对镶边、刺绣丝线等小物染色时，可将这些小物统一放入小洗衣袋，然后置于大碗中，这样操作起来更方便。

刺绣丝线可以用单人锅来染色。单人锅的不锈钢内胆可取出单独清洗。

# 对身边的小物染色③
## （玉米皮的妙用）

**玉米皮常作为手工艺品素材来使用，例如编制篮筐、制作纺织物中的纬线和制作人偶等。不仅如此，玉米皮还可作为染料来使用。**

### 成品

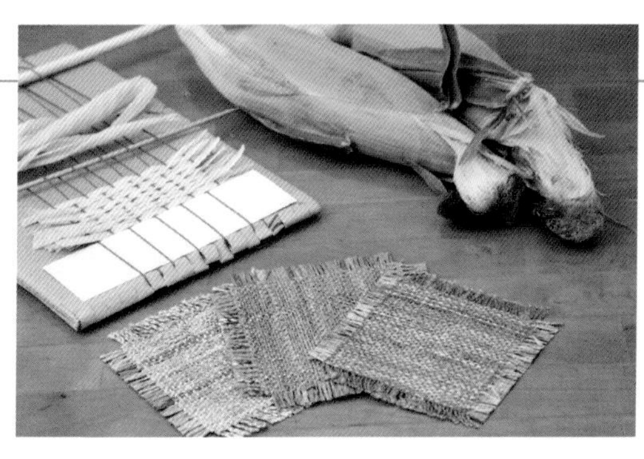

参考作品：
用玉米皮制作的茶托。图中的茶托从左至右分别用了杨梅、茜草、蓼蓝进行染色。

### 染液制作过程

所需物品：玉米皮（2 ~ 3个玉米的量）、小苏打2g（中号汤匙，一平汤匙的量）、计量汤匙、长筷子、大碗。

玉米皮的根部较硬，不便使用，所以用刀切掉这部分。

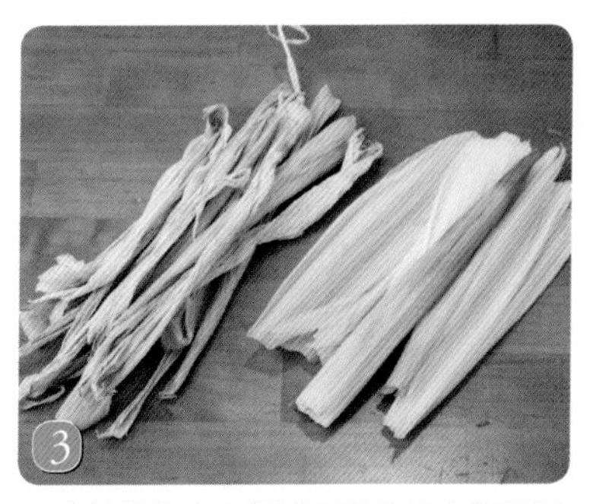


玉米新鲜外皮和经过干燥的外皮都可以拿来染色。玉米外皮在干燥之后，颜色如同漂白过一样。另外，为了不使玉米皮生霉菌，请充分晾晒。

在大碗中放入 5L 水、玉米外皮和小苏打，加热至水沸腾后改用小火熬煮 30 分钟左右。

关火后放置半天左右，使其自然冷却。玉米外皮在充分水洗后放入洗衣机内脱水，然后晾干，可用于手工艺品制作。

# 木槿叶和枇杷叶的三种染色方法

## 木槿叶的绿染·枇杷叶的红染

刚刚熬煮出的染液中的色素尚处于不稳定的状态。植物界中有许多植物像蓼蓝和胡桃一样，用之提取出的染液不直接染色的话就会氧化而无法染色，也有许多植物的染液放置一段时间后染出的颜色会加深。许多植物花瓣中的花青素溶于酸性溶液中会呈偏红色，溶于小苏打（碱性溶液提取）时则会呈偏蓝色。这里采用枇杷和木槿的新鲜绿叶，将其放在碱性溶液中进行染色对比。之前一共尝试了三种染色方法：①用水熬煮出（水提取）的染液染色；②用水提取后放置 2 天的染液染色；③在水中加入小苏打进行熬煮（碱提取），并在染色之前放入些许食用醋。最终采用了第三种染色方法。

木槿最好取用新鲜的绿叶来染色，而枇杷用干燥的叶子也可以染出深颜色。由于木槿绿叶含有的色素量较少，在染色时需要的用量是枇杷叶的两倍。

这些染色方法适用于所有植物，方法简单，效果明显，具体的试验方法见 p.200。

### 染色过程

所需物品：木槿叶 240g、枇杷叶 120g、丝线 10g × 6 束、棉线（经过浓染处理）10g × 6 束、无纺布袋、长筷子 2 双、大碗、橡皮筋、浓染剂、铜液 120mL、小苏打 12g、食用醋 150mL。

先对 6 束线进行媒染。在大碗中倒入 3L 水和 60mL 铜液并充分混合，然后放入事先浸湿的丝线和棉线，浸泡 30 分钟后水洗。

将 80g 枇杷叶剪碎，和 4L 水一同放入碗中熬煮 30 分钟。然后将煮出的染液分成 2 份，其中一份放置 2 天后再进行染色。剩下的 40g 枇杷叶同 3L 水和 6g 小苏打混合，熬煮 30 分钟左右。

在含有小苏打的大碗中倒入 75mL 的食用醋。小苏打属于碱性物质，因而需要加入食用醋，经过中和再进行染色。

## 成品

| | 枇杷叶 | | 木槿叶 |
|---|---|---|---|
| 丝线  |  | 水提取 | 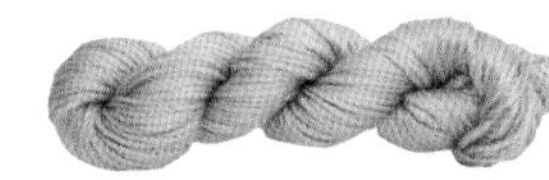 |
| 浓染棉线 |  | |  |
| 丝线 |  | 2天后染色 |  |
| 浓染棉线 |  | |  |
| 丝线 |  | 碱提取 |  |
| 浓染棉线 | | | |

●木槿染

①将 160g 木槿叶放入 4L 水中熬煮 30 分钟左右。煮出的染液的一部分要放置 2 天后再进行染色。
将剩下的 80g 木槿叶放入 3L 水和 6g 小苏打的混合液中熬煮 30 分钟。
不需要加入食用醋来中和。

②左侧碗中盛的是水提取后的染液，右侧碗中盛的是碱提取后的染液。
木槿叶中的色素溶于碱性溶液，绿色染液颜色加深。
将丝线和棉线放入碗中加热，染液沸腾后改用小火加热 20 分钟。之后，放置染液，等待其自然冷却，将丝线和棉线水洗并晾干即可。

③左侧碗中盛的是水提取后的染液，右侧碗中盛的是碱提取后的染液。
枇杷叶中的色素溶于碱性溶液，染液颜色比单纯用水提取的染液更红。
将丝线和棉线放入碗中加热，染液沸腾后改用小火加热 20 分钟。之后，放置染液，等待其自然冷却，将丝线和棉线水洗并晾干即可。

# 合理提取植物色素的方法

植物色素各有特点，就以单纯熬煮提取色素的方法来说，有的植物适合采集后直接熬煮，有的适合采集后经过干燥或者冷冻处理再进行熬煮；有的适合熬煮后直接染色，也有的适合放置一晚后再进行染色，还有的适合加入酸性或者碱性物质后进行染色。究竟哪种方法更有效果，需要自己研究一下，接下来我要向大家介绍一下可以在厨房操作的试验方法。

### 建议用小苏打、食用醋和柠檬酸

以下试验所采用的碱性物质是无水碳酸钠，酸性物质是浓度为 80% 的醋酸。这两种物品都不是危险化学药品。如果使用高浓度化学药品的话，例如盐酸、硫酸、氢氧化钠等，会染出有明显效果的颜色，但是这些物品酸碱性太强，在稀释过程中要非常注意，本书中不推荐使用这些。实际上，在厨房里的染色就用小苏打、食用醋或者柠檬酸即可。不过，如果使用和醋酸相同分量的食用醋来染色，不会产生任何效果，在使用时要按照如下比例增加用量。

■醋酸 1mL 对应食用醋 50mL

■醋酸 1mL 对应柠檬酸 0.5mL

■无水碳酸钠 1g 对应小苏打 5g

让人感到意外的是，柠檬酸和醋酸相比属于强酸。而小苏打和食用醋即使不小心放多了也不会产生高浓度溶液，所以请放心使用。

### 可以在厨房操作的试验方法

- 事先准备好经过铜媒染的丝线或者毛线，并将其剪成 1m 左右的长度。
- 准备好 3 个盛有 1L 水的大碗，分别将其编号为①、②、③。①中只放水；②是碱提取，放入 1g 无水碳酸钠；③是酸提取，放入 2mL 浓度为 80% 的醋酸。
- 在①、②、③中分别放入 10g 想要进行试验的植物，加热熬煮 10 分钟。如果这时 3 个碗中的提取液没有色差，说明这是适合水提取的植物，试验就可以结束了。
- 如果②、③中的颜色比①中的更深，那么在 3 个碗中分别放入 1m 长的线熬煮 10 分钟。
- 如果放入醋酸的③号碗中的线颜色变深，说明这是适合酸提取的植物。
- 如果②号碗中的线变红，或者染出了偏褐色，又或者是颜色偏绿或偏黄，说明这是适合碱提取的植物。
- 接着在②号碗中滴入几滴醋酸，熬煮 5 分钟。
- 如果线的颜色变深，说明这是适合经过碱提取，再进行中和后染色的植物。如果线的颜色变浅，说明这是适合在不需要中和的弱碱性溶液里染色的植物。

# 颜色的调配方法

有些植物不能直接用来染色，这时可以像调色一样将两种植物混合，染出新的颜色。染色样本使用的是福木，经过明矾媒染后染出了鲜艳的黄色，蓼蓝（染出蓝色）和红花（染出红色）进行重复染色。结果是蓝色加深，黄色和藏青色重复染色后也不会变成绿色。染色要点是要控制淡蓝色的深浅程度。

图中左侧的是丝线，右侧的是棉线。

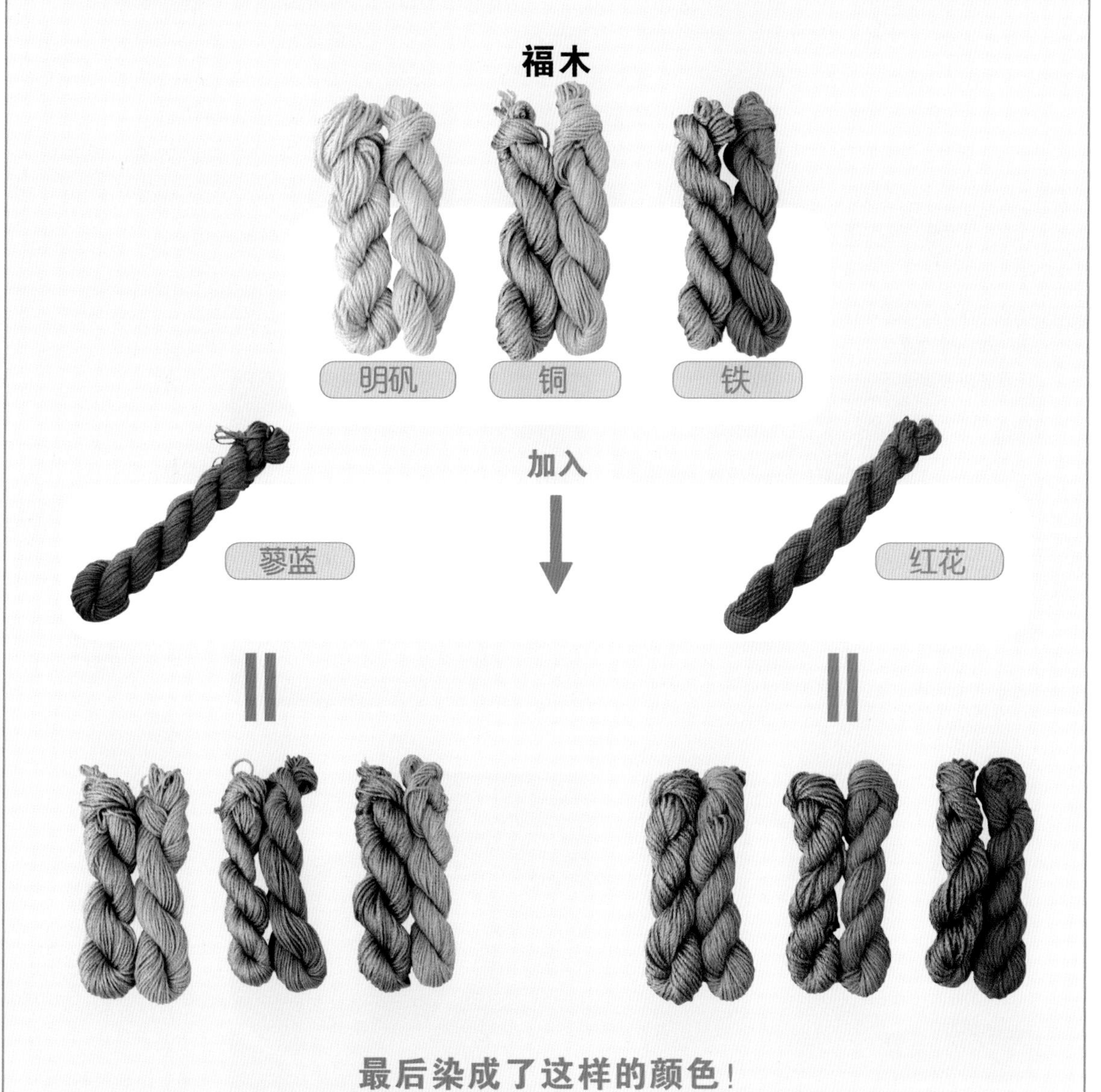

# 用红茶给连衣裙染色

## 选择易于对棉质布料上色的植物

今天用被我常年遗忘在橱柜中的红茶给连衣裙染色。在给缝制好的连衣裙染色之前，先要用洗衣机将之洗一遍。平时在染色前一定要事先确定衣服标签上所标注的材质属性，以免误洗，当然这里使用的是纯棉材质的连衣裙，可以水洗。染色时要尽量避免使用含有聚酯纤维（合成纤维，即涤纶）的衣物，这样的衣物即使经过浓染处理也很难染上颜色。

像连衣裙这样大件的衣物很难染出颜色均匀的状态，染制斑点花纹或者渐变色时效果比较好，也尽量不要染制细小的花纹，而是大胆使用粗放的图案花纹。

染色之前最好把想象中的图案花纹画成草图。如果想染出有深浅层次的颜色，需要选择易于对棉质布料上色的植物。一开始不要直接将布料放入染液熬煮，而是采用冷染的方法，将布料浸泡在染液中，从较淡的颜色开始按顺序反复染色。

### 染色过程

所需物品：红茶150g、棉质连衣裙1条（约500g）、明矾液（生明矾10%）500mL、木醋酸铁液100mL、大碗、无纺布袋、橡皮筋、染色棒、厚橡胶手套。

事先将连衣裙进行浓染处理。如果没有其他大容器，也可以使用水桶。在水桶中倒入浓染剂和10L开水，把连衣裙放入其中浸泡30分钟。之后，用水清洗连衣裙，再把连衣裙放入加了500mL明矾液和10L水的容器中浸泡30分钟，取出后充分水洗即可。

用细带捆扎住连衣裙的一部分，就可染出花纹。

在大碗中放入装有红茶的无纺布袋和5L水，加热至水沸腾20分钟后将得到的染液转移到其他大容器中。如此反复2 ~ 3次，染液就制作完成了。如果在此过程中已煮好的染液温度下降，就取出部分染液加热至沸腾，使整体染液温度保持50 ~ 60℃。

## 成品

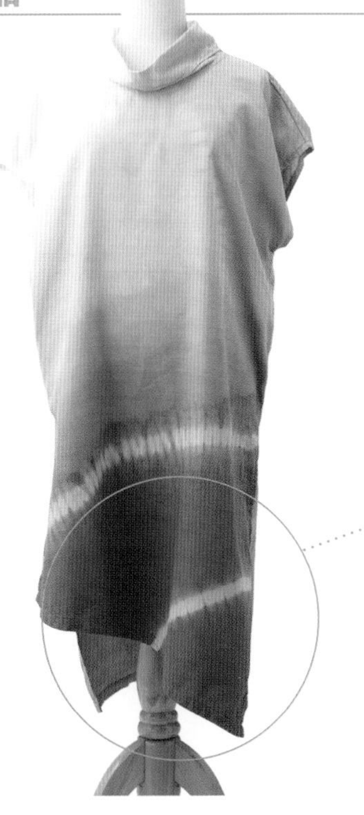

特写！

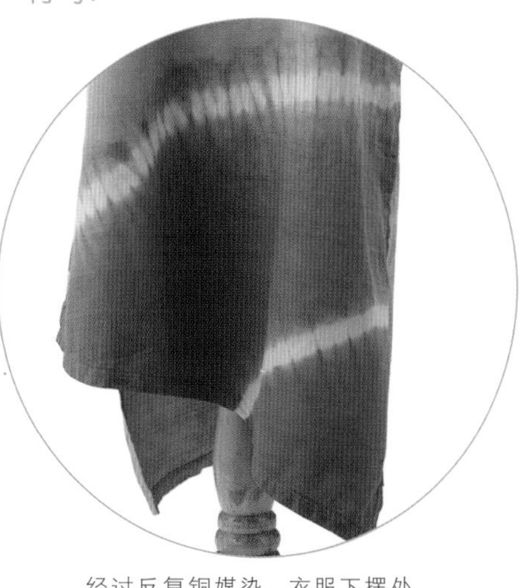

经过反复铜媒染，衣服下摆处颜色加深，衣服整体在颜色上呈现出层次感。

事先将连衣裙浸泡在温水中，拧干以备下一步使用。先将连衣裙的一部分浸泡在染液中，再戴上厚橡胶手套使连衣裙全部浸入红茶染液中。染色过程中如果改变连衣裙的位置就会染出不同的颜色。等到染液温度降到常温后，将连衣裙取出进行水洗。

制作铜媒染液。将 100mL 铜液和 5L 水在大碗中充分混合，将连衣裙的下摆部分浸入碗中 30 分钟后水洗。

再一次加热红茶染液至其沸腾后，将裙摆部分浸泡在染液中，然后放置染液至其自然冷却至常温。

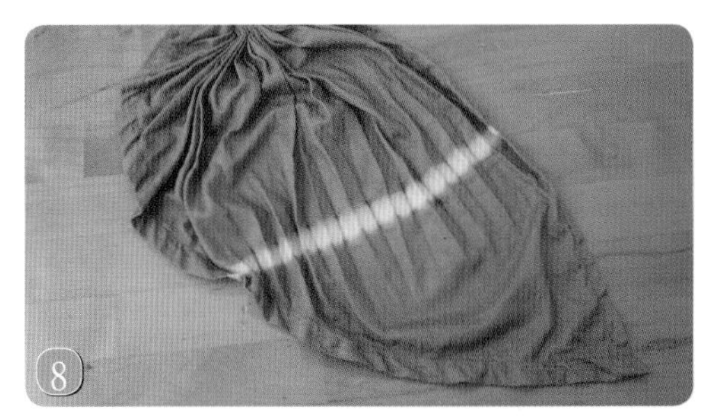

整个连衣裙中只有细带捆扎住的部分是白色的。

# 对有印花图案的布料染色

现在，大家是不是对染制素色布料有点小厌倦了？在对有印花图案以及带底纹的织物染色时，这些织物的图案也被染色，从而使整个织物变成崭新的布料。

用图案相同、颜色不同的布料制作出的拼布风垫子非常好看。下列图中从右至左分别为原色布料、两色金鸡菊染＋明矾媒染后的布料、虫胶染＋明矾媒染后的布料、苏木染＋明矾媒染后的布料、胡桃染＋铜媒染后的布料。

染色后的素色布料。

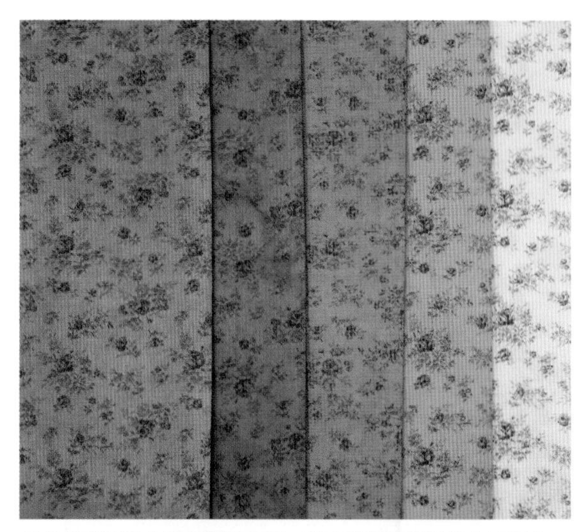

染色后的带有小花图案的布料，连小花图案都被染上了颜色。

带有方格花纹的布料。染色后可以改变人们对原布料的印象。

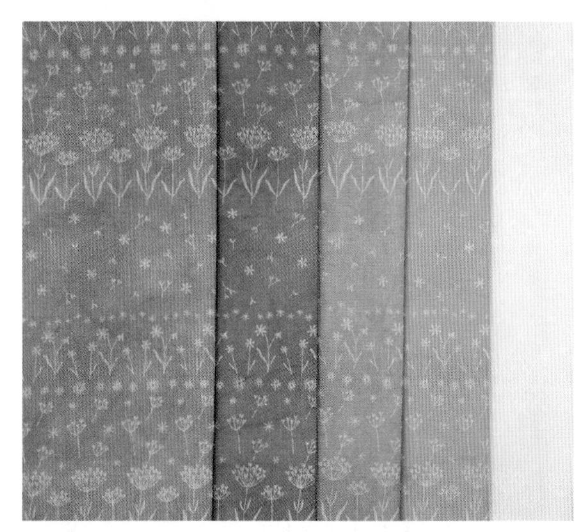

带有镂花图案的布料。染色后，部分图案看起来更有立体感。

# 用身边的小工具进行扎染

虽说直接对素色布料染色效果就很好，但稍微用一些小道具在素色布料上制造图案效果也非常有趣。首先要在脑中设计出不同的花纹图案，然后在布料上动手操作就可以了。我曾听朋友说，经过草木染后，T恤上的污迹都不见了，但有时污迹也会被一并染色，结果不仅没有消失，反而因颜色加深而变得更加明显。在这种情况下，我们使用扎染的方法进行图案染制最适合不过了。

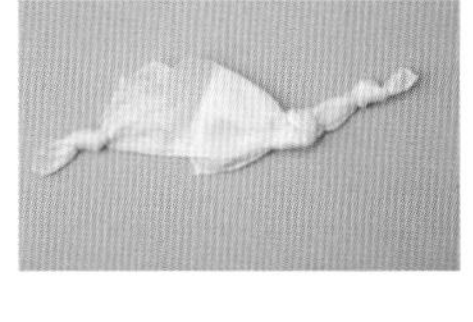

将布捆扎成扇形。

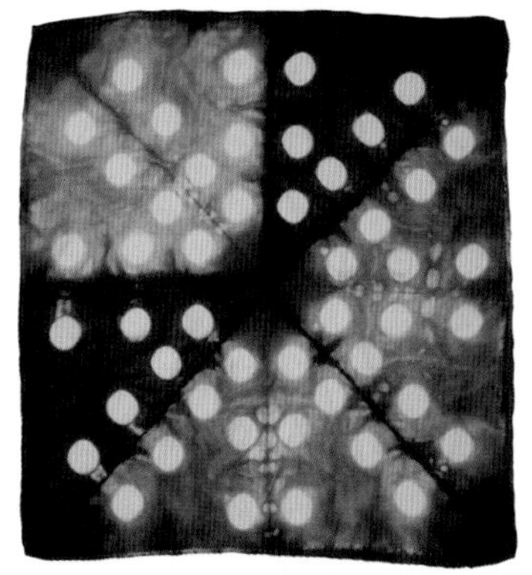

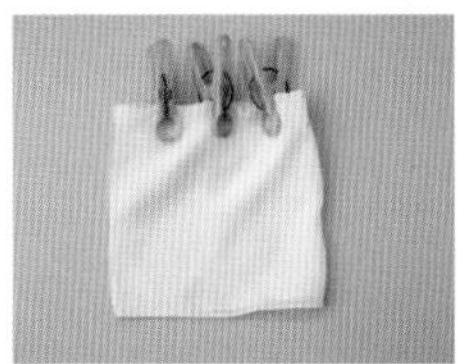

将布折成手帕大小，在上方夹几个圆形夹再染色，就可以染出可爱的水珠形花纹了。

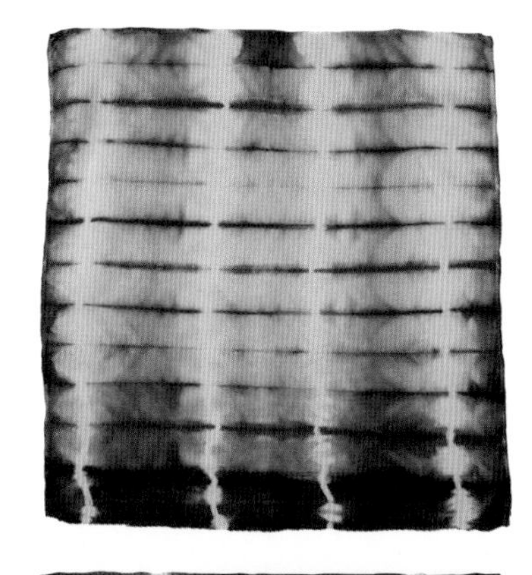

将布叠成长条状，然后对折，用橡皮筋将其固定成糖果的样子。

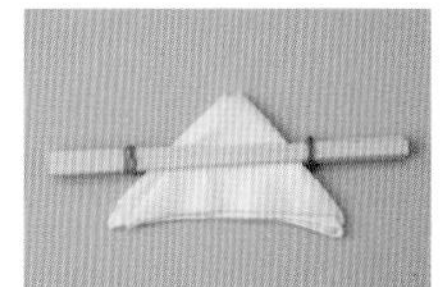

将布折成三角形，用一次性筷子夹住，然后用橡皮筋固定筷子，就可以染出如图所示的方格花纹了。

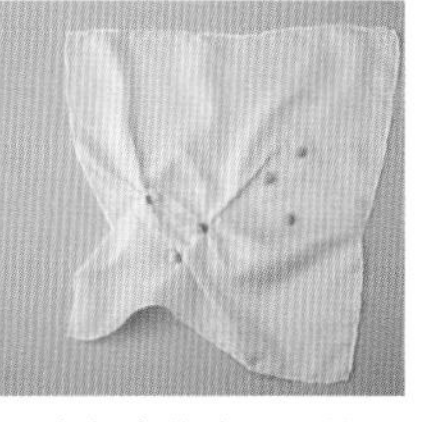

用布包裹住大豆，然后用橡皮筋固定住大豆，就可以染出豆粒大小的花纹了。

KANDO
Candy

# Part 4
# 别出心裁的染色方法

# 用红花给和纸和围巾染色

## 用红色素和黄色素分别染色

红花花瓣中同时含有红色素和黄色素。在水中揉搓花瓣可提取出黄色素，红色素则包含在提取过黄色素的花瓣中。在水中揉搓出黄色素的步骤可以多次反复操作。红色素溶于碱性溶液，染色时需要加入醋来中和。同时在染液中放入丝和棉时，丝由于受到残留黄色素的影响而染成鲜艳的红色，棉则染成大红色。

有一种用吸收、干燥的方式只保存红花中纯粹的红色素的方法，就是利用了棉布不受黄色素影响的特性（详见 p.210）。

红色的深浅由所使用红花的数量决定。使用少量红花会染出粉红色，如果希望将 100g 的布料染出大红色，就需要 500g 的红花。由于红花的红色素有不耐热的特性，所以红花不适合毛线染这种用熬煮的方法来着色的染色方法。

### 染色过程

所需物品：红花（干燥花瓣）100g、真丝围巾 20g、和纸 4 张（共 20g）、无水碳酸钠 10g、醋酸（浓度 80%）5mL、大碗、长筷子、橡皮筋、无纺布袋、橡胶手套。

将红花放入无纺布袋中并用橡皮筋束住开口处。在大碗中倒入 3L 水，将装有红花的无纺布袋放入水中，用力揉搓花瓣。

将变成黄色的水倒入其他大碗中，换水后反复揉搓花瓣，这些黄色溶液用来对和纸和真丝围巾染色。

花瓣中还留有许多黄色素，因此即使多次换水揉搓，还是会提取出黄色素。将染色后的真丝围巾充分水洗，直至水的颜色不再发生变化时，真丝围巾会染成鲜艳的粉红色，如果水洗不充分，真丝围巾就会受到黄色素的影响而染出红色。

## 用黄色染液对和纸染色

将和纸浸入盛有深黄色染液的大碗中。待和纸变成自己喜欢的颜色后取出晒干即可。
和纸的干燥方法见 p.173。
也可以将材质为棉或者真丝的围巾放入黄色染液中进行煮染。
关于红花经不同媒染剂染出的颜色的样本见 p.161。

## 用红色染液对围巾染色

在大碗中放入用开水溶解过的 10g 无水碳酸钠和 5L 温水，并用力揉搓已经提取出黄色素的红花花瓣。

图中右侧无纺布袋中的是揉搓前的红花花瓣，左侧的是揉搓后的花瓣。需要用力揉搓才能达到图左的这种效果。

将揉搓后的红花从大碗中拿出，倒入醋酸，充分混合。

将事先浸湿后拧干的围巾展开，放入染液中。

浸泡 30 分钟至 1 个小时。

在流水下充分清洗围巾，将其拧干后放在通风的阴凉处晾干即可。

## 成品

染后的和纸可作为红酒的包装纸来使用。

### 红花中的红颜色可以保存

将用红花进行过红色染的棉布浸泡在碱性溶液中，可以溶解出红色素。将丝线放入溶解了红色素的溶液中可以染出不受黄色素影响的红色。用于红色染的红花染液静置，可沉淀出红色素。用布将沉淀的物质过滤出来，涂抹在小碟子上，晾干后便会形成如下图所示的鲜红色颜料。以前的女性常用这种颜料来涂抹指甲或者直接当作口红使用。

# 用柿漆给棉线和麻袋染色

## 阳光会起到媒染剂的作用，晒干之后颜色加深

柿漆由尚未成熟的涩柿子的汁液发酵加工而成。由于柿漆具有防腐性能好、韧度高的优点，在过去常用于制作渔网、纸伞、基础的木工等，近年来才在染料领域人气高涨。柿漆染可由阳光代为媒染，是一种能染出褐色，却不需用火和化学药品的草木染。

市场上出售的柿漆呈液状，可根据自己的喜好加水稀释。一般稀释成原来的 1/4~1/5，希望染出较浓的颜色时，可稀释至原来的 1/2。

柿漆染要将待染物品放入柿漆液中重复“浸湿、干燥”的步骤以使织物颜色不断加深。上染后，棉线变得坚硬，如同进行了仿麻加工一般。建议在染色过程中戴上手套操作。

用擦菜板擦涩柿子即可做出柿漆液。用蘸了柿漆液的笔在 T 恤上画出图案，这些图案充分日晒后会呈褐色。这样一来，原创 T 恤的制作就完成啦。

### 染色过程

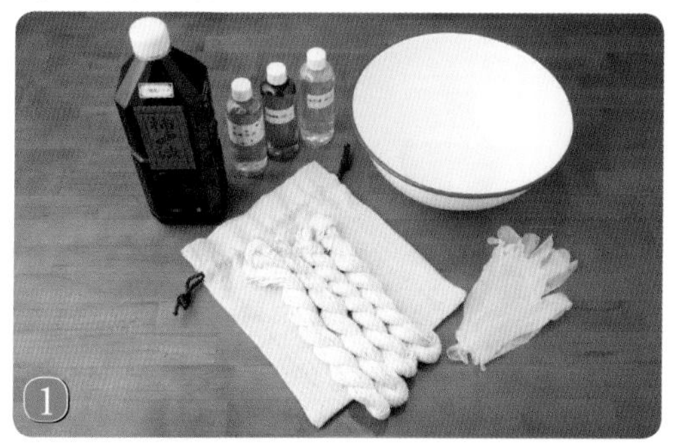

所需物品：柿漆液 200mL、麻袋 40g、棉线 20g×3 束、大碗、橡胶手套、明矾液 20mL、铜液 20mL、铁液 20mL。

在大碗中倒入 200mL 柿漆液和 800mL 水并充分混合。

**●麻袋染**

将事先浸湿后拧干的麻袋放入柿漆液中。为了麻袋能够较好地上色，需要揉搓 10 分钟左右。

将麻袋从柿漆液中取出，拧干后放在太阳下晒干。（后续过程见 p.212）

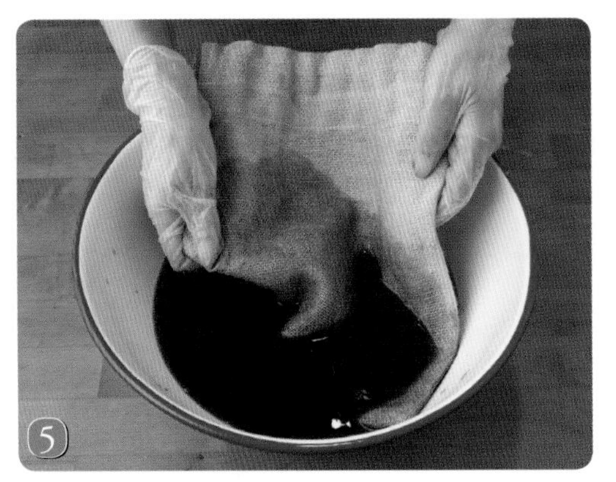

将干透的麻袋再次浸入柿漆液中，浸泡并揉搓 10 分钟左右。

将麻袋在太阳下晒一整天。为达到理想的染色效果，可重复浸泡、晒干的步骤。

**●棉线染**

将事先浸泡好并充分去除水分的棉线放入柿漆液中浸泡 10 分钟左右。

将棉线拧干之后日晒。
为使棉线的内侧也晒到太阳，要时不时地翻动棉线。

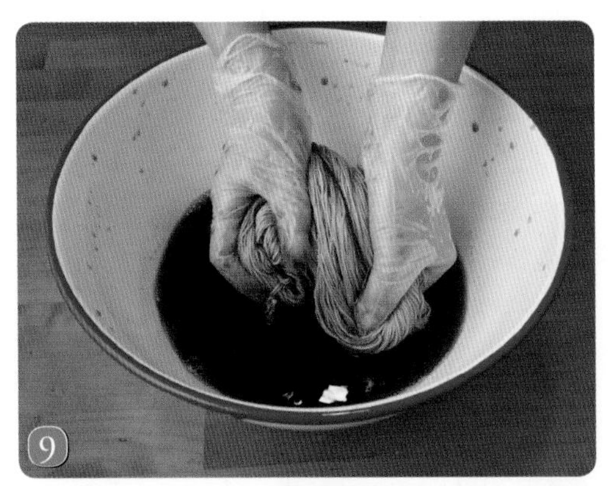

将干透的棉线再次放入柿漆液中浸泡 10 分钟，在此期间要充分揉搓棉线，然后晒干。为达到理想的染色效果，可重复上述步骤。

在 3 个大碗中分别制作明矾、铜、铁媒染剂，将染色后的棉线分别放入碗中浸泡 30 分钟左右，然后取出，水洗、晒干即可。

## 成品

从左至右分别为浸泡一遍并晒了 1 天的麻袋、重复 2 次染色→晒干步骤的麻袋和在一周内重复染 4 ~ 5 次的麻袋。

# 用紫草晕染飞白花纹织锦

## 用酒精简单地提取色素

紫草是一种绽放白色花朵，根部呈紫色的植物。染色时用其根部染色，因此用紫草染色被称为紫根染。在古代的日本，只有身份高贵之人才可穿戴紫色衣物，这种紫色便是由紫草上染而成的。紫草根部所含的色素难溶于水，虽然不耐热，但是用水煮的方法也很难提取出来。一般的提取方法是将紫草根放入 40 ~ 50℃的温水中，用长时间的水煮来提取色素。

紫草根部的色素可溶于酒精，可将紫草根浸泡于消毒用酒精中以提取出色素，这里使用的便是酒精提取法。飞白花纹是纺织技法之一，也是在线染时才可以做出的染色技法。飞白花纹技法有许多种类，我们这次通过在粗织的经线上晕染夸张的图案制作出了飞白花纹的挂毯。

### 染色过程

所需物品：紫草根（干）500g、棉线 250g、消毒用酒精 500mL、明矾液 250mL、无纺布袋、橡皮筋、长筷子、手套、大碗、塑料纸。

在织布机上布置好经线，粗织后取出经线。

用塑料纸裹住不需要染色的部分。

事先将干紫草根细细剪碎，将其装入无纺布袋，再放入盛有 500mL 酒精的大碗中浸泡 30 分钟左右。

## 成品

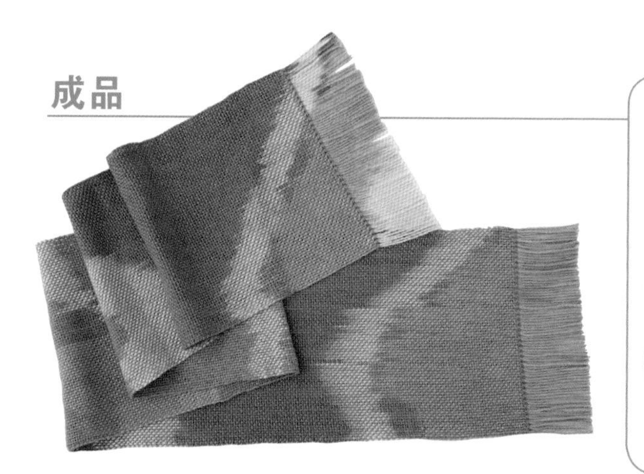

### 适合用酒精提取色素的植物

有些植物的色素虽然可以染出有特点的颜色，但是难溶于水，可以用酒精作这些色素的溶解剂。图中所示的都是适合用酒精提取色素的植物。

将装有紫草根的无纺布袋放入盛有 3L 40 ~ 50℃温水的大碗中，戴上手套用力揉搓。将揉搓后产生的染液倒入其他容器中。反复操作 2 次。

事先浸湿步骤③中的捆扎好的经线。将经线放入染液中充分浸泡并加热。加热至 40 ~ 50℃时关火，放置 1 个小时左右。

在另一个大碗中倒入 6L 水和 250mL 的明矾液，将经线水洗后放入其中浸泡 30 分钟左右。

为了染出深浅不一的花纹，改变捆扎的位置。

再次捆扎后，放入染液中加热至 40 ~ 50℃。可根据自己的喜好制作花纹图案，重复步骤⑥ ~ ⑧即可。

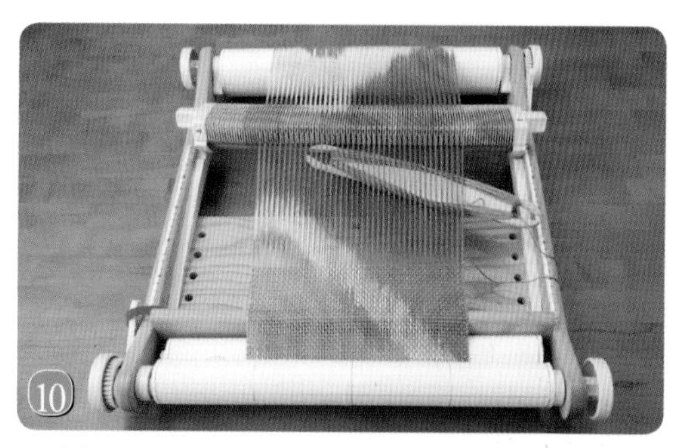

取出粗织的纬线，在织布机上布置好经线后开始织布。

# 用新鲜蓼蓝叶对棉手帕染色

## 用无水碳酸钠和亚硫酸氢盐染出更浓郁的蓝色

丝线和毛线可以在用新鲜的蓼蓝叶片揉搓制成的蓝染液中染色，棉线无法在这样的染液中直接上染。只有将蓝染液还原后才能对棉线染色，这就需要无水碳酸钠和亚硫酸氢盐了。有了这两样东西，不使用火便可以制作蓝染液，不仅可上染丝线和毛线，比起只有清水的鲜叶染，还能染出更浓郁的蓝色。

这里使用了由 100g 新鲜叶片和 5L 水制作而成的蓝染液。颜色的深浅根据使用新鲜叶片用量的多少而变化，如果使用了 200g 新鲜叶片，那么使用的无水碳酸钠和亚硫酸氢盐的用量也要加倍。大号量匙的容量约为 5g，无水碳酸钠和亚硫酸氢盐用一量匙即可。药店一般并不售卖能作为还原剂使用的亚硫酸氢盐，我是在染料店买到的。虽然该染液不会对手上的皮肤造成不良影响（敏感肌肤除外），但是还是会使指甲缝染上蓝色，建议在上染过程中戴上手套。无需使用化学试剂的鲜叶染见 p.10。

### 染色过程

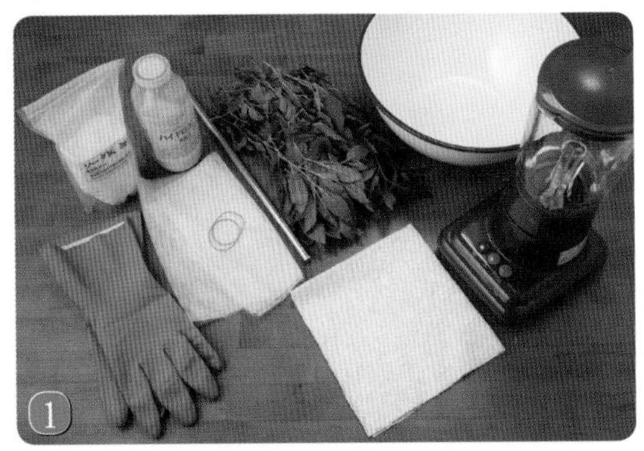
①
所需物品：新鲜的蓼蓝叶片 100g、无水碳酸钠 15g、亚硫酸氢盐 15g、棉手帕 3 块、大碗、无纺布袋、橡胶手套、橡皮筋、搅拌机、染色棒。

②
在搅拌机中放入新鲜叶片和适量的水，搅拌 2 ~ 3 次，用手揉搓也可以。

③
准备好大碗和无纺布袋，将搅碎的新鲜叶片倒入无纺布袋。

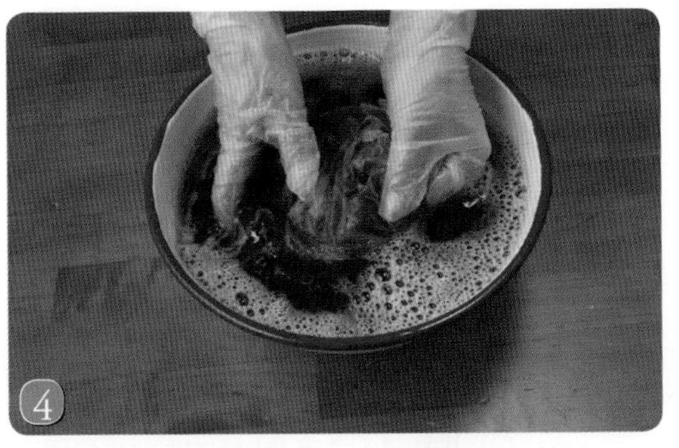
④
用橡皮筋束紧无纺布袋袋口，继续揉搓出汁液。

## 成品

花盆中栽种的蓼蓝
（栽培方法见 p.12）

从大碗中取出装有蓼蓝叶的无纺布袋。往染液中倒入 15g 用温水溶解了的无水碳酸钠。深绿色的溶液变为墨绿色。

再倒入 15g 用温水溶解开的亚硫酸氢盐，制成用于棉线染色的还原状态的染液。

将事先浸湿的棉手帕放入染液。一开始会染出绿色。

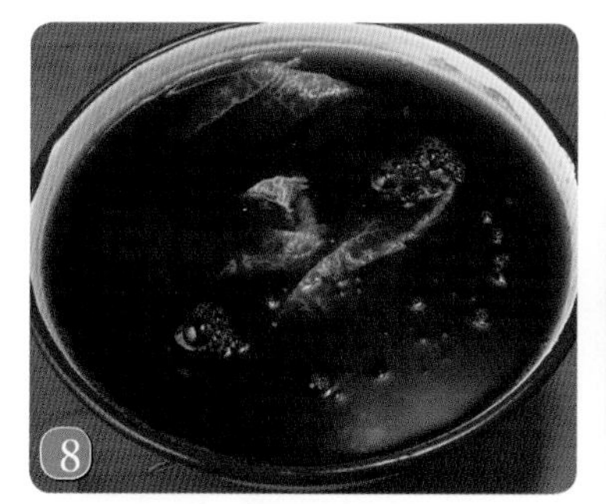

将棉手帕在染液中浸泡 30 分钟左右。在此期间，不时搅拌一下。

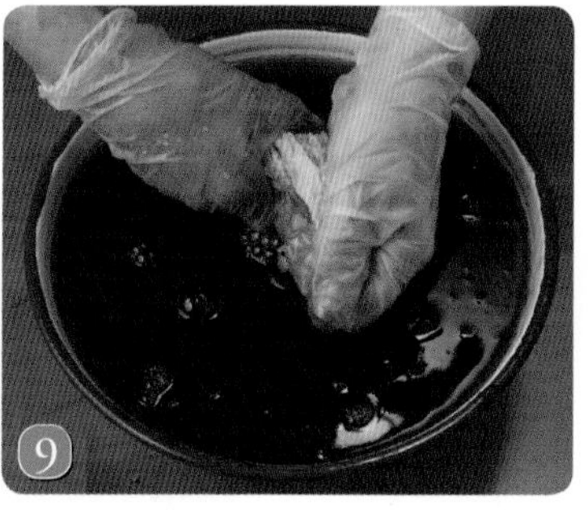

从染液中取出棉手帕，使劲拧干后，其颜色渐渐变为蓝色。

静置 30 分钟左右后水洗即可。

# 用印度蓝草干叶染真丝围巾和棉手帕

## 将真丝染出鲜艳的紫色

在印度蓝草长出大量叶子之后，将其叶子采集下来干燥保存，这样一年四季都可以享受到蓝草染的乐趣了。干燥之后的叶片含有的蓝靛成分难溶于常温状态下的水，因此，在提取染液时要使用 60℃的热水。由于不用熬煮，用塑料桶就可以进行染色。顺便说一下，40℃即洗澡时可使用的温度，50℃是指戴着厚橡胶手套也可以将手放入水中的温度，60℃是指戴着手套也感到很热的温度，80℃是指水沸腾之前，还未出现大量水蒸气，但水面上已经“咕嘟咕嘟”冒泡的温度。

样本使用印度蓝草的干叶染色，蓼蓝和日本蓝草也可用相同方法进行染色。印度蓝草和日本蓝草富含紫红色素，因此可将真丝围巾染出鲜艳的紫色。棉线和毛线会染出蓝色，而不是紫色。蓼蓝的干燥叶则可以对丝线染出蓝色（用印度蓝草和蓼蓝的干燥叶染出的颜色样本见 p.43。）

### 染色过程

所需物品：印度蓝草干叶 100g、无水碳酸钠 30g、亚硫酸氢盐 30g、醋酸 20mL、橡胶手套、无纺布袋、橡皮筋、棉手帕 1 条 10g，真丝围巾 1 条 20g。

在无纺布袋中放入印度蓝草干叶。

在大碗中倒入 2L 60℃的热水，将装有干叶的无纺布袋放入碗中浸泡 5 分钟，然后将变为褐色的液体倒掉。

在大碗中重新倒入 15g 无水碳酸钠、15g 亚硫酸氢盐和 3L 60℃的热水，放置 30 分钟左右。染液呈黄色。

## 成品

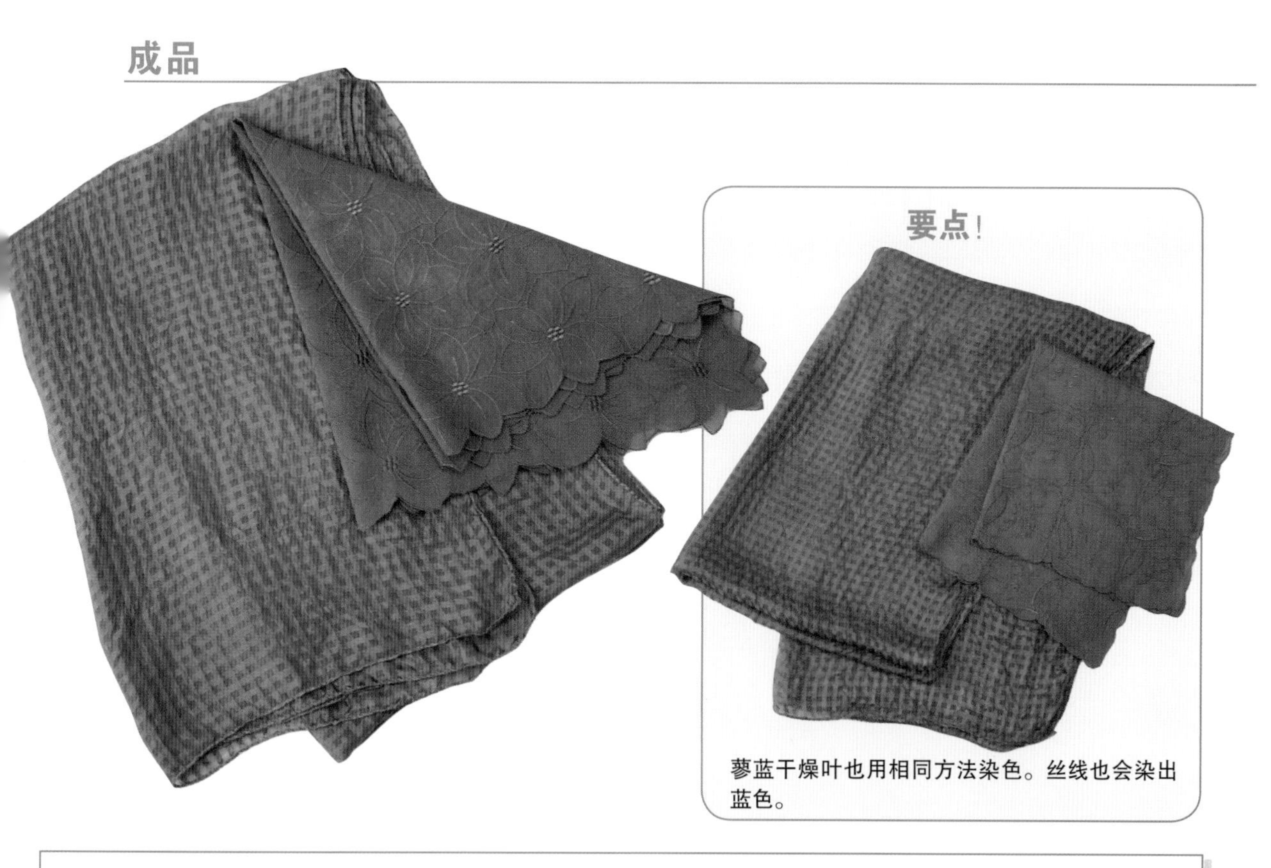

**要点！**

蓼蓝干燥叶也用相同方法染色。丝线也会染出蓝色。

将步骤④中做好的染液转移到其他容器中，另取一个大碗，在其中放入装有蓼蓝的无纺布袋、亚硫酸氢盐、无水碳酸钠和 2.5L 60℃的热水，放置 30 分钟。

混合步骤④和步骤⑤的染液，并加热至 50℃，将事先浸湿的手帕和围巾放入混合染液中浸泡 10 分钟。

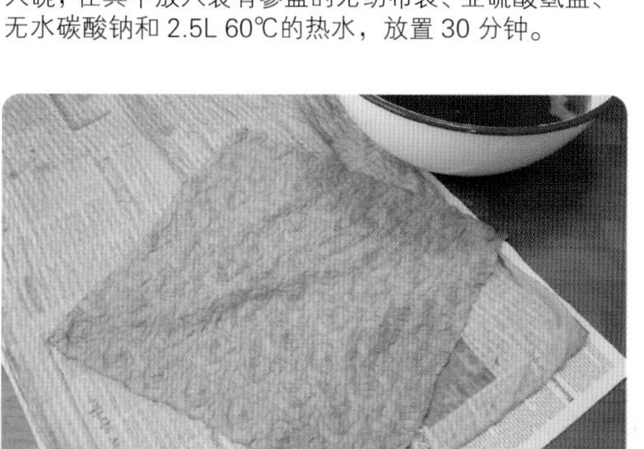

将手帕和围巾取出，拧干后摊平，接触空气 10 分钟后颜色变绿。如想染出更深的颜色，请重复上述操作。

在空置的大碗中倒入 4L 水和 10mL 醋酸，将经过充分水洗的手帕和围巾放入大碗中浸泡 5 分钟左右。

# 用干燥蓝草制作靛蓝

## 日本传统蓝染法——用一周的时间制作染液

这里的靛蓝是干燥蓼蓝叶的发酵物。用干燥蓝草制作靛蓝是日本自古以来的蓝染方法。将靛蓝一次性制作好，在空闲时就可以拿它来染色了。虽然不同靛蓝的制作工序和材料千差万别，但是有两点共同之处：一是蓝染液的温度要保持在 20℃以上。事实上，一年四季都可以制作天然靛蓝。不同的是，夏天可在常温中制作，而冬天气温较低，需要在旁边准备一些暖气设备。二是要使 pH 值保持在 11 左右。本书前面有关于鲜叶染和用干燥蓼蓝叶进行蓝染的内容，按照书中所写的分量操作就可达到 pH 值为 11 的要求。但是手工靛蓝的 pH 值每天都在变化，必须每天进行微调，因此 pH 试纸和电子 pH 计是必备之物。这里对需要一周时间的灰水法进行了说明，当然市场上也出售各种“靛蓝制作专用剂”，使靛蓝制作完成当天就可以染色。

染色方法请见 p.221 ~ 224。

### 染色过程

①所需物品：干燥蓼蓝叶 500g、草木灰 250g、熟石灰适量、pH 计、橡胶手套、容量为 13L 的聚乙烯水桶（带盖）、染色棒、筛子。

②在大碗中加入 250g 草木灰和 4L 热水，充分混合。

③静置一晚后碗中溶液分层，有沉淀物。取碗中上层澄清液（灰水），将沉淀物再次进行上述操作。最后，将两次取出的澄清液合在一起使用。

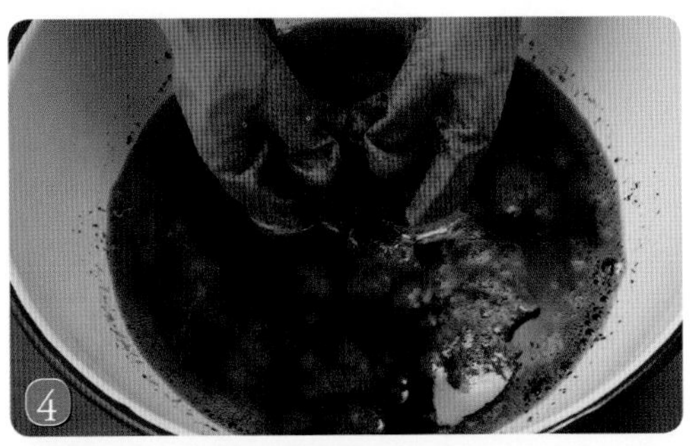

④在大碗中放入 500g 干燥蓼蓝叶和 5L 水，将蓼蓝叶充分浸泡 30 分钟后用筛子过滤，倒掉过滤液。

将过滤后的蓼蓝叶倒入聚乙烯水桶中。

将加热至 80℃的灰水倒入水桶中，用染色棒充分搅拌混合。

检测蓝染液的 pH 值。如果染液的 pH 值低于 10.5，加入少量熟石灰，充分搅拌混合后再用 pH 计测量，pH 值达到 11 即可。

每天充分搅拌桶内的染液并测量 pH 值，使其保持在 10.5 ~ 11 即可。如果在夏季，大约一个星期以后，染液表面便会鼓起一些泡泡（靛花），这时，天然靛蓝就制作好了。

# 用粉状靛蓝染色

因为越来越多的人喜欢蓼蓝的蓝色，所以市场上有许多蓝草染的套盒。接下来对用以印度蓼蓝为原材料的粉状靛蓝进行蓝草染的方法进行介绍。这种方法在染色时需要注意的地方与靛蓝相同。在染色之前要将“靛花”，即水面上的泡泡除去。

所需物品：蓝草染套盒、毛线 50g×3 团、棉线 50g×3 团、棉麻餐桌布 50g、真丝围巾 20g、染色棒、鹰嘴钩、木片、橡皮筋、容器等。

在装有 5L 水的容器中放入粉状靛蓝。必须先倒水，后放靛蓝。

放入助剂，认真地慢慢搅拌，使其混合。

用纸巾将蓝染液表面残留的灰水去除后再进行染色。

## ①对真丝围巾染色

为使事先浸湿并去除多余的水的真丝围巾不与空气接触，在手心里将其团成小小的一团。

双手完全放入蓝草染液中，并在蓝草染液中轻轻地展开真丝围巾。浸泡 5 ~ 10 分钟。

刚从蓝草染液中取出的真线围巾还是绿色的。

待其颜色变深一些后，放入另一个盆中充分拧干。

拧干后展开，真丝围巾眼看着就变成了蓝色。如果想要颜色更深一些，在空气中放置 10 分钟后再次放入蓝草染液中。之后，水洗、固色、晾干。

如果想让真丝围巾染出有深浅层次的颜色，只将一部分围巾浸泡在蓝草染液中即可。

## ②对棉麻餐桌布染色

用木片和橡皮筋将餐桌布固定起来，进行扎染。

以没过餐桌布为标准，将其放入水中浸泡 30 分钟左右。

为使折叠起来的部分也染上颜色，在蓝草染液中如图展开折叠部分。浸泡时间要比真丝围巾长。

从蓝草染液中取出餐桌布并充分拧干后，以带着木片的状态放置 10 分钟左右。

取下木片后将餐桌布展开，放置 10 分钟左右后，水洗、固色、晾干。

### 成品

### 成品

## ③线的染色

事先浸湿线（毛线和棉线）。一个人操作时，将线挂在一根染色棒上，上下移动染色棒直至线全部染上颜色。

将染色棒一端的线分为2份，另一侧则挂在鹰嘴钩上扭转拧挤。均匀地移动线的位置，反复进行上述操作。

2人或者2人以上操作时，将线挂在2根染色棒上，均匀地移动线进行染色。

在扭转拧挤的过程中，一根染色棒在上，一根染色棒在下，上下2根染色棒同时拉拽扭动。移动线的位置重复上述操作，使线均匀受力。接下来，将线在空气中放置10分钟后水洗。

最后进行固色处理。（棉料同样适用）染色后，先将线放入水中反复清洗，然后脱水。在大碗中倒入5L水和专用固色剂，将线放入其中，浸泡10分钟左右取出，不经水洗，直接脱水晾干即可。

### 成品

### 扎染工具

用木片对大块布料进行扎染时，要使用老虎钳固定木片。前面介绍过用橡皮筋固定木片的方法，但是橡皮筋的固定能力太弱，染液顺木片缝隙浸入布料，以至于无法染出清晰的花纹。

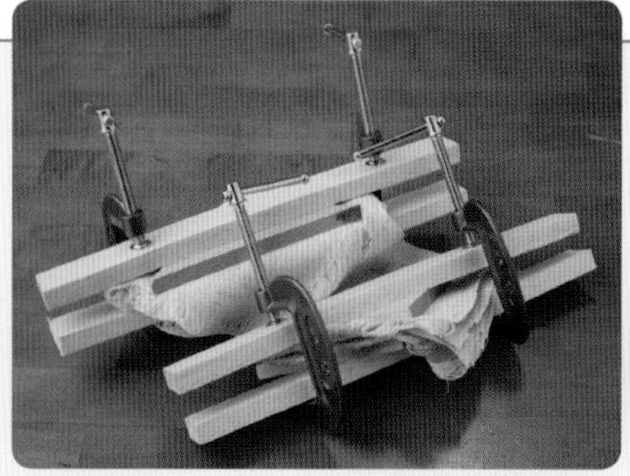

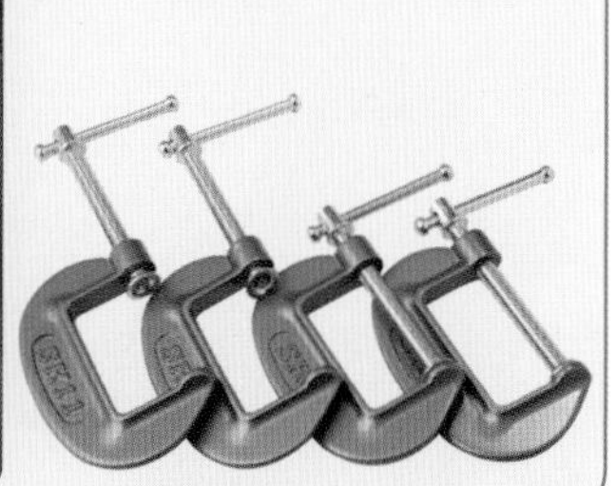

# Part 5
# 相关知识篇

## 草木染的操作与染色要点

草木染也要遵循一定的规则，其中需点注意以下几点：

**●一定要进行媒染**

染色时也可以使用化学试剂。例如，在制作米糠酱腌茄子时，加入明矾后米糠酱会呈紫色，加入铁钉和铁鸡蛋后则可以做出呈绛紫色的米糠酱腌茄子。如果不加这些东西，茄子紫色的外皮会褪色，最后这道菜会变得看起来没那么好吃。作为媒染剂的明矾和铁常用于料理中，通过制作米糠酱腌咸菜和煮黑豆吃到我们的嘴里。它们并不是危险的化学品。媒染剂有固色和显色效果，经过媒染一般都可以染出理想中的颜色。

**●深色与浅色**

本书中的染色样本均经过至少一次媒染、上染的步骤。即使想用大量植物来染出黑色这样的深颜色，一次染色也无法让织物纤维从染液中吸收到足够的色素，只有经过上染和媒染的反复操作才能染出色牢度强的深颜色。反之，如果想染浅颜色，那么在染色过程中从染液中取出染色对象即可。毛线纤维由于耐高温，在高温熬煮下才可以着色，所以想染出浅颜色时，从染液中取出毛线后轻轻洗涤，然后将其放入只有水的容器中加热至水沸腾即可。不必在意“媒染”和“上染”的先后问题。作为参考，大部分情况下我都按照上染→媒染→上染的顺序进行染色。由于我染色的目的是用植物使纺织品呈现出我想要的颜色，如果按照该顺序染出的颜色未达到我的要求，我会用其他媒染剂或者其他植物进行重复染色。

**●最重要的是“水洗”**

将上染后的线和布料转移到媒染液中之前要进行一遍水洗，反之也一样。虽然染完的线最后也会经历水洗这道程序，但是为了去除织物纤维上的浮色和媒染剂，还是要增加水洗的步骤。一定要反复清洗织物直至水的颜色不再变化。水洗不彻底是褪色、变色及颜色转移的最大原因。

## 染料植物的采集要点

最好按照以下内容进行操作。

**●艾蒿和蒲公英等花草**

花草在染色时可使用其地上部分。适合染色的最佳时期是春夏之间，这时植物处于成长期。花草枯萎后不易染色，应该在染色当天进行采集，如果要留到第二天再进行染色，需要用湿润的报纸将采集到的植物包裹住。一般来说，染制 100g 线需要 200g 以上的植物原料。染色时要先将植物上的虫子和泥土清洗掉，剪碎之后进行熬煮。在用花草进行染色时，一般 100g 花草要加入一小汤匙（2g）小苏打再进行熬煮，这样，染液的颜色会加深。不需要中和。

**●庭院树和其他树木**

包括枝叶、心材在内的树上的全部材料都可以拿来染色。适合染色的最佳时期是树木开花之前和果实成熟之前，即树木积攒能量的时候。很多树不能随时随地取材，只能在修剪时采集原材料。也有像胡桃一样只能用新鲜原料进行染色的树木，但是大多数都可以在通风良好的地方干燥保存。使用量与花草相同。

**●市场上出售的植物**

至于那些可以染出有趣的颜色，但又很难采集到的植物原料，市场上会出售其提取物，包括粉状和液状提取物。虽然这种提取物在煮时没有什么特别的乐趣，但是用它们染出来的线和布料所编织的作品会呈现出颜色深浅不一的有层次的效果，用其上染一定的颜色时也非常方便。市场上有咖喱粉、洋葱皮和黑豆，园艺中心有烟熏碎木片等树木的心材，中药店有各种干燥中药材等，许多植物都可以作染料使用。

# 媒染剂和其他助剂

●**液体媒染剂**

本书中染色时使用的大多是经过适量稀释的液体媒染剂。

**具体如下：**

- **明矾液：**烧明矾 5%
- **铜液：**醋酸铜 5%
- **铁液：**木醋酸铁 2%

一般来说，100g 线应使用 100mL 的含 5% 烧明矾的明矾液进行明矾媒染。虽然液体明矾比粉状明矾价格要高，但是液体无需用热水溶解，也不需要称量精确到小数点以后的用量，使用起来非常方便。

●**粉状媒染剂**

染色样本中使用的明矾、铜、铁，还有其他媒染剂。

- **明矾**　是指铝媒染。除了烧明矾之外，还有生明矾和醋酸铝。使用量为烧明矾 5g、生明矾 10g，或者醋酸铝 2g。
- **铜**　有粉末状的醋酸铜和硫酸铜，使用量大约为 5g。
- **铁**　使用量分别为未稀释的木醋酸铁 2mL，粉末状的硫化亚铁 5g。
- 部分粉状媒染剂会在说明书中标明这是危险品。

●**自然界中的媒染剂**

对比现在人们使用的价格便宜的人工合成的粉状以及液体媒染剂，从前人们在进行媒染时，都是使用自然界中的物品进行天然媒染。

- **泥染**　将上染后的线浸泡在含有铁元素的泥田中便可达到铁媒染的效果。日本的奄美大岛和久米岛等地的居民到现在依然使用着这样的传统工艺进行媒染。
- **灰水**　将麻栎等树木燃烧后的灰烬用热水溶解，上层的澄清液就可以用来进行碱媒染。本书中“用干燥蓝草制作靛蓝”也使用了这一方法。由于最上层的澄清液为强碱，毛线浸泡其中会被烧坏。因此，毛线不能用灰水媒染。
- **山茶灰**　不仅是山茶，华山矾、山矾等树木也含有铝元素，用这些植物枝叶做的灰水可起到铝和碱的作用。到目前为止，八丈岛的黄八丈等传统工艺还在使用这一方法。
- **其他**　温泉水含硫黄成分，矿山附近的水也是如此，这些含硫黄成分的水都可以作为天然的媒染液来使用。

●**酸和碱**

- **酸**　除了厨房中常备的食用醋以外，也可以使用醋酸或者柠檬酸。本书中使用的都是浓度为 80% 的醋酸。用食用醋代替醋酸时，食用醋用量为醋酸的 50 倍，柠檬酸的用量则是食用醋的一半。
- **碱**　无水碳酸钠与苏打、碳酸钠为同一物质的不同名称。小苏打与发酵粉、碳酸氢钠也是同一物质。用小苏打代替无水碳酸钠时，其用量是无水碳酸钠的 2 倍。因为小苏打在高温状态下才会发挥碱性作用，所以无法在低温状态下在红花染中使用。

●**其他助剂**

本书中列举了几种适合用乙醇提取色素的植物。书中使用的乙醇是可以在药店购买的“消毒用酒精”。

关于毛线染中用到的酒石酸氢钾和浸透剂的用法见 p.230。

山茶灰

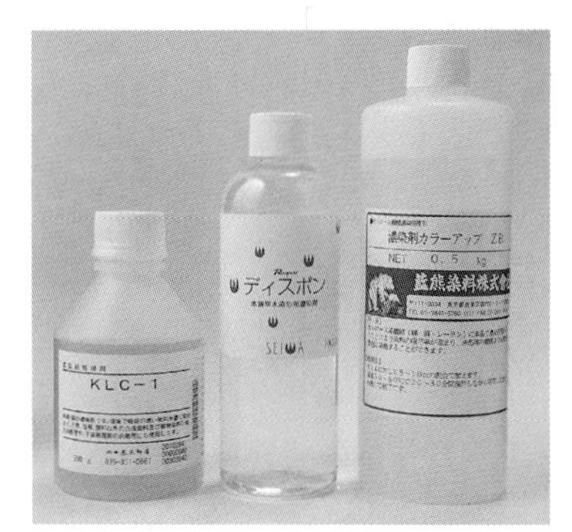


浓染剂

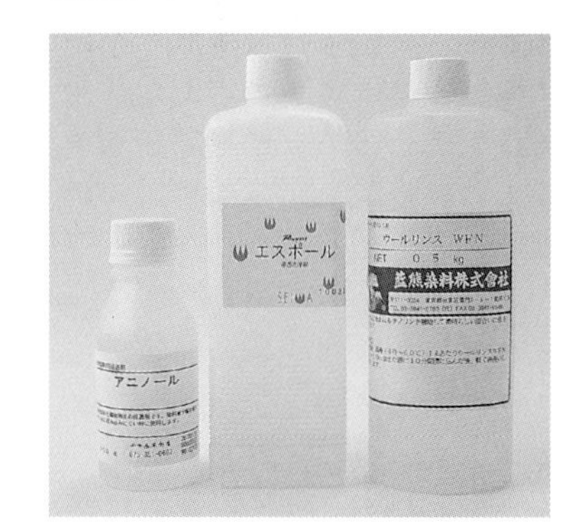


浸透剂

# 本书图鉴的使用方法

在草木染中，即使使用相同的植物，在不同的条件下染出的颜色也会有很大差别。因此图鉴中不仅介绍了一种植物可以染出怎样的颜色，也介绍了许多有助于实际操作的具体信息。

**●名称**

名称使用了接受度高的俗名。它们并不是这些植物在植物学中的正式名称，而是平时常用的称呼。例如，赤杨在日文中写作“夜叉玉”，实际上指的是赤杨的果实，但作为日本市场上出售的干燥植物染料时，又写作“矢车玉”。

**●别称**

在这一部分罗列了植物的正式名称和一部分通俗名称，包括不同地区该植物的叫法。

**●分类**

为方便在图鉴中查找这些植物，在分类这一项中清楚写明了实际染色所使用植物的科和属。

**●部位**

在草木染中使用的植物部位不同，如花、树皮、叶、根等，染出的颜色也会不同。

**●条件**

在图鉴中，每种植物都附带 1 种模式、12 种颜色的染色样本，不管染料植物是野生、栽种还是从市场购买的，在植物有 2 种以上处理方式的情况下，本书都清楚记录了分别用水提取、碱提取的方法进行染色所得到的结果。

**●采集日、染色日与染色地**

不一定要只在适合染色的那段时间采集植物。为给喜爱染色的朋友们做参考，书中分别清楚记录了采集日和染色日。由于无法确认市场上出售的染料植物的采集信息，书中没有记录这类染料的具体采集时间。染色地清楚记录了当地县名。书中样本使用的全部是自来水。琦玉地区使用的是来自荒川水系的水，奈良地区使用的是来自吉野川水系的水。虽然自来水中氯的浓度等数据都是固定的，但水质还是有一定的差别。

**●浓度**

浓度是指染色过程中使用的植物的量。实际上染色时使用的线一团为 50g，但是为了方便起见，书中记录的都是染制 100g 线时所需要的用量。

**●其他**

这次使用的丝线的颜色吸收率并不理想。一般丝线染色后的颜色效果会更深一些。希望爱好草木染的朋友在染出比样本颜色更深的颜色效果的前提下对丝线进行染色。

・关于如何染制出和染色样本一样的颜色，见 p.228“本书图鉴样本的染色条件”。

## 通草

●别称：木通、万年藤、附支
●分类：木通科木通属
●条件：野生
●部位：新鲜茎叶
●采集・染色日：5月29日
●采集・染色地：奈良县
●浓度：染料300g/线100g

**植物记录・染色要点**

大学暑假时我曾经去朋友家位于山中的别墅游玩了一周左右，大家在那里白天采集花花草草来对原毛染色，晚上用纺锤纺线，用通草藤编织篮筐，满满的都是美好的回忆……一说到通草，给我留下深刻印象的就是它那裂开了口似的紫色果实，而通草的藤蔓则是编制篮筐的材料。野生通草是一种易于采集的植物。

染色样本是用通草的蔓和叶染制而成的。日晒色牢度良好。

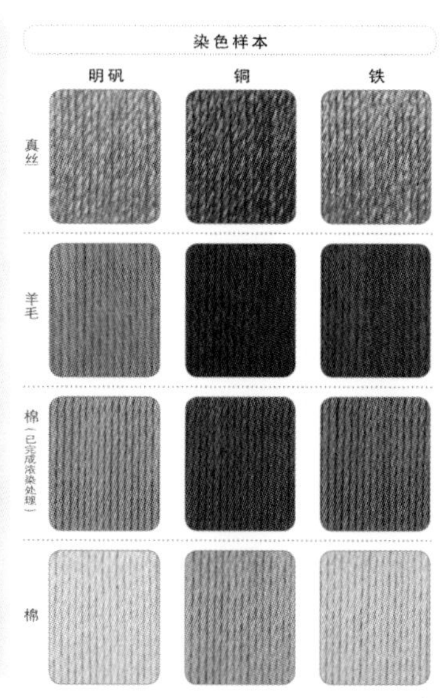

# 本书图鉴样本的染色条件

本书图鉴中的染色样本是根据以下条件进行染色的。

**●先媒染**

・为了方便多人在相同条件下染色，先统一进行媒染。

・线分为以下 4 种：丝线（真丝，已经过漂白处理）、毛线（羊毛，本白色）、棉线（已完成浓染处理）、棉线（本白色）。一般使用的是用于编织的精纺线。

・媒染完全是按照每 1kg 线浴比为 1：30 的比例进行操作。

・在进行棉线的浓染处理时，准备 45L 的容器、30L 热水、150mL 浓染剂，并将热水、浓染剂倒入容器中，将 1kg 线投入容器中浸泡 1 小时左右之后水洗。

・在对丝线和棉线进行明矾媒染时，在 45L 的容器中，用 30L 50℃的温水和 50g 烧明矾制作媒染液，并将 1kg 线投入容器中浸泡 1 小时左右，之后水洗即可。如果对毛线进行媒染，还需要加入 25g 酒石酸氢钾，放入毛线加热至染液沸腾 10 分钟左右即可。

・同样，制作铜媒染液时使用 50g 的醋酸铜，制作铁媒染液时使用 20mL 的木醋酸铁液。毛线进行媒染时使用的酒石酸氢钾的量为媒染剂的一半。

**●水提取时的煮染**

・将事先媒染过的丝线、毛线、浓染处理过的棉线、棉线合并为一团，共同进行上染。

・先对染线（约 150g）需要的植物进行煎煮，对应的分量以新鲜 200%（300g）、干燥 50%（75g）、粉末或液体 10%（15g）为标准，并根据具体情况变化，在图鉴中记录了相应的植物用量。

・在容器中放入剪切得细细的植物，开火加热至水沸腾后继续煎煮 30 分钟。取出植物后，容器中加水至 9L，取容器中液体的 1/3，用作染液。

・对 50g 的线进行煎煮时需要 3L 染液（浴比 1：60），从 30℃开始加热至染液沸腾需要 15 分钟，沸腾后用中火加热 30 分钟，放置冷却 2 小时以上后水洗即可。

**●碱提取时的煮染**

・在容器中放入植物、5L 水和 5g 无水碳酸钠（小苏打为 10g），进行煎煮。

・水煮沸后加入几滴醋酸（食用醋为 25mL）进行中和，在容器中加入水至 9L，后面的步骤与水提取法相同。

・关于部分用未中和的弱碱溶液进行上染的样本，详见 p.200。

**●酸提取时的煮染**

・酸提取法是用花瓣、黑豆和糙米等进行染色。

・在容器中加入 5L 水、花瓣和 10mL 浓度为 80% 的醋酸（食用醋为 500mL），在水煮沸之前关火，停止加热。加水至 9L 后，再次揉搓花瓣后取出花瓣。将 9L 染液等分为 3 份，分别将线放入其中，并开火加热，在水煮沸之前关火，放置，使之自然冷却。

**●花瓣染**

・准备分别经过明矾、铜、铁媒染且媒染剂浓度与染线相同的，以及无媒染的 4 种真丝雪纺布料各 10g。

・将 200g 花瓣、10mL 醋酸（食用醋为 500mL）、适量水混合，并平均分成几份放入搅拌机中搅拌。然后将其倒入无纺布袋中过滤，加入 40 ~ 50 ℃的温水至 2L，再次揉搓花瓣后取出无纺布袋。将 4 种布料分别放入平均分成 4 等份的染液中，放置 1 ~ 2 个小时后将布料取出，水洗即可。

# 日晒色牢度

花费时间和精力染色后的线不论染出了多么漂亮的颜色，只要稍微有所褪色就会令人感到遗憾。同一植物使用的媒染种类和提取方法不同，色牢度也会不同。色牢度分为日晒色牢度、摩擦色牢度等，对我来说最重要的就是阳光带来的褪色、变色问题。JIS（日本工业标准）规定的日晒色牢度检查是在专业机构，使用被称为蓝卡的标准布样（见右上图）和专用的紫外线灯进行测试。本书中近 3000 种颜色的染色样本都没有接受专业的日晒色牢度检查，这些样本只是用作选择植物的参考，在染色时用我自己独创的方法检查色牢度，结果也记录在各种植物的样本页中。

**检查方法**

· 将染色后的线缠在卷成筒形的纸上，并用 2cm 厚的纸覆盖线。

· 选在 8 月上旬日照条件好的某一天（见右下图），晾晒 24 小时即可。

· 选三位分级者目测布料颜色变化，颜色没有发生变化的定级为 0，根据颜色加深情况的不同定级为 +1 ~ +3，根据颜色褪色情况的不同定级为 –1 ~ –3。

这里所说的日晒色牢度是在 p.228 的染色条件下染出来的线的检测结果。

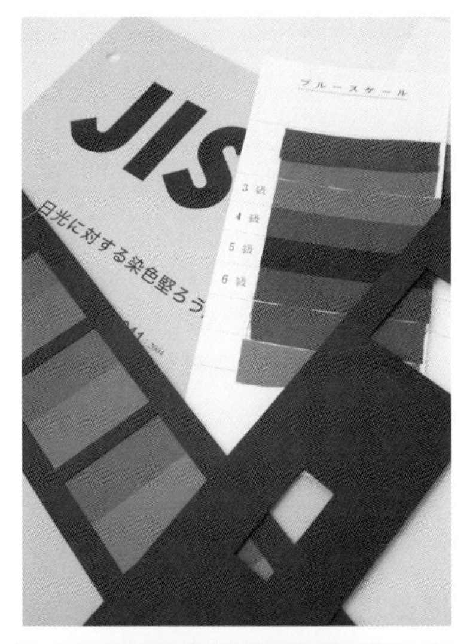

# 废液处理

经常有爱好草木染的朋友问我"上染后的染液就那么倒进水槽，这样可以吗？"这是因为大家都认为在染色过程中使用了媒染剂等化学试剂的缘故吧。不仅是媒染液，染液（用染料植物煎煮出的液体）也属于非淡水的污水，但是相比染液中含有的物质种类来说，内容物的浓度才是问题所在。本书中所使用的媒染剂的用量，都是为使植物色素附着在线上而计算出的最低限度，大部分会被织物纤维吸收，所以染液中媒染剂的残余极少，并且会进一步被生活废水稀释。因此可以毫不担心地将草木染废液倒入厨房下水道。当然，为了环保，我在具体操作时采取了以下处理方法。

**沉淀、中和**

· 将染液和媒染液充分搅拌混合后放置一晚，色素与媒染剂就会结合沉淀下来。倒掉上层澄清液，并用报纸吸收沉淀物中的水，干燥之后将沉淀物作为可燃烧垃圾处理。最好能将上层澄清液进行中和处理后再倒掉。

· 只剩媒染液的情况下，加入无水碳酸钠，并充分混合使其中和。放置一晚后会有微量金属盐沉淀在底部，将上层澄清液倒掉后，用报纸吸干沉淀物中的水，干燥之后将其作为可燃烧垃圾处理。

· 在用酸提取法等得到的溶液中，如果溶液偏酸性，加入无水碳酸钠中和后倒掉，如果溶液偏碱性，加入醋酸中和后倒掉。

· 可用专用的条状 pH 试纸来判断溶液是否被中和（pH 为 6 ~ 8 时表示已中和）。

市场上也出售废液处理剂。请在购买之前直接询问使用方法。

# 素材的基础处理和注意要点

【通用词解释】

**·精炼处理** 在染色之前，要先对线或者布料进行皂洗。

**·浸透剂** 含有肥皂中常见的表面活性剂的染色用的无害助剂。将线和布料在干燥的状态下放入染液中，容易染色不均匀。因此在染色前必须将线和布料放入水中浸泡。这时，在水中滴入数滴洗涤剂便会起到浸透效果。浸透剂含有表面活性剂，比洗涤剂效果更好。也不是必须在染色前放入浸透剂，我有时也在染色完成后的水洗步骤中使用浸透剂。

**●丝线**

由桑蚕茧缫得的丝线表面覆盖有一层叫作丝胶的蛋白质。经过灰水或者氢氧化钠煎煮（即经过精炼处理）后，生丝就会变得柔软有光泽。虽然也有未经精炼处理的生丝以及半精炼处理的丝线，但是市场上出售的几乎都是经过精炼处理并漂白的丝线。只需在染色前将其浸泡在加了浸透剂或者洗涤剂的水中，做好准备即可。长时间放置后，材质为真丝和印度真丝等的质地较厚的布料及半精炼的丝线会落上灰尘，只需染色前将这些材料放入含有洗涤剂的 40 ~ 50℃的温水中浸泡 30 分钟，然后水洗即可。

**●毛线的基础处理**

首先要确定毛线或者毛衣的材质。材质为腈纶混纺的不可以用来染色。羊毛混纺的染色方法同棉线相同，真丝混纺的染色方法同毛线相同。在染毛线时，一定要在所有步骤中避免出现极端温差。毛线大多都经过精炼处理，因此在对毛线进行基础处理时只需将其浸泡在加入了少量浸透剂的溶液中即可，但必须要用 30 ~ 40℃的温水。如果在冬天，染液温度下降时，需要将染液加热到 30℃左右再把毛线放入其中浸泡，染色后也需要在温水中对毛线进行水洗。尤其是马海毛等更容易出现羊毛毡化的状况的材质，更要注意这一点。未经精炼的毛线如果有机油的味道，那么将其浸泡在含有浸透剂的 50 ~ 60℃的温水中 1 个小时后，再用温水充分洗涤，就可以去除掉机油的味道了。

**●毛线的其他处理要点**

· 在对毛线进行媒染时，为保护羊毛纤维，一定要加入媒染剂一半分量的酒石酸氢钾进行煎煮。

· 染色完成时，水洗后要将毛线放入市场上出售的柔软剂中浸泡片刻，由于染色后的毛线有缩水情况发生，干燥时需要在毛线下方悬挂重物。

以上就是让毛线在染色后变得松软的小窍门。而酒石酸氢钾也可由用于制作蛋糕的塔塔粉来代替。刚剪下来的羊毛的洗涤方法见 p.182。

**●棉纱、麻**

如果棉纱在染色前使用了浓染剂，那么就不需要对其进行精炼处理了。丝线也一样。麻分为亚麻（本色）和苎麻（主要为漂白后的白色）。亚麻比较常用于染色，富有光泽的苎麻由于纤维较粗，事先经过浓染处理会更好。

# 绞纱的整理法和分线法

## 整理好绞纱，可有效做好事前准备

整理成环形的成捆的线叫作绞纱。手工艺店买到的大多是每团 50g 的线团，专卖店中出售的本色线多为 100 ～ 300g 的绞纱，对个人来说，分量较大。如果想将线分开上染，可先将其缠成线团，再整理为绞纱，这种方法需花费大量时间。万一缠线团时没能拿出线头，线就会缠得乱七八糟，如果线的分量较大会更麻烦。下面我将介绍如何顺利整理绞纱，以及分线的方法。

## 绞纱的整理方法

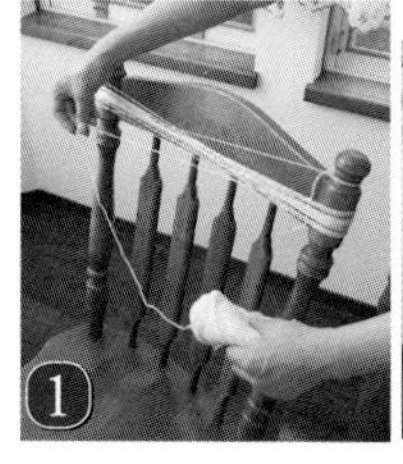

先将球形线团整为环形，再染色。在此过程中，需要用椅子的后背来缠绕线。

缠好后，将线两端系在一起，用显眼的线绕绞纱缠一圈做标记。线圈要松一些，以便染色时标记覆盖处也被染到。

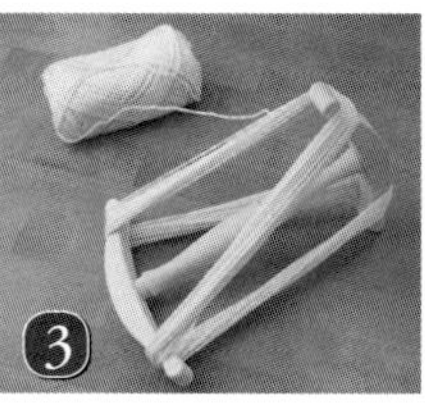

整理绞纱的工具叫卷线轴。操作时将成团的线缠绕在卷线轴的上下两根横杆上即可。

系上线的两头，缠好做标记的线后便可取下绞纱。能缠出周长为卷线轴高度 4 倍的绞纱。

小把绞纱用细线做一个简单标记，大把绞纱可用细线做出类似于莫比乌斯圈的标记。

## 分线法

市售的大把绞纱上也系有一条做标记的线。在将其缠绕成束时请按照标记线排列的方向整理。

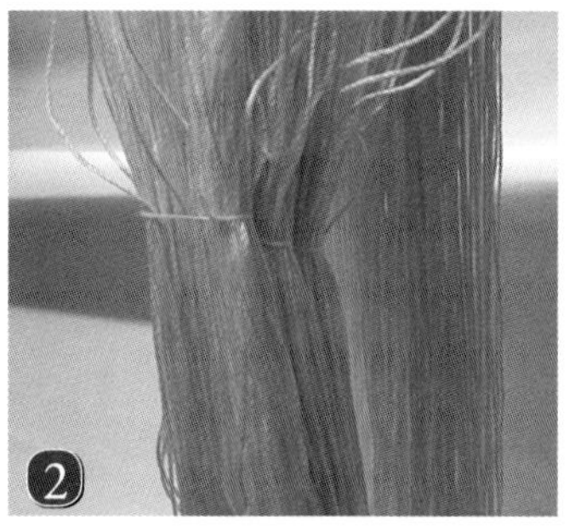

也可利用标记线将大把绞纱分开。细分时将绞纱挂在棒状物上，并按照标记线重叠的方法整理。

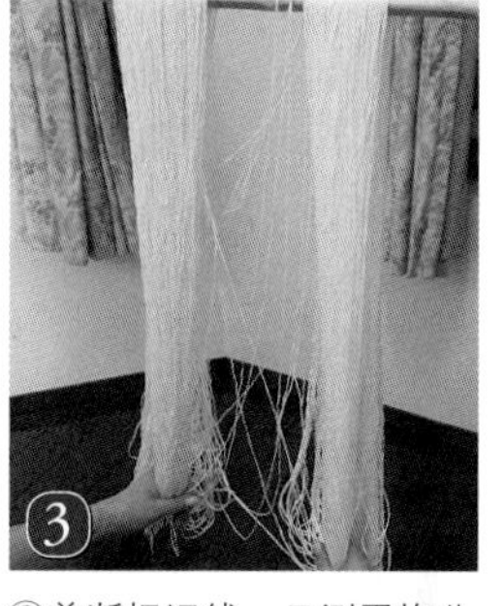

③剪断标记线，目测平均分成 2 份，并用双手握住绞纱。

④反复轻轻掸动绞纱，线头的打结处会呈现出交叉状。

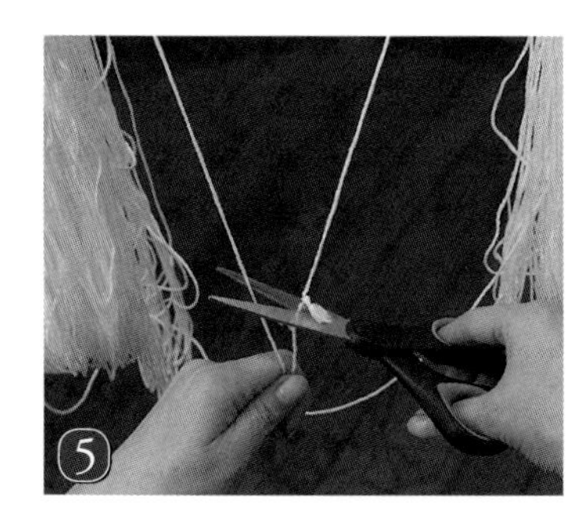

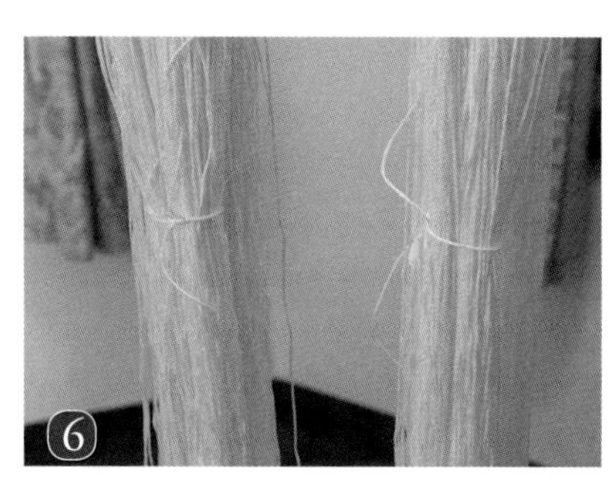

⑤将交叉的 2 条线剪断，出现 4 个线头。

⑥将线头各自打结，1 束绞纱被分成 2 束。这种方法还可分出 3 束、4 束绞纱。

# 染色容器和便利工具

下面介绍一些我在家中进行草木染时所用的工具。例如，锅、茶包、过滤网等家庭用品，还有专用工具以及其他容器。我想大家应该都知道这些物品的使用方法。

图中展示的都是适合在厨房里染色的锅具。

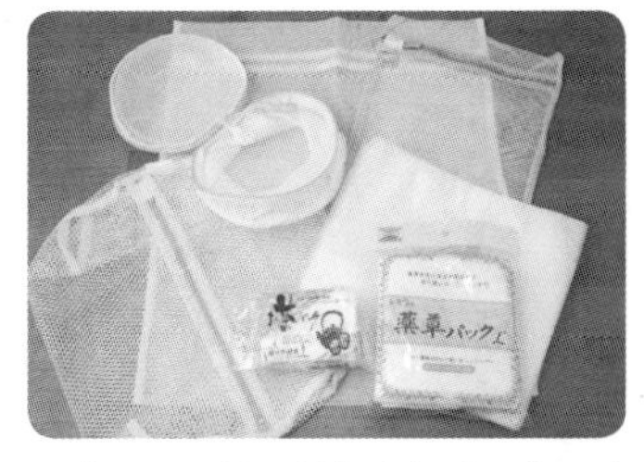

这些是可以放入植物的各种网袋。洗涤时需要选择网眼较密的网袋。无纺布袋和茶包也非常实用方便。

自制过滤器。本来是滴滤式咖啡壶，现在是对粉状植物进行操作时的必需品。

也可以将其放入较大容器中，这样双手操作时更方便。也有便携式的滴滤式咖啡壶，可从咖啡专卖店中购买。

在对线染色时，为了防止线互相缠绕，可将绞纱挂在棒状物上。长筷子强度不够，竹竿会掉色，因此建议使用不锈钢棒。

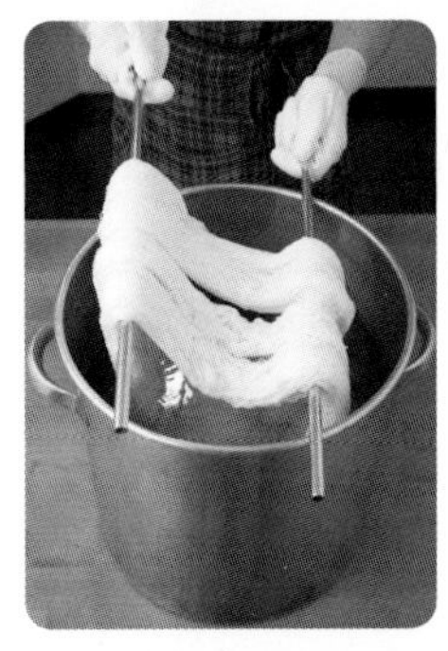

用2根不锈钢棒就可以在操作时不用手接触温度较高的线。

染制大量的线时，使用鹰嘴钩会非常方便。用鹰嘴钩的尖端沿着不锈钢棒捞起绞纱，然后用其U形部分将线提出来。

移动整体绞纱时也可利用鹰嘴钩的U形部分上下移动不锈钢棒。

将绞纱挂在专用衣架上。双手握住衣架两端的横杆上下移动衣架。

手离开衣架后，线自然沉入染液中。